JN057935

大学数学入門編

初めから解ける 演習 確率統計

■ キャンパス・ゼミ ■

大学数学を楽しく練習できる演習書！

馬場敬之

マセマ出版社

◆ はじめに ◆

みなさん，こんにちは。マセマの**馬場敬之 (けいし)** です。既刊の『**初めから学べる 確率統計キャンパス・ゼミ**』は多くの読者の皆様のご支持を頂いて，**大学数学入門編のための教育のスタンダードな参考書**として定着してきているようです。そして，マセマには連日のように，この『初めから学べる 確率統計キャンパス・ゼミ』で養った実力をより確実なものとするための『**演習書 (問題集)**』が欲しいとのご意見が寄せられてきました。このご要望にお応えするため，新たに，この『**初めから解ける 演習 確率統計キャンパス・ゼミ**』を上梓することができて，心より嬉しく思っています。

推薦入試や **AO 入試**など，本格的な大学受験の洗礼を受けることなく大学に進学して，大学の**確率**や**統計学**の講義を受けなければならない皆さんにとって，その基礎学力を鍛えるために**問題練習は欠かせません。**

この『**初めから解ける 演習 確率統計キャンパス・ゼミ**』は，そのための**最適な演習書**と言えます。

ここで，まず本書の特徴を紹介しておきましょう。

- 『初めから学べる 確率統計キャンパス・ゼミ』に準拠して全体を **5** 章に分け，各章毎に，解法のパターンが一目で分かるように，(***methods & formulae***) (要項) を設けている。
- マセマオリジナルの頻出典型の演習問題を，各章毎に**分かりやすく体系立てて配置**している。
- 各演習問題には (ヒント) を設けて解法の糸口を示し，また (解答 & 解説) では，定評あるマセマ流の読者の目線に立った**親切で分かりやすい解説**で明快に解き明かしている。
- **2 色刷り**の美しい構成で，読者の理解を助けるため**図解も豊富**に掲載している。

さらに，本書の具体的な利用法についても紹介しておきましょう。

●まず，各章毎に，(*methods & formulae*)(要項)と演習問題を一度**流し読み**して，学ぶべき内容の全体像を押さえる。

●次に，(*methods & formulae*)(要項)を**精読**して，公式や定理それに解法パターンを頭に入れる。そして，各演習問題の(解答＆解説)を見ずに，問題文と(ヒント)のみを読んで，**自分なりの解答**を考える。

●その後，(解答＆解説)をよく読んで，自分の解答と比較してみる。そして間違っている場合は，**どこにミスがあったかをよく検討**する。

●後日，また(解答＆解説)を見ずに**再チャレンジ**する。

●そして，問題がスラスラ解けるようになるまで，何度でも納得がいくまで**反復練習**する。

以上の流れに従って練習していけば，大学の確率統計の基本を確実にマスターできますので，**確率や統計学の講義にも自信をもって臨める**ようになります。また，易しい問題であれば，**十分に解きこなすだけの実力**も身につけることができます。どう？やる気が湧いてきたでしょう？

この『**初めから解ける 演習 確率統計キャンパス・ゼミ**』では，“**離散型・連続型確率変数Xのモーメント母関数**”や“**同時確率分布**”や“**回帰直線**”，さらに，“**不偏推定量**”や“**最尤推定量**”や“**母平均μの検定(σ^2：未知)**”の問題など，高校数学では扱わない分野でも，**大学数学で重要なテーマの問題は積極的に掲載**しています。したがって，これで確実に**高校数学から大学数学へステップアップ**していけます。

この演習書で，読者の皆様が，大学の確率や統計学の面白さに目覚め，さらに楽しみながら実力を身に付けて行かれることを願ってやみません。この演習書が，これからの皆様の数学学習の**良きパートナーとなる**ことを期待しています。

マセマ代表　馬場 敬之(けいし)

この演習書は読者の皆様により親しみをもって頂けるように「演習 大学基礎数学 確率統計キャンパス・ゼミ」のタイトルを変更したものです。新たに，補充問題として，最小値の確率の問題を加えました。

◆ 目 次 ◆

講義1 場合の数と確率の基本

講義2 確率分布

講義3 記述統計（データの分析）

講義4 推測統計

講義5 検定

講義 Lecture 1 場合の数と確率の基本 methods & formulae

§1. 場合の数の計算

全事象(ぜんじしょう) U と，**事象**(じしょう) A とその**余事象**(よじしょう) $\overline{A}$ の場合の数をそれぞれ $n(U)$，$n(A)$，$n(\overline{A})$ とおくと，

$n(\overline{A})=n(U)-n(A)$ が成り立つ。

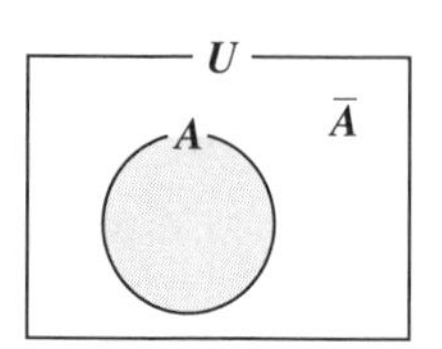

また，何もない事象を**空事象**(くうじしょう)といい，ϕ(ファイ)で表す。

次に，2つの事象 A, B について，

(i) A または B の事象を $A\cup B$ と表し，
これを A と B の**和事象**(わじしょう)といい，

(ii) A かつ B の事象を $A\cap B$ と表し，
これを A と B の**積事象**(せきじしょう)という。

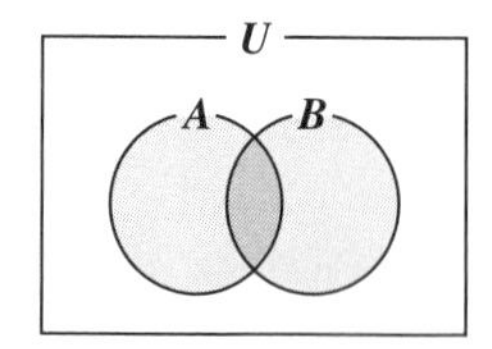

一般に，2つの事象 A, B の場合の数について，次の和の公式がある。

(i) $A\cap B=\phi$，つまり，A と B が排反であるとき，$n(A\cup B)$ は，

(A と B の積事象が存在しないとき，A と B は互いに**排反**(はいはん)事象という。)

$n(A\cup B)=n(A)+n(B)$ ……(*2) であり，

[〇〇 = 〇 + 〇]

(ii) $A\cap B\neq\phi$，つまり，A と B が排反でないとき，$n(A\cup B)$ は，

$n(A\cup B)=n(A)+n(B)-n(A\cap B)$ ……(*3) である。

[〇〇 = 〇 + 〇 − ()]

(2重に計算した積事象の場合の数を引く。)

また，2つの事象 A, B について，次の**ド・モルガンの法則**が成り立つ。

ド・モルガンの法則

(i) $\overline{A\cup B}=\overline{A}\cap\overline{B}$

(A または B の否定は，「A でなく，かつ B でない」になる。)

(ii) $\overline{A\cap B}=\overline{A}\cup\overline{B}$

(A かつ B の否定は，「A でないか，または B でない」になる。)

n 個の異なるものを，1 列に並べる並べ方の総数を $n!$ と表し，これを "n の階乗（かいじょう）" と読む。この $n!$ の定義を下に示す。

$n!$ の計算

$$n! = n \times (n-1) \times (n-2) \times \cdots\cdots \times 3 \times 2 \times 1 \qquad (n：自然数)$$

次に，**順列（じゅんれつ）の数** ${}_nP_r$ と**重複順列の数** n^r について，その公式を下に示す。

順列の数 ${}_nP_r$ と重複順列の数 n^r

(i) 順列の数：${}_nP_r = \dfrac{n!}{(n-r)!}$ ：n 個の異なるものから**重複を許さずに** r 個を選び出し，それを 1 列に並べる並べ方の総数。

(ii) 重複順列の数：n^r ：n 個の異なるものから**重複を許して** r 個を選び出し，それを 1 列に並べる並べ方の総数。

同じものを含む順列の数の公式と，**円順列（えんじゅんれつ）**の公式を下に示す。

同じものを含むものの順列の数

n 個のもののうち，p 個，q 個，r 個，…… がそれぞれ同じものであるとき，それらを 1 列に並べる並べ方の総数は，

$\dfrac{n!}{p!q!r!\cdots\cdots}$ 通り

円順列の数

n 個の異なるものを円形に並べる並べ方の総数は，$(n-1)!$ 通り

(ex) 7 つの文字 M，A，T，H，E，M，A を 1 列に並べる並べ方の総数は，
7 つの文字の内，2 つの A と，2 つの M が同じものなので，

$$\frac{7!}{2!\times 2!} = \frac{7\cdot 6\cdot 5\cdot \cancel{4}\cdot 3\cdot 2\cdot 1}{\cancel{2\cdot 1}\times\cancel{2\cdot 1}} = \underbrace{210}_{7\cdot 6\cdot 5}\times\underbrace{6}_{3\cdot 2} = 1260 \text{ 通りである。}$$

(ex) a，b，c，d，e，f の 6 つを円形に並べる並べ方の総数は，
$(6-1)! = 5! = 5\cdot 4\cdot 3\cdot 2\cdot 1 = 120$ 通りである。

組合せの数 ${}_nC_r$ の定義と公式を下に示す。

組合せの数 ${}_nC_r$

組合せの数 ${}_nC_r = \dfrac{n!}{r!\cdot(n-r)!}$ ：n 個の異なるものの中から重複を許さずに，r 個を選び出す選び方の総数。 ← $\dfrac{{}_nP_r}{r!}$ のことだ。

組合せの数 ${}_nC_r$ の公式

(1) ${}_nC_n = {}_nC_0 = 1$　(2) ${}_nC_1 = n$　(3) ${}_nC_r = {}_nC_{n-r}$

(4) ${}_nC_r = {}_{n-1}C_{r-1} + {}_{n-1}C_r$ （特定の a に着目！）　(5) $r\cdot{}_nC_r = n\cdot{}_{n-1}C_{r-1}$ （大統領と委員）

組合せの数 ${}_nC_r$ は最短経路の数や組み分け問題などを解くのに役に立つ。

(ex) 6 人の生徒を 2 人ずつ，A，B，C の 3 つの組に分ける方法は，

3 つの組に A，B，C の区別がつくので，

$${}_6C_2 \times {}_4C_2 \times \underbrace{{}_2C_2}_{1} = \frac{6!}{2!\cdot 4!} \times \frac{4!}{2!\cdot 2!} = \frac{6\cdot 5\cdot 4\cdot 3}{2\cdot 1\times 2\cdot 1} = 90 \text{ 通り}$$

もし，ただ 2 人ずつ 3 組に分けるだけならば，3 つの組に区別はないので，これを 3! で割って，$\dfrac{90}{3!} = \dfrac{90}{3\cdot 2\cdot 1} = 15$ 通りになる。

重複組合せ（じゅうふくくみあわ）せの数 ${}_nH_r$ の計算では，次の公式を利用する。

重複組合せの数 ${}_nH_r$

重複組合せの数 ${}_nH_r = {}_{n+r-1}C_r$ ：n 個の異なるものの中から重複を許して，r 個を選び出す選び方の総数。

(ex) (i) ${}_2H_1$　(ii) ${}_3H_4$　(iii) ${}_4H_5$ を求めよう。

公式：${}_nH_r = {}_{n+r-1}C_r$

(i) ${}_2H_1 = {}_{2+1-1}C_1 = {}_2C_1 = 2$

(ii) ${}_3H_4 = {}_{3+4-1}C_4 = {}_6C_4 = \dfrac{6!}{4!\cdot 2!} = \dfrac{6\cdot 5}{2\cdot 1} = 15$

(iii) ${}_4H_5 = {}_{4+5-1}C_5 = {}_8C_5 = \dfrac{8!}{5!\cdot 3!} = \dfrac{8\cdot 7\cdot 6}{3\cdot 2\cdot 1} = 56$

§2. 確率の計算

事象 A の起こる**確率 $P(A)$** は，次のようにして求める。

確率 $P(A)$ の定義

すべての**根元事象**（こんげんじしょう）が同様に確からしいとき，

$$P(A) = \frac{n(A)}{n(U)} = \frac{\text{事象 } A \text{ の場合の数}}{\text{全事象 } U \text{ の場合の数}}$$

したがって，$P(\phi) = 0$ であり，$P(U) = 1$（全確率）となる。

2 つの事象 A，B について，次の**確率の加法定理**が成り立つ。

確率の加法定理

(i) $A \cap B \neq \phi$ のとき，

$$P(A \cup B) = P(A) + P(B) - P(A \cap B)$$

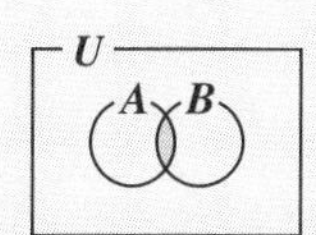

(ii) $A \cap B = \phi$ のとき，←（A と B が互いに排反）

$$P(A \cup B) = P(A) + P(B)$$

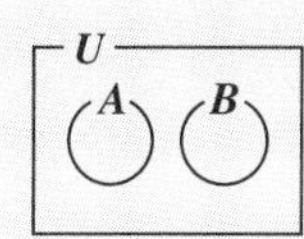

また，事象 A の**余事象**を $\overline{A}$ と表すと，

(i) $P(A) = 1 - P(\overline{A})$　や　(ii) $P(\overline{A}) = 1 - P(A)$　が成り立つ。

さらに，“**ド・モルガンの法則**”：

(i) $\overline{A \cup B} = \overline{A} \cap \overline{B}$　(ii) $\overline{A \cap B} = \overline{A} \cup \overline{B}$　も成り立つので，これらの確率の公式として，

(i) $P(\overline{A \cup B}) = P(\overline{A} \cap \overline{B})$　(ii) $P(\overline{A \cap B}) = P(\overline{A} \cup \overline{B})$　も成り立つ。

また，試行結果が互いに影響を及ぼさない**独立な試行の確率**は次のように求める。

独立な試行の確率

2 つの独立な試行 T_1，T_2 があり，T_1 で事象 A が起こり，かつ T_2 で事象 B が起こる確率は：$P(A) \times P(B)$ である。

そして，この独立な同じ試行を n 回繰り返したとき，事象 A が k 回 $(0 \leqq k \leqq n)$ 起こる確率を，"**反復試行の確率**"という。

反復試行の確率

1回の試行で事象 A の起こる確率が p である独立な試行を n 回行なう。このとき A がちょうど r 回起こる確率は，$q=1-p$ として，

$${}_nC_r\, p^r \cdot q^{n-r} \quad (r=0,\ 1,\ 2,\ \cdots,\ n)$$

（A の余事象 $\overline{A}$ の確率 $P(\overline{A})$ のこと。$P(\overline{A})=1-P(A)$ だね。）

(ex) 6回サイコロを投げて，その内2回だけ，2以下の目が出る確率を求めよう。

1回の試行で，2以下の目が出る確率 $p=\frac{2}{6}=\frac{1}{3}$，そうでない確率 $q=1-p=\frac{2}{3}$

よって，求める確率は ${}_6C_2\cdot\left(\frac{1}{3}\right)^2\cdot\left(\frac{2}{3}\right)^4=\frac{15\times2^4}{3^6}=\frac{80}{3^5}=\frac{80}{243}$ である。

次に，**条件付き確率**(じょうけんつ)と**確率の乗法定理**(じょうほうていり)の公式を下に示す。

条件付き確率

(i) 事象 A が起こったという条件の下で事象 B が起こる条件付き確率は，

$$P(B|A)=\frac{P(A\cap B)}{P(A)} \quad \cdots\cdots(\mathrm{a})$$

(ii) 事象 B が起こったという条件の下で事象 A が起こる条件付き確率は，

$$P(A|B)=\frac{P(A\cap B)}{P(B)} \quad \cdots\cdots(\mathrm{b})$$

確率の乗法定理

(i) $P(A\cap B)=P(A)\cdot P(B|A)$　　(ii) $P(A\cap B)=P(B)\cdot P(A|B)$

(ex) $P(A)=\frac{1}{2}$，$P(B)=\frac{1}{3}$，$P(A\cap B)=\frac{1}{6}$ のとき，

$$P(B|A)=\frac{P(A\cap B)}{P(A)}=\frac{\frac{1}{6}}{\frac{1}{2}}=\frac{1}{3},\quad P(A|B)=\frac{P(A\cap B)}{P(B)}=\frac{\frac{1}{6}}{\frac{1}{3}}=\frac{1}{2}$$

となる。

2 つの事象 A, B が独立であるための条件として，次の **3** つのいずれを使ってもよい。

事象の独立

2 つの事象 A と B が独立であるための必要十分条件は,

$$P(A\cap B)=P(A)\cdot P(B) \iff P(B|A)=P(B) \iff P(A|B)=P(A)$$

第 n 回目に事象 A の起こる確率 $P_n\ (n=1,\ 2,\ 3,\ \cdots)$ を求めるには，下の模式図のように，第 n 回目と第 $n+1$ 回目の関係を調べて，漸化式にもち込んで解く。

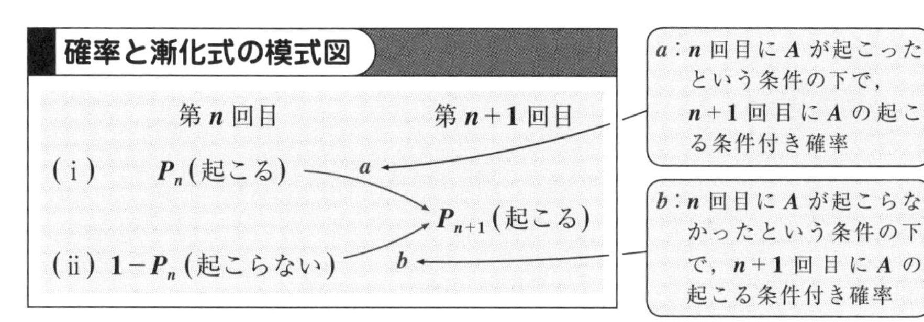

これから，漸化式：$P_{n+1}=aP_n+b(1-P_n)$ ……① が導かれる。

(ex) $P_1=\dfrac{3}{5}$, $a=\dfrac{1}{4}$, $b=\dfrac{1}{2}$ のとき，①より，

$P_{n+1}=\dfrac{1}{4}P_n+\dfrac{1}{2}(1-P_n)$ から，

$P_{n+1}=-\dfrac{1}{4}P_n+\dfrac{1}{2}$ ……② となる。

②を変形して，

$$P_{n+1}-\frac{2}{5}=-\frac{1}{4}\left(P_n-\frac{2}{5}\right)$$

これから，

$$P_n-\frac{2}{5}=\left(\overset{\frac{3}{5}}{P_1}-\frac{2}{5}\right)\cdot\left(-\frac{1}{4}\right)^{n-1}$$

$$\therefore P_n=\frac{1}{5}\cdot\left(-\frac{1}{4}\right)^{n-1}+\frac{2}{5}$$

$(n=1,\ 2,\ 3,\ \cdots)$ となる。

等比関数列型漸化式の解法

$$\begin{cases} P_{n+1}=-\dfrac{1}{4}P_n+\dfrac{1}{2} & \cdots\cdots② \\ x=-\dfrac{1}{4}x+\dfrac{1}{2} & \cdots\cdots②' \end{cases}$$

（②′：特性方程式）

②−②′より，

$P_{n+1}-x=-\dfrac{1}{4}(P_n-x)$ （等比関数列型漸化式）

$\left[F(n+1)=-\dfrac{1}{4}\ F(n)\right]$

$\left(②'より，\ \dfrac{5}{4}x=\dfrac{1}{2}\quad \therefore x=\dfrac{2}{5}\right)$

よって，$P_n-x=(P_1-x)\cdot\left(-\dfrac{1}{4}\right)^{n-1}$ となる。

$$\left[F(n)=\ F(1)\cdot\left(-\frac{1}{4}\right)^{n-1}\right]$$

ド・モルガンの法則，和の公式

演習問題 1 CHECK 1 CHECK 2 CHECK 3

全事象 U と 2 つの事象 A，B，および $A\cap B$ の場合の数が
$n(U)=1000$，$n(A)=333$，$n(B)=200$，$n(A\cap B)=66$ と与えられている。このとき，次の事象の場合の数を求めよ。ただし，$\overline{A}$，$\overline{B}$ はそれぞれ A，B の余事象を表す。

(i) $n(\overline{A}\cup\overline{B})$　(ii) $n(\overline{A}\cap B)$　(iii) $n(\overline{A}\cap\overline{B})$

ヒント！ 事象の場合の数と集合の要素の個数とは，本質的に同じものなので，集合のベン図を頭に描きながら解いていくといいよ。ここでは，ド・モルガンの法則：$\overline{A\cup B}=\overline{A}\cap\overline{B}$ や $\overline{A\cap B}=\overline{A}\cup\overline{B}$ も利用しよう。

解答＆解説

$n(U)=1000$，$n(A)=333$，$n(B)=200$，$n(A\cap B)=66$ を利用して，

ベン図（U，A，B）

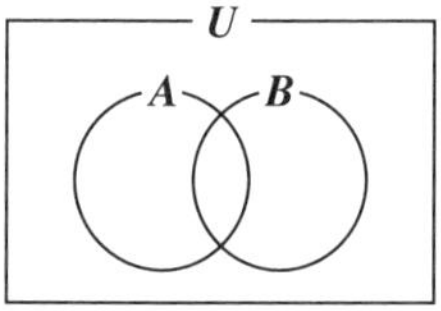

(i) ド・モルガンの法則より，$\overline{A}\cup\overline{B}=\overline{A\cap B}$　よって，

$n(\overline{A}\cup\overline{B})=n(\overline{A\cap B})=n(U)-n(A\cap B)$ ← $n(\overline{X})=n(U)-n(X)$

$=1000-66=934$ ……………………(答)

(ii) $n(\overline{A}\cap B)=n(B)-n(A\cap B)=200-66=134$ ……………………(答)

(iii) ド・モルガンの法則より，$\overline{A}\cap\overline{B}=\overline{A\cup B}$　よって，

$n(\overline{A}\cap\overline{B})=n(\overline{A\cup B})=n(U)-n(A\cup B)$

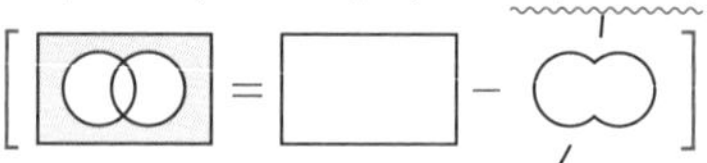

$=n(U)-\{n(A)+n(B)-n(A\cap B)\}$

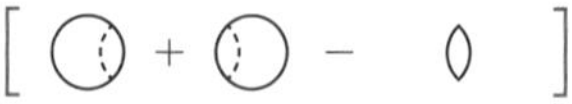

$=1000-(333+200-66)=1000-467=533$ ……………(答)

順列の数(I)

演習問題 2　CHECK 1　CHECK 2　CHECK 3

男子 **5** 人，女子 **3** 人が横 **1** 列に並ぶとき，次の場合の並べ方の総数を求めよ。

(1) 女子 **3** 人が隣り合って並ぶ場合。

(2) 両端が男子となる場合。

(3) 一方の端が女子，他方の端が男子となる場合。

ヒント！ **(1)** 女子 **3** 人をまとめて **1** 人として考えるといい。**(2)** 両端に男子を配置する方法は $_5P_2$ 通りで，その間の **6** 人の並べ方は **6!** 通りだね。**(3)** では，左端が女子になるか，男子になるかで，**2** 通りに分かれることに注意しよう！

解答＆解説

並べ替え 3! 通り

女 女 女 男 男 男 男 男

女子 3 人を 1 人と考えて 6 人の並べ替え 6!

(1) 女子 **3** 人が隣り合う場合，この **3** 人を **1** 人分と考えると，実質 **6** 人の並べ替えになる。これに，女子 **3** 人の並べ替えも考慮に入れて，この場合の並べ方の総数は，

$3! \times 6! = 6 \times 720 = 4320$ 通り ………(答)

($3! = 3\cdot2\cdot1 = 6$，$6! = 6\cdot5\cdot4\cdot3\cdot2\cdot1 = 720$)

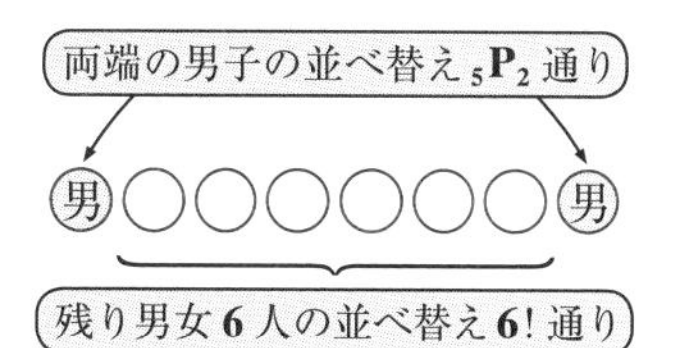

(2) 両端にくる男子 **2** 人の配置の方法は，$_5P_2$ 通りで，後は，この間の **6** 人の男女の並べ替えが **6!** より，この場合の並べ方の総数は，

$$_5P_2 \times 6! = \frac{5!}{3!} \times 720 = 14400 \text{ 通り} \quad \cdots\cdots(\text{答})$$

($5\cdot4 = 20$)

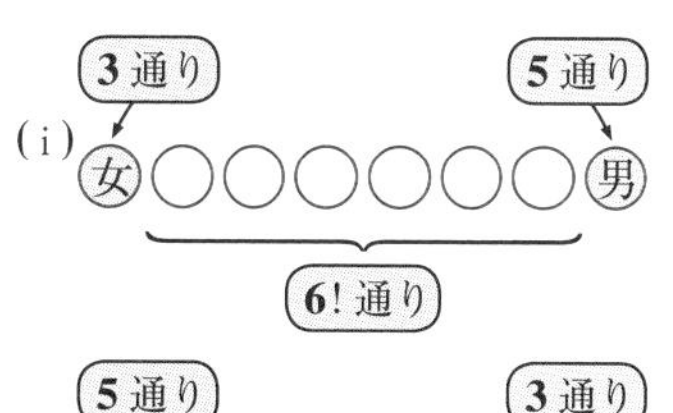

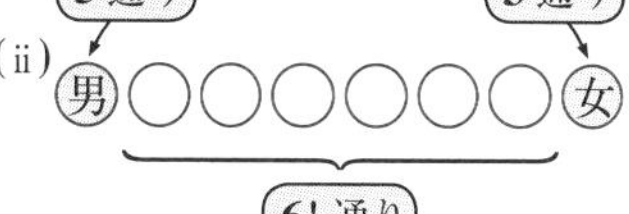

(3) (i)，(ii)に示すように，左端が女子か男子で，**2** 通りあり，両端の女子と男子の配置の仕方で 3×5 通り。この間の **6** 人の男女の並べ替えが **6!** 通りより，この場合の並べ方の総数は，

$$2 \times 3 \times 5 \times 6! = 30 \times 720$$
$$= 21600 \text{ 通り} \quad \cdots\cdots\cdots\cdots(\text{答})$$

順列の数（Ⅱ）

演習問題 3 CHECK 1 CHECK 2 CHECK 3

6 個の数字 **0**, **1**, **2**, **3**, **4**, **5** を使って **4** 桁の整数を作る。ただし，同じ数字は重複して使わないものとする。

(1) **4** 桁の整数は全部で何個あるか。

(2) **4** 桁の偶数は全部で何個あるか。

(3) **4** 桁の整数の内，**2014** 以上の整数は何個あるか。

ヒント！ **(1)** 千の位に **0** はこないことに注意して計算しよう。**(2)** 一の位に (ⅰ) **0** がくるか，(ⅱ) **2**, **4** がくるかで場合分けが必要になる。**(3)** では，(ⅰ) **201*** で，***** が **4** 以上，(ⅱ) **20*△** で，***** が **3** 以上，…というように場合分けしていくといいんだね。

解答＆解説

(1) **0**, **1**, **2**, **3**, **4**, **5** の数字から **4** つを選んで作る **4** 桁の整数は，千の位に **0** はこないことに注意して，

$$5 \times {}_5P_3 = 5 \times \frac{5!}{2!} = 5 \times 5 \times 4 \times 3$$

$$= 300 \text{ 個ある。}$$ ………………(答)

千の位　百の位　十の位　一の位

0 以外の 5 通り

残り 5 つから 3 つを選んで並べ替え ${}_5P_3$ 通り

(2) **4** 桁の偶数の個数は一の位の数が，(ⅰ) **0** のときと，(ⅱ) **2** または **4** のときに場合分けして求めると，

(ⅰ) 一の位が **0** のとき，

$${}_5P_3 \times 1 = \frac{5!}{2!} \times 1 = 5 \times 4 \times 3$$

$$= 60 \text{ 個}$$

(ⅱ) 一の位の数が **2** または **4** のとき，

$$4 \times {}_4P_2 \times 2 = 4 \times \frac{4!}{2!} \times 2$$

$$= 4 \times 4 \times 3 \times 2 = 96 \text{ 個}$$

以上 (ⅰ), (ⅱ) より，

$$60 + 96 = 156 \text{ 個ある。}$$ ………………(答)

(ⅰ) 一の位が **0** のとき，

千の位　百の位　十の位　一の位

残り 5 つから 3 つを選んで並べ替え ${}_5P_3$ 通り (2)

0 の 1 通り (1)

(ⅱ) 一の位が **2** または **4** のとき，

千の位　百の位　十の位　一の位

一の位の数と 0 以外の 4 通り (2)

残り 4 つから 2 つを選んで並べ替え ${}_4P_2$ 通り (3)

2 または 4 の 2 通り (1)

(3) **2014** 以上の **4** 桁の整数は，次のように **4** つに場合分けして求める。

(ⅰ) 千の位が **2**，百の位が **0**，十の位が **1** のとき，
一の位の数は，**4** または **5** の **2** 個

(ⅰ) 201＊
4, 5の2通り

(ⅱ) 千の位が **2**，百の位が **0** のとき，
十の位は，**3** または **4** または **5** の **3** 通りで，
一の位は，千，百，十の位の数以外の **3** 通り
より，$3 \times 3 = 9$ 個

(ⅱ) 20＊△
3, 4, 5の3通り
残り3個の3通り

(ⅲ) 千の位が **2** のとき，
百の位は，**1, 3, 4, 5** の **4** 通りで，十と一の位の数は，残り **4** つから **2** つの数を選んで並べ替えるので $_4P_2$ 通りとなる。よって，

$$4 \times {_4P_2} = 4 \times \frac{4!}{2!} = 4 \times 4 \times 3 = 48 \text{ 個}$$

(ⅲ) 2＊△□
1, 3, 4, 5の4通り
残り4つから2つを選んで並べ替え $_4P_2$ 通り

(ⅳ) 千の位が **3** 以上のとき，
千の位は，**3, 4, 5** の **3** 通りで，百と十と一の位の数は，残り **5** つから **3** つの数を選んで並べ替えるので $_5P_3$ 通りとなる。よって，

$$3 \times {_5P_3} = 3 \times \frac{5!}{2!} = 3 \times 5 \times 4 \times 3 = 180 \text{ 個}$$

(ⅳ) ＊△□▽
3, 4, 5の3通り
残り5つから3つを選んで並べ替え $_5P_3$ 通り

以上 (ⅰ), (ⅱ), (ⅲ), (ⅳ) より，**2014** 以上の整数の個数は，
$2 + 9 + 48 + 180 = 239$ 個である。……………………………………………(答)

円順列の数

演習問題 4	CHECK 1	CHECK 2	CHECK 3

男子 5 人，女子 3 人が円形に並ぶとき，次の場合の並べ方の総数を求めよ。

(1) 女子 3 人が隣り合って並ぶ場合。

(2) 女子 3 人がいずれも互いに隣り合わない場合。

ヒント！ n 人の円順列の数は，特定の 1 人の位置を固定して $(n-1)!$ 通りとなる。(1) では，3 人の女子を 1 人分とみなして，これを固定して考えよう。(2) では，初めに男子 5 人の配置を決め，その間に女子が入るように考えるとうまくいく。

解答＆解説

(1) 隣り合う女子 3 人の並べ替えで 3! 通り。

そして，この女子 3 人をまとめて 1 人分と考えて，これを固定すると，残り 5 人の男子の並べ替えが 5! 通りとなる。よって，この場合の円形に並べる並べ方の総数は，

$3! \times 5! = 6 \times 120 = 720$ 通り ………………(答)

($3 \cdot 2 \cdot 1 = 6$)　($5 \cdot 4 \cdot 3 \cdot 2 \cdot 1 = 120$)

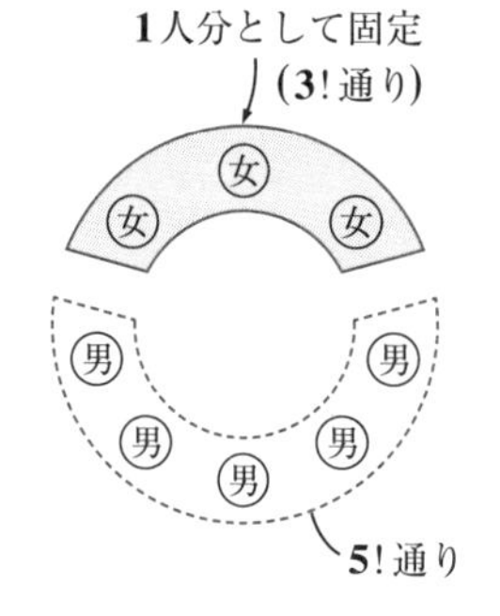

(2) 男子同士の間にスペース (◌) を空けて，5 人の男子を円形に並べる並べ方で，4! 通り。

次に，この 5 つの (◌) のうち 3 つを選んで女子を配置するやり方が $_5P_3$ 通りである。よって，女子 3 人が互いに隣り合わない並べ方の総数は，

$4! \times {}_5P_3 = 4! \times \dfrac{5!}{2!}$

$= 24 \times 60 = 1440$ 通り ……(答)

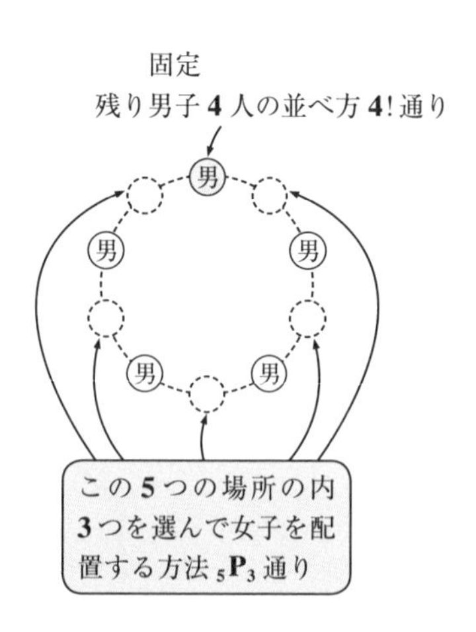

同じものを含む順列の数

演習問題 5	CHECK 1	CHECK 2	CHECK 3

次の問いに答えよ。

(1) 7 個の文字 **N, A, K, A, O, K, A** を 1 列に並べる並べ方の総数を求めよ。

(2) 7 個の大文字と小文字 **A, B, C, a, b, c, d** を 1 列に並べるとき，4 つの小文字が左から順に **b, a, d, c** となるような並べ方の総数を求めよ。

ヒント！ (1) 7 つの文字の内，3 つの **A** と 2 つの **K** が同じものなので，同じものを含む順列の数として計算しよう。(2) では，7 つはすべて異なる文字であるが，4 つの小文字の左からの順番が決まっているので，これを同じものとみなすことができるんだね。

解答＆解説

(1) 7 つの文字 **N, A, K, A, O, K, A** の中には，3 つの **A** と 2 つの **K** が同じものとして含まれている。よって，これを 1 列に並べる並べ方の総数は，

$$\frac{7!}{3!\cdot 2!}=\frac{7\cdot 6\cdot 5\cdot 4}{2\cdot 1}=420 \text{ 通り}$$ ……(答)

> n 個の内，p 個，q 個，…の同じものを含む順列の数は，$\frac{n!}{p!q!\cdots}$ となる。

(2) 7 つの文字 **A, B, C, a, b, c, d** はすべて異なるが，これを 1 列に並べるときに，小文字は左から順に，**b, a, d, c** とするので，右図に示すように，これらを 4 つの (○) で表しても構わない。右図の例のようになったとき，この 4 つの (○) に左から順に **b, a, d, c** を配置するので，1 通りに決定できるからである。よって，これは 7 つの文字の内，4 つの同じ○を含む順列の数として計算できるので，この場合の並べ方の総数は，

> (ex)
>
> ○ **C** ○ ○ **A** ○ **B**
>
> この○には，左から **b, a, d, c** が入るので 1 通りに決まる。

$$\frac{7!}{4!}=7\cdot 6\cdot 5=210 \text{ 通りである。}$$ ……(答)

和の公式の応用

演習問題 6 CHECK 1 CHECK 2 CHECK 3

全体集合 U とその部分集合 A, B, C を
$U=\{k\mid k$ は 1 以上 1001 以下の整数$\}$,
$A=\{k\mid k\in U$, k は 7 の倍数$\}$,
$B=\{k\mid k\in U$, k は 11 の倍数$\}$,
$C=\{k\mid k\in U$, k は 13 の倍数$\}$ とする。このとき，次の集合の要素の個数を求めよ。

(1) $n(A\cap B)$, $n(B\cap C)$, $n(C\cap A)$, $n(A\cap B\cap C)$

(2) $n(\overline{A}\cap\overline{B}\cap\overline{C})$, $n(A\cap\overline{B}\cap\overline{C})$, $n(A\cup\overline{B}\cup\overline{C})$

ヒント！ 集合の要素の個数と事象の場合の数とは，本質的に同じものなので，演習問題 1 (P12) と同様にベン図を描きながら解いていくといいんだね。

解答＆解説

1001 を素因数分解すると，$1001=7\times11\times13$ である。よって，全体集合 U とその部分集合 A, B, C の要素の個数は，

$n(U)=1001$, $n(A)=143$, $n(B)=91$, $n(C)=77$ である。

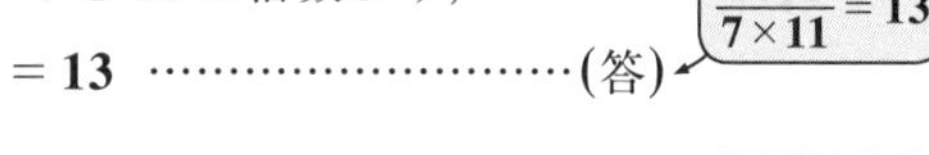

$\frac{1001}{7}=11\times13$ $\frac{1001}{11}=7\times13$ $\frac{1001}{13}=7\times11$

(1) ・$A\cap B$ は，7 と 11 の倍数より，

$n(A\cap B)=13$ ……………………(答)　$\frac{1001}{7\times11}=13$

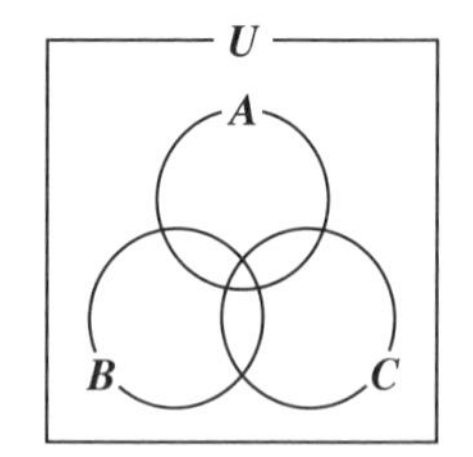

・$B\cap C$ は，11 と 13 の倍数より，

$n(B\cap C)=7$ ……………………(答)　$\frac{1001}{11\times13}=7$

・$C\cap A$ は，13 と 7 の倍数より，

$n(C\cap A)=11$ ……………………(答)　$\frac{1001}{13\times7}=11$

・$A\cap B\cap C$ は，7 と 11 と 13 の倍数より，

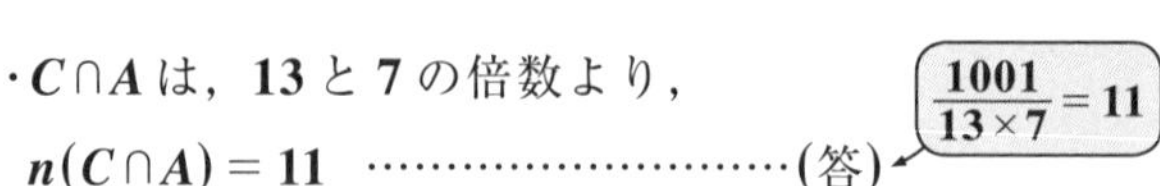

$n(A\cap B\cap C)=1$ ………………(答)　$\frac{1001}{7\times11\times13}=1$

(2)・ド・モルガンの法則より，$\overline{A}\cap\overline{B}\cap\overline{C}=\overline{A\cup B\cup C}$ となるので，

$n(\overline{A}\cap\overline{B}\cap\overline{C})=n(\overline{A\cup B\cup C})$ 　　$n(\overline{X})=n(U)-n(X)$

$=n(U)-n(A\cup B\cup C)$

$=n(U)-\{n(A)+n(B)+n(C)-n(A\cap B)$

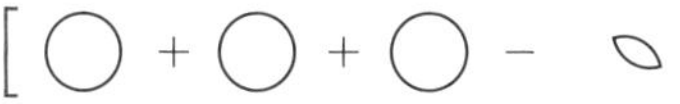

$-n(B\cap C)-n(C\cap A)+n(A\cap B\cap C)\}$

$=1001-(143+91+77-13-7-11+1)$

$=1001-281=720$ ……………………………(答)

・$n(A\cap\overline{B}\cap\overline{C})=n(A)-n(A\cap B)-n(C\cap A)+n(A\cap B\cap C)$

$=143-13-11+1=120$ ……………………………(答)

・ド・モルガンの法則より，$A\cup\overline{B}\cup\overline{C}=\overline{\overline{A}}\cup\overline{B}\cup\overline{C}=\overline{\overline{A}\cap B\cap C}$ となるので，

$n(A\cup\overline{B}\cup\overline{C})=n(\overline{\overline{A}\cap B\cap C})$

$=n(U)-n(\overline{A}\cap B\cap C)$

$=n(U)-\{n(B\cap C)-n(A\cap B\cap C)\}$

$=1001-(7-1)=1001-6=995$ ……………………………(答)

組分け問題

演習問題 7	CHECK 1	CHECK 2	CHECK 3

A, B, C, D, E, F, G の **7** 人を，**3** 人，**3** 人，**1** 人の **3** つのグループに分ける。このとき，次の分け方の場合の数を求めよ。

(1) このグループの分け方は全部で何通りあるか。

(2) A が **1** 人のグループに入る分け方は何通りあるか。

(3) A と **B** が異なるグループに入る分け方は何通りあるか。

(4) A が，**B** または **C** のどちらかとのみ同じグループに入る分け方は何通りあるか。

(5) A, B, C がすべて異なるグループに入る分け方は何通りあるか。

ヒント！ 組分け問題では，組に区別がある場合とない場合に注意して問題を解いていこう。**(1)(2)** では，**2** つの **3** 人のグループに区別はないので，**2!** で割ることを忘れてはいけないんだね。**(3)** では，**A** または **B** が **1** 人のグループに入る場合と，そうでない場合に分けて考えよう。

解答＆解説

(1) **7** 人を，**3** 人と **3** 人と **1** 人のグループに分けるとき，**2** つの **3** 人のグループに区別はないので，この分け方の総数は，

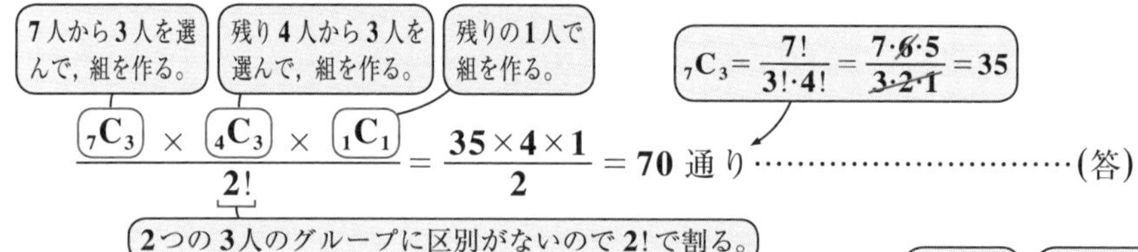

$$\frac{{}_7C_3 \times {}_4C_3 \times {}_1C_1}{2!} = \frac{35 \times 4 \times 1}{2} = 70 \text{ 通り} \quad \cdots\cdots (答)$$

$${}_7C_3 = \frac{7!}{3! \cdot 4!} = \frac{7 \cdot 6 \cdot 5}{3 \cdot 2 \cdot 1} = 35$$

(2) **A** が **1** 人のグループに入るとき，残り **6** 人で **2** つの **3** 人のグループを作り，これらの組に区別はないので，この分け方の総数は，

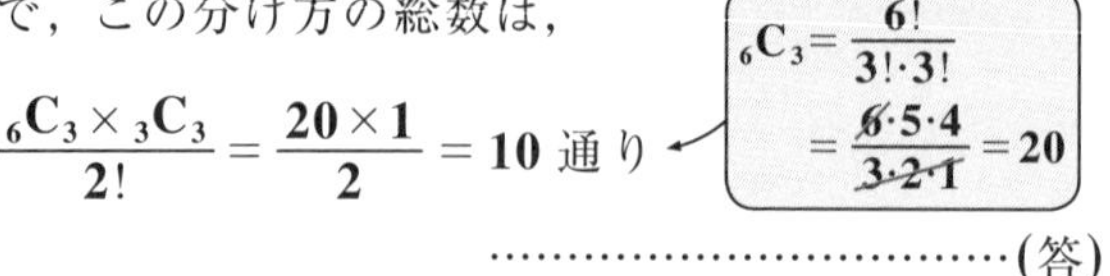

$$\frac{{}_6C_3 \times {}_3C_3}{2!} = \frac{20 \times 1}{2} = 10 \text{ 通り} \quad \cdots\cdots (答)$$

$${}_6C_3 = \frac{6!}{3! \cdot 3!} = \frac{6 \cdot 5 \cdot 4}{3 \cdot 2 \cdot 1} = 20$$

6人から3人　残り3人から3人
3人　3人　Ⓐ 1人
組に区別なし

(3) **A** と **B** が異なるグループに入る条件として，(ⅰ) **A** または **B** が **1** 人のグループに入る場合と，(ⅱ) **A** と **B** が共に異なる **3** 人のグループに入る場合が考えられる。

(i) AまたはBが1人のグループに入れば，AとBは自動的に別のグループに入ることになる。よって，(2)の結果より，この場合の分け方は，

$\underline{2} \times \underline{10} = 20$ 通り

AまたはBが1人のグループ　(2)の結果

(ii) A, Bが共に異なる3人のグループに入る場合，A, B以外の5人から2人をAのグループに入れ，残り3人から2人をBのグループに入れ，残り1人を1人のグループに入れるので，

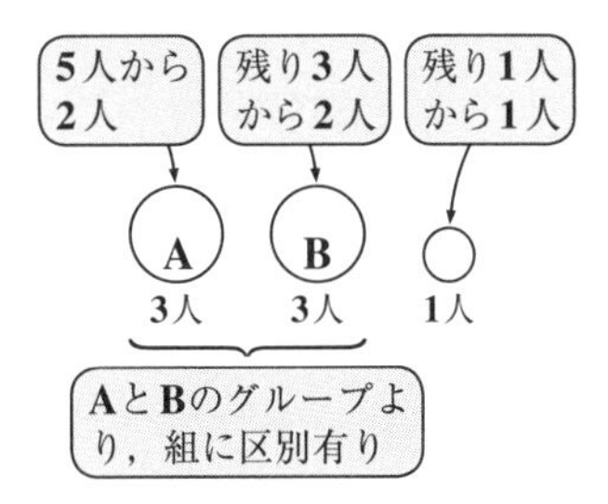

${}_5C_2 \times {}_3C_2 \times {}_1C_1 = 10 \times 3 \times 1 = 30$ 通り

以上(i)(ii)より，AとBが異なるグループに入る分け方は，

$20 + 30 = 50$ 通りである。……………………………………………(答)

(4) Aが，BまたはCのどちらかとのみ同じグループに入る場合について，

(i) AとBのみが同じグループに入る場合，

${}_4C_1 \times {}_4C_3 \times {}_1C_1 = 4 \times 4 \times 1 = 16$ 通り

(ii) AとCのみが同じグループに入る場合，

同様に ${}_4C_1 \times {}_4C_3 \times {}_1C_1 = 4 \times 4 \times 1 = 16$ 通り

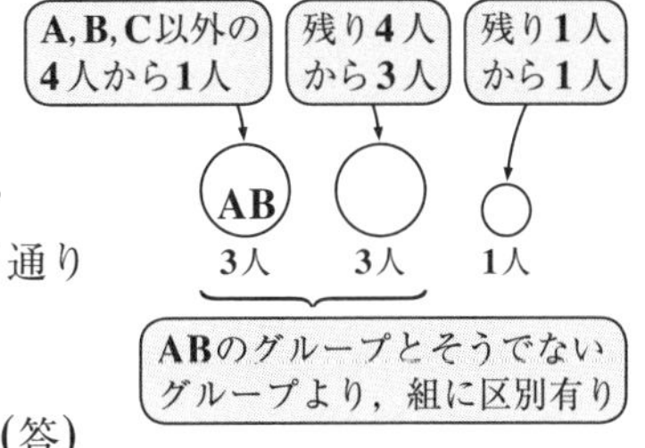

以上(i)(ii)より，この場合の分け方は，

$16 + 16 = 32$ 通り ………………………………(答)

(5) A, B, Cがすべて異なるグループに入る分け方は，(i)まず，A, B, Cのいずれか1人が1人のグループに入り，次に，A, B, Cの残りの2人を3人の別々のグループに入れ，(ii) A, B, C以外の4人のうち2人を3人のグループに入れ，(iii)残り2人を別の3人のグループに入れることになるので，

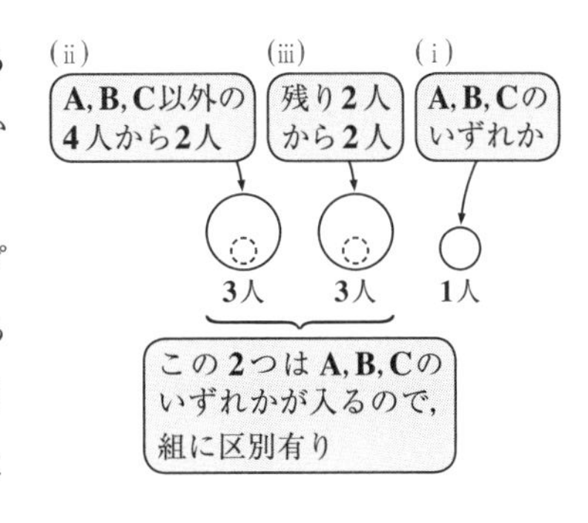

$3 \times {}_4C_2 \times {}_2C_2 = 3 \times 6 \times 1 = 18$ 通り ………(答)

最短経路の数

演習問題 8　CHECK 1　CHECK 2　CHECK 3

右図のような格子状の経路がある。
次の各場合の点 **A** から点 **B** に移動する最短経路の数を求めよ。

(1) 全最短経路の数。

(2) 点 **P** を通る最短経路の数。

(3) 点 **Q** を通る最短経路の数。

(4) 点 **P** と点 **Q** を共に通る最短経路の数。

(5) 点 **P** も点 **Q** も通らない最短経路の数。

(6) 点 **P** を通らないか，または点 **Q** を通らない最短経路の数。

ヒント！ 全最短経路を U，点 **P** を通る場合を P，点 **Q** を通る場合を Q とおくと，**(1)** は $n(U)$，**(2)**，**(3)** は $n(P)$ と $n(Q)$，**(4)** は $n(P\cap Q)$ を求めるんだね。さらに **(5)** は，$n(\overline{P}\cap\overline{Q})=n(\overline{P\cup Q})$ として求め，**(6)** は $n(\overline{P}\cup\overline{Q})=n(\overline{P\cap Q})$ として求めればいい。

解答＆解説

(1) 点 **A** から点 **B** まで，横に **7** 区間，縦に **4** 区間あるので，**A** から **B** に向かう全最短経路の数を $n(U)$ とおくと，これは全 **11** 区間の内，横に行く **7** 区間を選ぶ場合の数に等しい。よって，

$$n(U)={}_{11}C_7=\frac{11!}{7!\cdot 4!}=\frac{11\cdot 10\cdot 9\cdot 8}{4\cdot 3\cdot 2\cdot 1}=330 \text{ 通り} \quad \cdots\cdots①\quad \cdots\cdots(答)$$

(2) **A→P→B** と移動する最短経路の数を $n(P)$ とおくと，

$$n(P)={}_4C_3\times{}_7C_4=4\times\frac{7!}{4!\cdot 3!}$$

${}_4C_3$：**A→P** の全 **4** 区間の内，横に行く **3** 区間を選ぶ。

${}_7C_4$：**P→B** の全 **7** 区間の内，横に行く **4** 区間を選ぶ。

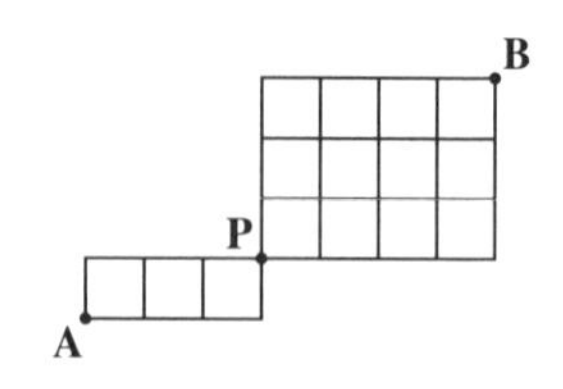

$$=4\times\frac{7\cdot 6\cdot 5}{3\cdot 2\cdot 1}=140 \text{ 通り} \quad \cdots\cdots②\quad \cdots\cdots(答)$$

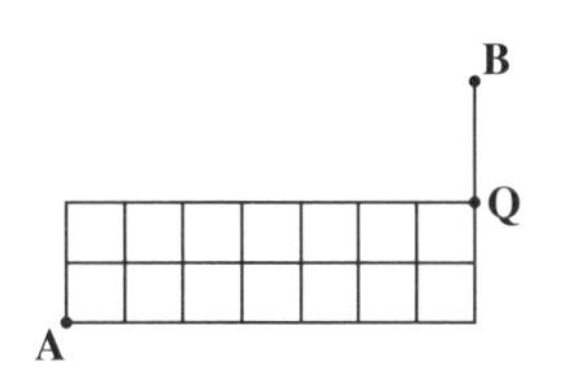

(3) A→Q→B と移動する最短経路の数を $n(Q)$ とおくと，

$$n(Q) = \underbrace{{}_9C_7}_{A\to Q} \times \underbrace{1}_{Q\to B} = \frac{9!}{7!\cdot 2!} = \frac{9\cdot 8}{2\cdot 1} = 36 \text{ 通り}$$

……③ ………(答)

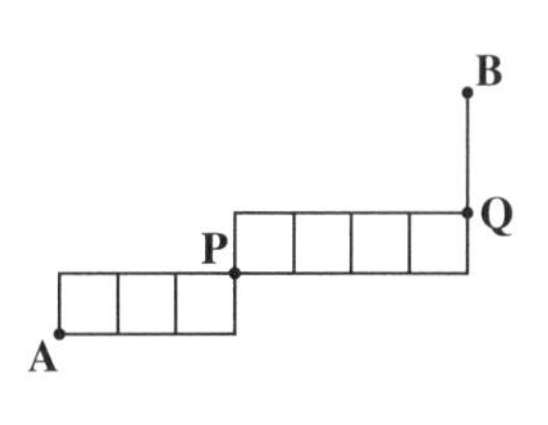

(4) A→P→Q→B と移動する最短経路の数を $n(P\cap Q)$ とおくと，

$$n(P\cap Q) = \underbrace{{}_4C_3}_{A\to P} \times \underbrace{{}_5C_4}_{P\to Q} \times \underbrace{1}_{Q\to B} = 4\times 5\times 1 = 20 \text{ 通り}$$

……④ ………(答)

(5) 点 P も点 Q も通らない最短経路の数 $n(\overline{P}\cap\overline{Q})$ を求めると，

$\overline{P}\cap\overline{Q} = \overline{P\cup Q}$ （∵ド・モルガンの法則）

$$n(\overline{P}\cap\overline{Q}) = n(\overline{P\cup Q}) = n(U) - n(P\cup Q) \quad \leftarrow n(\overline{X}) = n(U) - n(X)$$

$$= n(U) - \{n(P) + n(Q) - n(P\cap Q)\}$$

$n(U)=330$, $n(P)=140$, $n(Q)=36$, $n(P\cap Q)=20$ ← ①, ②, ③, ④より

$$= 330 - (140 + 36 - 20) = 174 \text{ 通り}$$ ……………………………(答)

(6) 点 P を通らないか，または点 Q を通らない最短経路の数 $n(\overline{P}\cup\overline{Q})$ は，

$\overline{P}\cup\overline{Q} = \overline{P\cap Q}$ （ド・モルガン）

$$n(\overline{P}\cup\overline{Q}) = n(\overline{P\cap Q}) = n(U) - n(P\cap Q)$$

$n(U)=330$, $n(P\cap Q)=20$ ← ①, ④より

$$= 330 - 20 = 310 \text{ 通り}$$ ……………………………(答)

重複組合せの数

演習問題 9	CHECK 1	CHECK 2	CHECK 3

x, y, z を $\mathbf{0}$ 以上の整数とするとき，次の各問いに答えよ。

(1) $x+y+z=12$ となる場合の数を求めよ。

(2) $x+2y+2z=20$ $(x \leqq y \leqq z)$ となる場合の数を求めよ。

(3) $x+2y+5z=20$ となる場合の数を求めよ。

ヒント！ (1) $x+y+z=12$ をみたす 0 以上の整数 x, y, z の例として，$x=3$, $y=4$, $z=5$ のとき，これを $\underbrace{xxx}_{3個}\ \underbrace{yyyy}_{4個}\ \underbrace{zzzzz}_{5個}$ と考えると，これは 3 つの異なるもの x, y, z から重複を許して，12 個を選び出す重複組合せの問題に帰着する。(2) では，x は偶数となるので，$x=0$, 2, …の場合を順に調べていけばいい。(3) では，$z=0$, 1, 2, 3, 4 の場合を順に調べていけばいいんだね。頑張ろう！

解答＆解説

(1) $x+y+z=12$ ……① (x, y, z：0 以上の整数) について，

①をみたす (x, y, z) の値の組の全場合の数は，異なる 3 つのもの x, y, z から重複を許して 12 個を選び出す重複組合せの数 ${}_3H_{12}$ に等しい。よって，

$${}_3H_{12} = {}_{3+12-1}C_{12} = {}_{14}C_{12}$$ ← 公式：${}_nH_r = {}_{n+r-1}C_r$

$$= \frac{14!}{12!\cdot 2!} = \frac{14\cdot 13}{2\cdot 1} = 7\times 13 = 91$$ 通りである。……………………(答)

(2) $x+\underbrace{2y+2z}_{偶数}=\underbrace{20}_{偶数}$ ……② (x, y, z は，$0 \leqq x \leqq y \leqq z$ をみたす整数)

について，②より，x は偶数となる。

よって，$x=0$, 2, …と順に調べていくと，

(i) $x=0$ のとき，②より，$2y+2y=20$

$y+z=10$ ……②′ $(0 \leqq y \leqq z)$

よって，②′をみたす (y, z) の値の組は，

$(y, z)=(0, 10), (1, 9), (2, 8), (3, 7), (4, 6), (5, 5)$

の 6 通りである。

(ii) $x=2$ のとき，②より，$2+2y+2z=20$

$y+z=9$ ……②'' $(2\leqq y\leqq z)$

よって，②''をみたす $(y,\ z)$ の値の組は，

$(y,\ z)=(2,\ 7),\ (3,\ 6),\ (4,\ 5)$ の 3 通りである。

(iii) $x=4$ のとき，②より，$4+2y+2z=20$

$y+z=8$ ……②''' $(4\leqq y\leqq z)$

よって，②'''をみたす $(y,\ z)$ の値の組は，

$(y,\ z)=(4,\ 4)$ の 1 通りである。

$x\geqq 6$ のとき，$y+z\leqq 7$ となって，$x\leqq y\leqq z$ をみたす整数 $(y,\ z)$ の組は存在しない。よって，

以上 (i)(ii)(iii) より，②と，$0\leqq x\leqq y\leqq z$ をみたす $(x,\ y,\ z)$ の値の組は全部で，$10\ (=6+3+1)$ 通りである。 ……………………………………(答)

(3) $x+2y+5z=20$ ……③ ($x,\ y,\ z$ は 0 以上の整数) について，

0以上　　係数が 1 番大きい z の取り得る値の範囲をまず決める。

$5z\leqq 20$ より，$z\leqq 4$　　$\therefore z=0,\ 1,\ 2,\ 3,\ 4$ の 5 通りについて調べる。

(i) $z=0$ のとき，③より，$x+2y=20$

これをみたす y は，$y=0,\ 1,\ 2,\ \cdots,\ 10$ の 11 通り

(ii) $z=1$ のとき，③より，$x+2y=15$

これをみたす y は，$y=0,\ 1,\ \cdots,\ 7$ の 8 通り

(iii) $z=2$ のとき，③より，$x+2y=10$

これをみたす y は，$y=0,\ 1,\ \cdots,\ 5$ の 6 通り

(iv) $z=3$ のとき，③より，$x+2y=5$

これをみたす y は，$y=0,\ 1,\ 2$ の 3 通り

(v) $z=4$ のとき，③より，$x+2y=0$

これをみたす y は，$y=0$ の 1 通り

y の値が決まれば，x の値は自動的に決まるので，y の取り得る値を調べればいい。

以上 (i)～(v) より，③をみたす 0 以上の整数 $(x,\ y,\ z)$ の値の組は全部で，

$29\ (=11+8+6+3+1)$ 通りである。 ……………………………………(答)

余事象の確率

演習問題 10　CHECK 1　CHECK 2　CHECK 3

箱の中に 1 から 5 までの数字が書かれた同形の玉が 5 個入っている。この箱から無作為に 1 つの玉を取り出して，玉の数字を記録して，元に戻す操作を 3 回繰り返す。記録された 3 つの数字の最小値を x，最大値を X とおく。

(1) $x=1$ となる確率と，$X=5$ となる確率を求めよ。

(2) $x=1$ で，かつ $X=5$ となる確率を求めよ。

ヒント！ $x=1$ となる事象を A，$X=5$ となる事象を B とおくと，(1) では，余事象の確率を利用して，$P(A)=1-P(\overline{A})$，$P(B)=1-P(\overline{B})$ と計算するといいんだね。

解答＆解説

2 つの事象 A，B を次のようにおく。

A：$x=1$ となる。B：$X=5$ となる。

(1)・確率 $P(A)$ は，余事象 $\overline{A}$ ($x \geqq 2$ となる) の確率 $P(\overline{A})$ を用いて，

（2, 3, 4, 5 のいずれか）

$$P(A)=1-P(\overline{A})=1-\left(\frac{4}{5}\right)^3=1-\frac{64}{125}=\frac{61}{125}$$ となる。……………(答)

・確率 $P(B)$ も，余事象 $\overline{B}$ ($X \leqq 4$ となる) の確率 $P(\overline{B})$ を用いて，

（1, 2, 3, 4 のいずれか）

$$P(B)=1-P(\overline{B})=1-\left(\frac{4}{5}\right)^3=1-\frac{64}{125}=\frac{61}{125}$$ となる。……………(答)

(2) $x=1$ かつ $X=5$ となる確率，すなわち $P(A\cap B)$ についても，余事象の確率 $P(\overline{A\cap B})$ を用いて求めると，

$$P(A\cap B)=1-P(\overline{A\cap B})=1-P(\overline{A}\cup\overline{B})$$

（$\overline{A\cap B}=\overline{A}\cup\overline{B}$（ド・モルガンの法則より））

$$=1-\left\{P(\overline{A})+P(\overline{B})-P(\overline{A}\cap\overline{B})\right\}$$

（2, 3, 4, 5 のいずれか）（1, 2, 3, 4 のいずれか）（2, 3, 4 のいずれか）

$$=1-\left\{\left(\frac{4}{5}\right)^3+\left(\frac{4}{5}\right)^3-\left(\frac{3}{5}\right)^3\right\}$$

$\overline{A}\cap\overline{B}$ とは，$2\leqq x$ かつ $X\leqq 4$ より，3回とも 2, 3, 4 のいずれかの数字の玉を取り出すことだ。

$$=1-\frac{64+64-27}{125}=\frac{125-128+27}{125}=\frac{24}{125}$$ となる。………(答)

確率の加法定理

演習問題 11

CHECK 1　CHECK 2　CHECK 3

2つの事象 A, B と $\overline{A}\cap\overline{B}$ についての確率が,

$P(A)=\dfrac{2}{3}$, $P(B)=\dfrac{1}{2}$, $P(\overline{A}\cap\overline{B})=\dfrac{1}{12}$ と与えられている。このとき,

次の事象の確率を求めよ。

(1) $P(A\cap B)$　(2) $P(A\cap\overline{B})$　(3) $P(A\cup\overline{B})$

ヒント! ド・モルガンの法則：$\overline{A}\cap\overline{B}=\overline{A\cup B}$ や余事象の確率 $P(\overline{A})=1-P(A)$ や，確率の加法定理 $P(A\cup B)=P(A)+P(B)-P(A\cap B)$ など…の公式を利用して解いていこう。さらに，ベン図のイメージも常に頭に描きながら解くといいんだね。

解答＆解説

ベン図

U

A　B

(1) $P(A)=\dfrac{2}{3}$, $P(B)=\dfrac{1}{2}$, $P(\overline{A}\cap\overline{B})=\dfrac{1}{12}$ より,

$\overline{A}\cap\overline{B} = \overline{A\cup B}$ (ド・モルガン)

$P(\overline{A}\cap\overline{B})=P(\overline{A\cup B})=1-P(A\cup B)$ ← $P(\overline{X})=1-P(X)$

$P(\overline{A}\cap\overline{B}) = \dfrac{1}{12}$, $P(A) = \dfrac{2}{3}$, $P(B) = \dfrac{1}{2}$

$=1-\{P(A)+P(B)-P(A\cap B)\}$ となる。

$$\frac{1}{12}=1-\frac{2}{3}-\frac{1}{2}+P(A\cap B)$$

$$P(A\cap B)=\frac{1}{12}-1+\frac{2}{3}+\frac{1}{2}=\frac{1-12+8+6}{12}=\frac{3}{12}$$

$\therefore P(A\cap B)=\dfrac{1}{4}$ である。…………(答)

(2) $P(A\cap\overline{B})=P(A)-P(A\cap B)=\dfrac{2}{3}-\dfrac{1}{4}=\dfrac{8-3}{12}=\dfrac{5}{12}$ …………………(答)

[(図) = (図) − (図)]

(3) $P(A\cup\overline{B})=P(A)+P(\overline{B})-P(A\cap\overline{B})=\dfrac{2}{3}+\dfrac{1}{2}-\dfrac{5}{12}=\dfrac{8+6-5}{12}=\dfrac{3}{4}$ …(答)

$P(A) = \dfrac{2}{3}$, $P(\overline{B}) = 1-P(B)=1-\dfrac{1}{2}$, $P(A\cap\overline{B}) = \dfrac{5}{12}$ ((2)の結果より)

確率の加法定理の応用

演習問題 12

CHECK 1　CHECK 2　CHECK 3

3つの事象 A, B, C と $A\cap B$, $B\cap C$, $C\cap A$, $A\cup B\cup C$ についての確率が,
$P(A)=\frac{1}{2}$, $P(B)=\frac{1}{3}$, $P(C)=\frac{1}{5}$, $P(A\cap B)=\frac{1}{6}$, $P(B\cap C)=\frac{1}{15}$,
$P(C\cap A)=\frac{1}{10}$, $P(A\cup B\cup C)=\frac{11}{15}$ と与えられている。このとき,
次の確率を求めよ。

(1) $P(A\cap B\cap C)$　　(2) $P(\overline{A}\cup B)$

(3) $P(A\cap\overline{B}\cap\overline{C})$　　(4) $P(A\cup\overline{B}\cup\overline{C})$

ヒント! この問題では，確率の加法定理や余事象の確率やド・モルガンの法則など…を利用して解いていこう。3つの事象 A, B, C についての確率計算なので，ベン図を頭に描きながら解くことにより，ミスをなくせるはずだ。

解答&解説

(1) $P(A)=\frac{1}{2}$, $P(B)=\frac{1}{3}$, $P(C)=\frac{1}{5}$,

$P(A\cap B)=\frac{1}{6}$, $P(B\cap C)=\frac{1}{15}$,

$P(C\cap A)=\frac{1}{10}$, $P(A\cup B\cup C)=\frac{11}{15}$ より,

ベン図

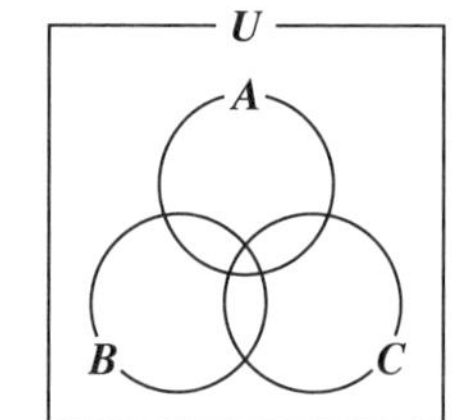

$P(A\cup B\cup C)=P(A)+P(B)+P(C)$

$-P(A\cap B)-P(B\cap C)-P(C\cap A)+P(A\cap B\cap C)$

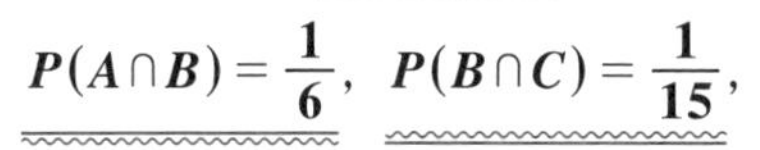

よって, $\frac{11}{15}=\frac{1}{2}+\frac{1}{3}+\frac{1}{5}-\frac{1}{6}-\frac{1}{15}-\frac{1}{10}+P(A\cap B\cap C)$ より,

$P(A\cap B\cap C)=\frac{11}{15}-\frac{1}{2}-\frac{1}{3}-\frac{1}{5}+\frac{1}{6}+\frac{1}{15}+\frac{1}{10}$

$=\frac{22-15-10-6+5+2+3}{30}=\frac{1}{30}$ である。………………(答)

(2) $P(\overline{A} \cup B) = \underbrace{P(\overline{A})}_{1-P(A)=1-\frac{1}{2}=\frac{1}{2}} + \underbrace{P(B)}_{\frac{1}{3}} - \underbrace{P(\overline{A} \cap B)}_{P(B)-P(A\cap B)=\frac{1}{3}-\frac{1}{6}}$

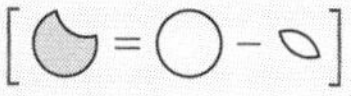

$$= \frac{1}{2} + \frac{1}{3} - \left(\frac{1}{3} - \frac{1}{6}\right) = \frac{3+1}{6} = \frac{2}{3}$$ ……(答)

(3) $P(A \cap \overline{B} \cap \overline{C}) = \underline{P(A)} - \{\underline{P(A \cap B)} + \underline{P(C \cap A)} - \underline{P(A \cap B \cap C)}\}$

$$= \frac{1}{2} - \left(\frac{1}{6} + \frac{1}{10} - \frac{1}{30}\right) = \frac{1}{2} - \frac{5+3-1}{30}$$

$$= \frac{15-7}{30} = \frac{8}{30} = \frac{4}{15}$$ ……(答)

(4) $P(A \cup \overline{B} \cup \overline{C}) = P(\overline{\overline{A} \cap B \cap C})$ ←ド・モルガンの法則

$= \underbrace{1}_{\text{全確率}} - P(\overline{A} \cap B \cap C)$ ←$P(\overline{X}) = 1 - P(X)$

$= 1 - \{\underline{P(B \cap C)} - \underline{P(A \cap B \cap C)}\}$

$$= 1 - \left(\frac{1}{15} - \frac{1}{30}\right) = 1 - \frac{1}{30} = \frac{29}{30}$$ ……(答)

独立な事象の確率

演習問題 13 CHECK 1 CHECK 2 CHECK 3

a, b, c, d の 4 人があるゲームをして勝つ確率は，順に，$\frac{4}{5}$，$\frac{1}{4}$，$\frac{3}{4}$，$\frac{2}{5}$ である。この 4 人の内少なくとも 2 人がゲームに勝つ確率を求めよ。(ただし，ゲームには，勝・敗のみで，引き分けはないものとする。)

ヒント！ 4 人中 k 人がゲームに勝つ確率を $P_k\ (k=0, 1, 2, 3, 4)$ とおくと，少なくとも 2 人が勝つ確率 $P_2+P_3+P_4$ を求めるよりも，余事象の確率 (P_0+P_1) を使って，$1-(P_0+P_1)$ として求めた方が計算が早いんだね。

解答＆解説

4 人中 k 人が，このゲームに勝つ確率を $P_k\ (k=0,\ 1,\ 2,\ 3,\ 4)$ とおく。
また，4 人の内少なくとも 2 人が勝つ事象を A とおくと，確率 $P(A)$ は，
$P(A)=1-P(\overline{A})$ ……① となる。
ここで，$\underbrace{P_0+P_1}_{P(\overline{A})}+\underbrace{P_2+P_3+P_4}_{P(A)}=1$ (全確率) より，①は，

$P(A)=1-(P_0+P_1)$ ……② となる。
ここで，勝ちを "○"，負けを "×" で表すと，

$$\cdot P_0=\left(1-\frac{4}{5}\right)\cdot\left(1-\frac{1}{4}\right)\cdot\left(1-\frac{3}{4}\right)\cdot\left(1-\frac{2}{5}\right)=\frac{1}{5}\times\frac{3}{4}\times\frac{1}{4}\times\frac{3}{5}=\frac{9}{400}\ \cdots\cdots ③$$
[×　×　×　×]

$$\cdot P_1=\frac{4}{5}\cdot\left(1-\frac{1}{4}\right)\cdot\left(1-\frac{3}{4}\right)\cdot\left(1-\frac{2}{5}\right)+\left(1-\frac{4}{5}\right)\cdot\frac{1}{4}\cdot\left(1-\frac{3}{4}\right)\cdot\left(1-\frac{2}{5}\right)$$
[○　×　×　×] [×　○　×　×]

$$+\left(1-\frac{4}{5}\right)\cdot\left(1-\frac{1}{4}\right)\cdot\frac{3}{4}\cdot\left(1-\frac{2}{5}\right)+\left(1-\frac{4}{5}\right)\cdot\left(1-\frac{1}{4}\right)\cdot\left(1-\frac{3}{4}\right)\cdot\frac{2}{5}$$
[×　×　○　×] [×　×　×　○]

$$=\frac{36}{400}+\frac{3}{400}+\frac{27}{400}+\frac{6}{400}=\frac{72}{400}\ \cdots\cdots ④$$

以上③，④を②に代入して，求める確率 $P(A)$ は，

$$P(A)=1-\left(\underbrace{\frac{9}{400}}_{P_0}+\underbrace{\frac{72}{400}}_{P_1}\right)=\frac{400-81}{400}=\frac{319}{400}$$ である。……………………(答)

最大値の確率

演習問題 14　CHECK 1　CHECK 2　CHECK 3

1つのサイコロを4回投げて出た4つの目について，次の確率を求めよ。

(1) 4つの目がすべて異なる確率。

(2) 4つの目がいずれも4以下となる確率。

(3) 4つの目の最大値が4となる確率。

ヒント！ (1)1回目の目は何でもよく，2回目の目は1回目と異なり，3回目の目は1, 2回目と異なり，4回目の目は1, 2, 3回目と異なればいい。(2)では，4回とも4以下の目が出ればいい。(3)では，(4つの目がいずれも4以下の確率)−(4つの目がいずれも3以下の確率)を求めればいいんだね。

解答＆解説

(1) 4つの目がすべて異なる確率は，

(1回目以外の目)(1, 2回目以外の目)(1, 2, 3回目以外の目)

$$1\times\frac{5}{6}\times\frac{4}{6}\times\frac{3}{6}=\frac{5\times4\times3}{6^3}=\frac{10}{6^2}=\frac{5}{18}$$ ……(答)

(1の下：1回目の目は何でもいい)

(2) 4つの目がいずれも4以下となる確率は，

(4の上：1, 2, 3, 4の目のいずれか)

$$\left(\frac{4}{6}\right)^4=\left(\frac{2}{3}\right)^4=\frac{16}{81}$$ ……① ……(答)

(①：4つの目の最大値が4以下となる確率)

(3) (2)の①は，(4つの目の最大値が4以下となる確率)のことなので，この①から，(4つの目の最大値が3以下となる確率)を引けば，4つの目の最大値が4となる確率になる。よって，求める確率をPとおくと，

(3の上：1, 2, 3の目のいずれか)

$$P=\left(\frac{4}{6}\right)^4-\left(\frac{3}{6}\right)^4=\frac{16}{81}-\frac{1}{16}=\frac{16^2-81}{81\times16}=\frac{175}{1296}$$ ……(答)

(最大値が4以下)(最大値が3以下)

反復試行の確率（I）

演習問題 15　CHECK 1　CHECK 2　CHECK 3

x 軸上に点 $\mathbf{P}$ がある。コインを投げて，表が出れば点 $\mathbf{P}$ は x 軸上の正の方向に 1 だけ進み，裏が出れば x 軸上の負の方向に 1 だけ進むとする。ただし，点 $\mathbf{P}$ は $x=0$ の点から出発するものとする。
このとき，次の確率を求めよ。

(1) コインを 4 回投げたとき，点 $\mathbf{P}$ が $x=0$ の点にある確率。
(2) コインを 6 回投げたとき，点 $\mathbf{P}$ が $x=2$ または $x=-2$ の点にある確率。
(3) コインを 8 回投げたとき，点 $\mathbf{P}$ が $x=0$ の点にある確率。
(4) コインを 8 回投げたとき，点 $\mathbf{P}$ が x 軸上の負の部分にある確率。

ヒント！ コインを 1 回投げて表の出る確率を $p=\frac{1}{2}$ とおくと，裏の出る確率は $q=1-p=\frac{1}{2}$ となる。よって，n 回コインを投げて，その内 k 回だけ表の出る確率を $P_{n,k}$ とおくと，反復試行の確率より，$P_{n,k}={}_n\mathrm{C}_k p^k q^{n-k}={}_n\mathrm{C}_k\left(\frac{1}{2}\right)^k\left(\frac{1}{2}\right)^{n-k}$ $(k=0,1,2,\cdots,n)$ となるんだね。

解答＆解説

コインを 1 回投げて，表が出る確率を p，裏の出る確率を q $(=1-p)$ とおくと，
$p=\frac{1}{2}$，$q=1-p=\frac{1}{2}$ となる。
よって，コインを n 回投げて，その内 k 回 $(k=0,1,2,\cdots,n)$ だけ表の出る確率を $P_{n,k}$ とおくと，$P_{n,k}$ は反復試行の確率より，

$$P_{n,k}={}_n\mathrm{C}_k\,p^k\cdot q^{n-k}={}_n\mathrm{C}_k\underbrace{\left(\frac{1}{2}\right)^k\left(\frac{1}{2}\right)^{n-k}}_{\left(\frac{1}{2}\right)^{k+n-k}=\left(\frac{1}{2}\right)^n=\frac{1}{2^n}}=\frac{{}_n\mathrm{C}_k}{2^n}\quad\cdots\cdots①\quad(k=0,1,2,\cdots,n)$$

となる。

はじめ，x 軸上の原点 0 にあった動点 $\mathbf{P}$ は，コインの表が出れば x 軸上を $+1$ だけ進み，裏が出れば -1 だけ進む。

$q=\frac{1}{2}$　$p=\frac{1}{2}$　P　-2　-1　0　1　2　x

(1) コインを 4 回投げたとき，点 $\mathbf{P}$ が $x=0$ にある確率を Q_1 とおくと，これは，コインを 4 回投げてその内 2 回だけ表が出る確率に等しい。

よって，①に，$n=4$，$k=2$ を代入して，

$${}_4C_2=\frac{4!}{2!\cdot 2!}=\frac{4\cdot 3}{2\cdot 1}=6$$

$Q_1=P_{4,2}=\dfrac{{}_4C_2}{2^4}=\dfrac{6}{16}=\dfrac{3}{8}$ となる。……………………………………(答)

(2) コインを 6 回投げたとき，動点 **P** が $x=2$ または -2 の点にある確率を Q_2 とおくと，これは，6 回コインを投げて，その内 4 回または 2 回だけ表の出る確率 $(P_{6,4}+P_{6,2})$ に等しい。よって，①より，

$${}_6C_2={}_6C_4=\frac{6!}{2!\cdot 4!}=\frac{6\cdot 5}{2\cdot 1}=15$$

$$Q_2=P_{6,4}+P_{6,2}=\frac{{}_6C_4}{2^6}+\frac{{}_6C_2}{2^6}$$

$=\dfrac{15+15}{64}=\dfrac{30}{64}=\dfrac{15}{32}$ である。……………(答)

(3) コインを 8 回投げたとき，動点 **P** が $x=0$ の点にある確率を Q_3 とおくと，これは，8 回コインを投げて，その内 4 回だけ表の出る確率 $(P_{8,4})$ に等しい。よって，①より，

$${}_8C_4=\frac{8!}{4!\cdot 4!}=\frac{8\cdot 7\cdot 6\cdot 5}{4\cdot 3\cdot 2\cdot 1}=70$$

$$Q_3=P_{8,4}=\frac{{}_8C_4}{2^8}=\frac{70}{2^8}=\frac{35}{2^7}$$

$=\dfrac{35}{128}$ となる。……………………………………………………(答)

(4) コインを 8 回投げたとき，動点 **P** が x 軸上の負の部分にある確率を Q_4 とおく。動点 **P** は，はじめ原点にあって，コインを投げる毎に同じ $\dfrac{1}{2}$ の確率で左右に ± 1 だけ移動するので，対称性から動点 **P** が正・負の位置にそれぞれ存在する確率は等しい。よって，**(3)** の結果である，動点 **P** が原点 **0** にある確率 Q_3 を用いて，求める確率 Q_4 は，

$Q_4=\dfrac{1}{2}\cdot(1-Q_3)=\dfrac{1}{2}\cdot\left(1-\dfrac{35}{128}\right)=\dfrac{1}{2}\times\dfrac{128-35}{128}=\dfrac{93}{256}$ となる。……(答)

別解

$$Q_4=P_{8,0}+P_{8,1}+P_{8,2}+P_{8,3}=\frac{{}_8C_0+{}_8C_1+{}_8C_2+{}_8C_3}{2^8}=\frac{1+8+28+56}{256}=\frac{93}{256}$$

と求めても，もちろん構わない。

反復試行の確率(Ⅱ)

演習問題 16

CHECK 1　CHECK 2　CHECK 3

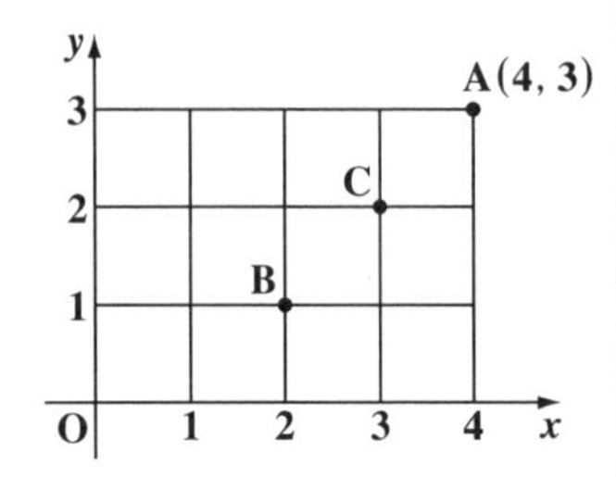

xy 平面上に動点 **P** がある。はじめ，**P** の位置は原点 **O** にあり，サイコロを **1** 回投げて，

(ⅰ) **3** 以上の目が出たら，**P** の座標は

　$P(x,\ y) \rightarrow P(x+1,\ y)$ に移動し，

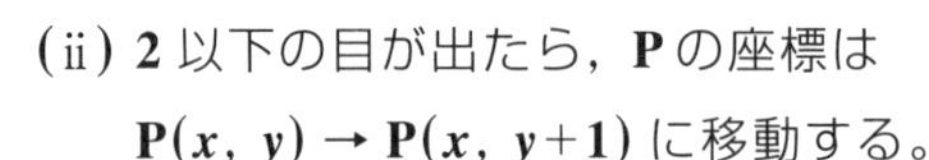

(ⅱ) **2** 以下の目が出たら，**P** の座標は

　$P(x,\ y) \rightarrow P(x,\ y+1)$ に移動する。

7 回サイコロを投げたとき，次の確率を求めよ。

(1) **P** が，**O** から **A(4, 3)** に到達する確率。

(2) **P** が，**O** から **B(2, 1)** を通って，**A** に到達する確率。

(3) **P** が，**O** から **C(3, 2)** を通って，**A** に到達する確率。

(4) **P** が，**O** から **B** または **C** を通って，**A** に到達する確率。

ヒント！ **P** が右に **1** だけ進む確率を $p=\frac{2}{3}$，上に **1** だけ進む確率を $q=\frac{1}{3}$ とおくと，**(1)** **O** → **A** に到達する確率は，サイコロを **7** 回振った内，**4** 回だけ **3** 以上の目が出る確率に等しいので，反復試行の確率より ${}_7C_4\,p^4q^3$ となるんだね。

解答＆解説

サイコロを **1** 回投げて，**3** 以上の目が出る確率 p は，$p=\frac{4}{6}=\frac{2}{3}$ （**4**：**3, 4, 5, 6** の目）であり，**2** 以下の目が出る確率 q は，$q=1-p=\frac{1}{3}$ となる。よって，

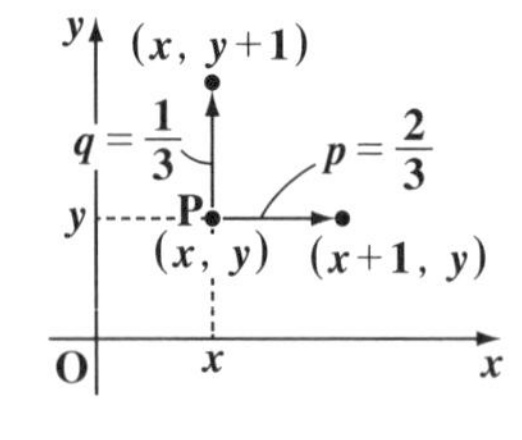

サイコロを **1** 回投げる毎に動点 **P** は，

$$\begin{cases} \text{(i) 確率 } p=\frac{2}{3} \text{ で，} (x,\ y) \rightarrow (x+1,\ y) \\ \text{(ii) 確率 } q=\frac{1}{3} \text{ で，} (x,\ y) \rightarrow (x,\ y+1) \text{ に} \end{cases}$$

移動する。

(1) **7** 回サイコロを投げて，**P** が **O** → **A** に到達する確率を $P(A)$ とおくと，これは，**7** 回中 **4** 回だけ **3** 以上の目が出る確率に等しい。

$$\therefore P(A) = {}_7C_4\,p^4q^3 = 35\times\left(\frac{2}{3}\right)^4\cdot\left(\frac{1}{3}\right)^3 = \frac{35\times16}{3^7} = \frac{560}{2187}$$ ……………(答)

(2) 7回サイコロを投げて，PがO→B→Aと移動する確率を$P(B)$とおくと，

$$P(B) = {}_3C_2 p^2 q^1 \times {}_4C_2 p^2 q^2$$

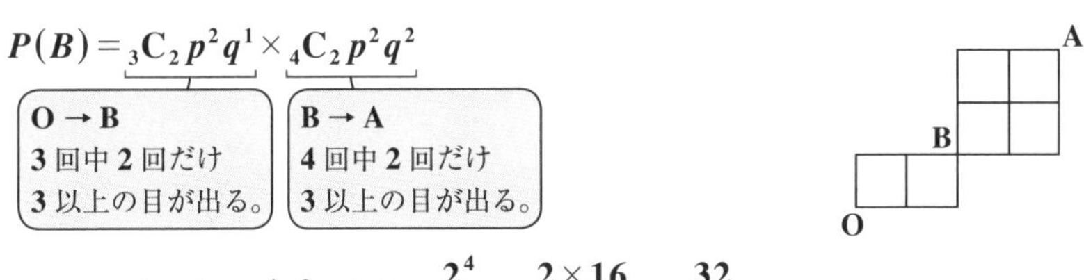

$$= 3 \times 6 \times p^4 q^3 = 18 \times \frac{2^4}{3^7} = \frac{2 \times 16}{3^5} = \frac{32}{243}$$ ……………………………(答)

(3) 7回サイコロを投げて，PがO→C→Aと移動する確率を$P(C)$とおくと，

$$P(C) = {}_5C_3 p^3 q^2 \times {}_2C_1 p^1 q^1$$

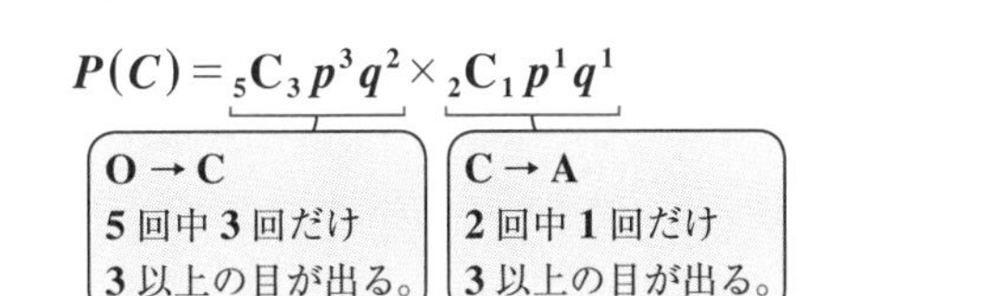

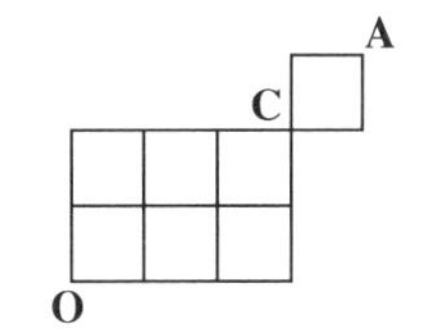

$$= 10 \times 2 \times p^4 q^3 = 20 \times \frac{16}{3^7} = \frac{320}{2187}$$ ……………………………………(答)

(4) 7回サイコロを投げて，PがO→B→C→Aと移動する確率，すなわち$P(B \cap C)$を求めると，

$$P(B \cap C) = {}_3C_2 p^2 q^1 \times {}_2C_1 p^1 q^1 \times {}_2C_1 p^1 q^1$$

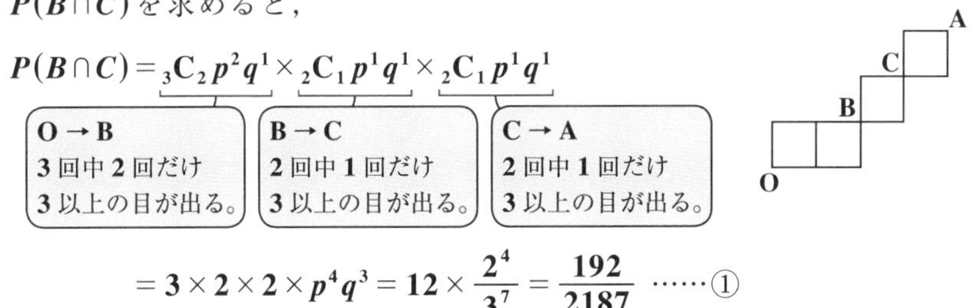

$$= 3 \times 2 \times 2 \times p^4 q^3 = 12 \times \frac{2^4}{3^7} = \frac{192}{2187}$$ ……①

よって，PがOから，BまたはCを通って，Aに到達する確率，すなわち$P(B \cup C)$は，

$$P(B \cup C) = P(\mathrm{B}) + P(\mathrm{C}) - P(\mathrm{B} \cap \mathrm{C}) = \frac{288 + 320 - 192}{2187} = \frac{416}{2187}$$

$\frac{288}{2187}$ ((2)より)　$\frac{320}{2187}$ ((3)より)　$\frac{192}{2187}$ (①より)

$\frac{32}{243}$

である。………(答)

条件付き確率，乗法定理

演習問題 17

CHECK 1　CHECK 2　CHECK 3

当たりくじ **4** 本を含む計 **12** 本のくじを，**a**，**b**，**c** がこの順に **1** 本ずつ引く。引いたくじは元に戻さないものとして，**a**，**b**，**c** が当たりを引く事象を順に A，B，C とおく。このとき，次の問いに答えよ。

(1) 確率 $P(A)$，$P(B)$，$P(C)$ を求めよ。

(2) 条件付き確率 $P(B|A)$，$P(C|B)$，$P(A|C)$ を求めよ。

ヒント！ **(1)** $P(A)$ は簡単だけれど，$P(B)$，$P(C)$ では，その前に引いた人が当たりを引くか，ハズレを引くかで，場合分けして計算しなければいけない。**(2)** の，たとえば，A が起こったという条件の下で B が起こる条件付き確率 $P(B|A)$ は公式：$P(B|A)=\dfrac{P(A\cap B)}{P(A)}$ を用いて解けばいいんだね。他も同様だ。

解答＆解説

(1) 当たり **4** 本とハズレ **8** 本の計 **12** 本のくじを，**a**，**b**，**c** が順に **1** 本ずつ引くとき，当たりを "○"，ハズレを "×" で表すと，

(i) **a** が当たりを引く確率 $P(A)$ は，

4本の当たりから1本を引く

$$P(A)=\frac{{}_4C_1}{{}_{12}C_1}=\frac{4}{12}=\frac{1}{3} \quad\cdots\cdots①\cdots(答)$$

[○]

(ii) **b** が当たりを引く確率 $P(B)$ は，

a が当たりの後，b は 3 本中 1 本の当たりを引く。

a がハズレの後，b は 4 本中 1 本の当たりを引く。

$$P(B)=\frac{4}{12}\times\frac{3}{11}+\frac{8}{12}\times\frac{4}{11}=\frac{12+32}{12\times11}=\frac{4\times\cancel{11}}{12\times\cancel{11}}=\frac{1}{3}\cdots②\cdots(答)$$

[○　○] [×　○]

(iii) **c** が当たりを引く確率 $P(C)$ は,

a, b が当たりの後, c は 2 本中 1 本の当たりを引く。 / a が当たり, b がハズレの後, c は 3 本中 1 本の当たりを引く。 / a がハズレ, b が当たりの後, c は 3 本中 1 本の当たりを引く。 / a, b がハズレの後, c は 4 本中 1 本の当たりを引く。

$$P(C)=\frac{4}{12}\times\frac{3}{11}\times\frac{2}{10}+\frac{4}{12}\times\frac{8}{11}\times\frac{3}{10}+\frac{8}{12}\times\frac{4}{11}\times\frac{3}{10}+\frac{8}{12}\times\frac{7}{11}\times\frac{4}{10}$$

[○ ○ ○] [○ × ○] [× ○ ○] [× × ○]

$$=\frac{24+96+96+224}{12\times11\times10}=\frac{440}{12\times11\times10}=\frac{4\times\cancel{11}\times\cancel{10}}{12\times\cancel{11}\times\cancel{10}}=\frac{1}{3}\cdots③\cdots(答)$$

(2) (i) **a** が当たったという条件の下で **b** が当たりを引く条件付き確率 $P(B|A)$ は,

$$P(B|A)=\frac{P(A\cap B)}{P(A)}=\frac{\frac{\cancel{4}}{\cancel{12}}\times\frac{3}{11}}{\frac{1}{\cancel{3}}}=\frac{3}{11}$$ である。…………………(答)

($P(A\cap B)=\frac{4}{12}\times\frac{3}{11}$ [○○], $P(A)=\frac{1}{3}$ (①より))

(ii) **b** が当たったという条件の下で **c** が当たりを引く条件付き確率 $P(C|B)$ は,

$$P(C|B)=\frac{P(B\cap C)}{P(B)}=\frac{\frac{24+96}{12\cdot11\cdot10}}{\frac{1}{3}}=\frac{3\times\cancel{120}}{\cancel{12}\cdot11\cdot\cancel{10}}=\frac{3}{11}$$ ………(答)

($P(B\cap C)=\frac{4}{12}\times\frac{3}{11}\times\frac{2}{10}+\frac{8}{12}\times\frac{4}{11}\times\frac{3}{10}$ [○○○], [×○○], $P(B)=\frac{1}{3}$ (②より))

(iii) **c** が当たったという条件の下で **a** が当たりを引く条件付き確率 $P(A|C)$ は,

$$P(A|C)=\frac{P(A\cap C)}{P(C)}=\frac{\frac{24+96}{12\cdot11\cdot10}}{\frac{1}{3}}=\frac{3\times\cancel{120}}{\cancel{12}\cdot11\cdot\cancel{10}}=\frac{3}{11}$$ ………(答)

($P(A\cap C)=\frac{4}{12}\times\frac{3}{11}\times\frac{2}{10}+\frac{4}{12}\times\frac{8}{11}\times\frac{3}{10}$ [○○○], [○×○], $P(C)=\frac{1}{3}$ (③より))

条件付き確率

演習問題 18	CHECK 1	CHECK 2	CHECK 3

同形の赤玉 **4** 個と白玉 **3** 個が袋に入っている。**1** 個のサイコロを投げて，出た目が偶数であれば，袋から **2** 個の玉を取り出し，出た目が奇数であれば，袋から **3** 個の玉を取り出す。ここで，**3** つの事象 A, B, C を次のように定義する。

事象 A：サイコロを投げて出た目が偶数である。
事象 B：取り出した玉がすべて同色である。
事象 C：取り出した玉の内，少なくとも **1** 個は赤玉である。

このとき，次の問いに答えよ。

(1) 事象 B が起こったという条件の下で，事象 A が起こる条件付き確率 $P(A|B)$ を求めよ。

(2) 事象 C が起こったという条件の下で，事象 A が起こる条件付き確率 $P(A|C)$ を求めよ。

ヒント！ ここでは，事象が起こる時間の前後関係は気にせずに，公式通りに，**(1)** では，$P(A|B)=\dfrac{P(A\cap B)}{P(B)}$，**(2)** では，$P(A|C)=\dfrac{P(A\cap C)}{P(C)}$ として計算すればいい。

解答＆解説

(1) 取り出したすべての玉が同色である(事象 B)という条件の下で，サイコロを投げて出た目が偶数である(事象 A)条件付き確率 $P(A|B)$ は，

$$P(A|B)=\frac{P(A\cap B)}{P(B)}\ \cdots\cdots ①$$ と表せる。ここで，

(i) $P(A\cap B)$ は，サイコロの出た目が偶数なので，袋から **2** 個の玉を取り出し，それらが **2** 個とも同色である確率より，

$$P(A\cap B)=\frac{3}{6}\times\frac{{}_4C_2+{}_3C_2}{{}_7C_2}=\frac{1}{2}\cdot\frac{6+3}{21}$$

(2, 4, 6 の目のいずれか)(偶数の目)(赤 4 から 2 個)(白 3 から 2 個)(同色)

$\cdot\ {}_7C_2=\dfrac{7!}{2!\cdot 5!}=\dfrac{7\cdot 6}{2\cdot 1}=21$

$\cdot\ {}_4C_2=\dfrac{4!}{2!\cdot 2!}=\dfrac{4\cdot 3}{2\cdot 1}=6$

$$=\frac{1}{2}\times\frac{3}{7}=\frac{3}{14}\ \cdots\cdots ②$$ となる。

(ⅱ) $P(B)$は，取り出した玉がすべて同色となる確率なので，サイコロの出た目が偶数の場合と奇数の場合の確率の和になる。よって，

$$P(B)=\underbrace{\frac{3}{6}}_{2,4,6\text{の目}}\cdot\frac{\underbrace{{}_4C_2}_{\text{赤4から2個}}+\underbrace{{}_3C_2}_{\text{白3から2個}}}{{}_7C_2}+\underbrace{\frac{3}{6}}_{1,3,5\text{の目}}\cdot\frac{\underbrace{{}_4C_3}_{\text{赤4から3個}}+\underbrace{{}_3C_3}_{\text{白3から3個}}}{{}_7C_3}$$

$\cdot\ {}_7C_3=\frac{7!}{3!\cdot4!}=\frac{7\cdot6\cdot5}{3\cdot2\cdot1}=35$

$$=\frac{1}{2}\cdot\frac{6+3}{21}+\frac{1}{2}\cdot\frac{4+1}{35}=\frac{1}{2}\left(\frac{3}{7}+\frac{1}{7}\right)=\frac{2}{7}\ \cdots\cdots③$$

以上(ⅰ)(ⅱ)の②，③を①に代入して，

$$P(A|B)=\frac{P(A\cap B)}{P(B)}=\left(\frac{\frac{3}{14}}{\frac{2}{7}}\right)=\frac{3\cdot7}{2\cdot14}=\frac{3}{4}$$ である。…………………(答)

(2) 同様に，求める条件付き確率$P(A|C)$は，

$$P(A|C)=\frac{P(A\cap C)}{P(C)}\ \cdots\cdots④$$ と表せる。ここで，

(ⅰ) $P(A\cap C)$は，サイコロの目が偶数より，袋から2個の玉を取り出し，その2個の内，少なくとも1個が赤玉となる確率なので，

$$P(A\cap C)=\underbrace{\frac{1}{2}}_{\text{偶数の目}}\cdot\left(1-\underbrace{\frac{{}_3C_2}{{}_7C_2}}_{\text{2個とも白玉(余事象)}}\right)=\frac{1}{2}\cdot\left(1-\frac{3}{21}\right)=\frac{1}{2}\cdot\frac{18}{21}=\frac{3}{7}\ \cdots\cdots⑤$$

(ⅱ) $P(C)$は，取り出した玉の内，少なくとも1個が赤玉となる確率より，

$$P(C)=\underbrace{\frac{1}{2}}_{\text{偶数の目}}\cdot\left(1-\underbrace{\frac{{}_3C_2}{{}_7C_2}}_{\text{2個とも白玉(余事象)}}\right)+\underbrace{\frac{1}{2}}_{\text{奇数の目}}\cdot\left(1-\underbrace{\frac{{}_3C_3}{{}_7C_3}}_{\text{3個とも白玉(余事象)}}\right)$$

$$=\frac{1}{2}\cdot\left(1-\frac{3}{21}\right)+\frac{1}{2}\cdot\left(1-\frac{1}{35}\right)=\frac{1}{2}\left(\frac{18}{21}+\frac{34}{35}\right)=\frac{32}{35}\ \cdots\cdots⑥$$

以上(ⅰ)(ⅱ)の⑤，⑥を④に代入して，

$$P(A|C)=\frac{P(A\cap C)}{P(C)}=\left(\frac{\frac{3}{7}}{\frac{32}{35}}\right)=\frac{3\cdot35}{32\cdot7}=\frac{15}{32}$$ である。………………(答)

事象の独立(Ⅰ)

演習問題 19	CHECK 1	CHECK 2	CHECK 3

次の問いに答えよ。

(1) **2** つの事象 A と B が独立である，すなわち，$P(A\cap B)=P(A)\cdot P(B)$ であるとき，次の **3** 組の事象も独立であることを示せ。

(ⅰ) A と $\overline{B}$　　(ⅱ) $\overline{A}$ と B　　(ⅲ) $\overline{A}$ と $\overline{B}$

(2) **2** つの事象 A と B が独立で，$P(A)=\dfrac{5}{6}$，$P(B)=\dfrac{3}{5}$ であるとき，次の各確率を求めよ。

(ⅰ) $P(A\cap\overline{B})$　　(ⅱ) $P(\overline{A}\cap B)$　　(ⅲ) $P(\overline{A}\cap\overline{B})$

ヒント！ **2** つの事象 X と Y が独立であることの必要十分条件は，$P(X\cap Y)=P(X)\cdot P(Y)$ より，**(1)** の (ⅰ) では $P(A\cap\overline{B})=P(A)\cdot P(\overline{B})$，(ⅱ) では $P(\overline{A}\cap B)=P(\overline{A})\cdot P(B)$，そして，(ⅲ) では $P(\overline{A}\cap\overline{B})=P(\overline{A})\cdot P(\overline{B})$ となることを示せばいい。**(2)** は，**(1)** の結果を利用して計算すればいいんだね。

解答＆解説

(1) **2** つの事象 A, B が独立であるので，　（A と B が独立 $\Longleftrightarrow P(A\cap B)=P(A)\cdot P(B)$）

$P(A\cap B)=P(A)\cdot P(B)$ ……① が成り立つ。このとき，

(ⅰ) A と $\overline{B}$ が独立な事象であることを示す。

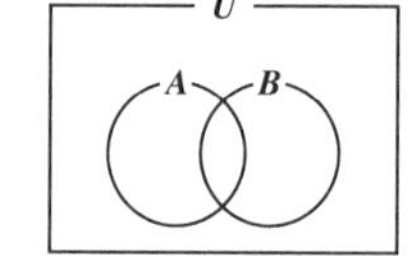

$P(A\cap\overline{B})=P(A)-P(A\cap B)$

$=P(A)-P(A)\cdot P(B)$ (①より)

$=P(A)\{1-P(B)\}=P(A)\cdot P(\overline{B})$

$\therefore P(A\cap\overline{B})=P(A)\cdot P(\overline{B})$ となるので A と $\overline{B}$ は独立な事象である。……(終)

(ⅱ) $\overline{A}$ と B が独立な事象であることを示す。

$P(\overline{A}\cap B)=P(B)-P(A\cap B)=P(B)-P(A)\cdot P(B)$ (①より)

$=P(B)\{1-P(A)\}=P(\overline{A})\cdot P(B)$　（$1-P(A)=P(\overline{A})$）

$\therefore P(\overline{A}\cap B)=P(\overline{A})\cdot P(B)$ となるので $\overline{A}$ と B は独立な事象である。……(終)

(iii) $\overline{A}$ と $\overline{B}$ が独立な事象であることを示す。

$$P(\overline{A}\cap\overline{B}) = P(\overline{A\cup B}) = 1 - P(A\cup B)$$

← $P(\overline{X}) = 1 - P(X)$

(ド・モルガン)

$$= 1 - \{P(A) + P(B) - P(A\cap B)\}$$

← 確率の加法定理

($P(A\cap B) = P(A)\cdot P(B)$ (①より))

$$= 1 - P(A) - P(B) + P(A)\cdot P(B)$$

$$= \{1 - P(A)\} - P(B)\cdot\{1 - P(A)\}$$

$$= \{1 - P(A)\}\{1 - P(B)\} = P(\overline{A})\cdot P(\overline{B})$$

($\{1-P(A)\} = P(\overline{A})$, $\{1-P(B)\} = P(\overline{B})$)

$\therefore P(\overline{A}\cap\overline{B}) = P(\overline{A})\cdot P(\overline{B})$ となるので $\overline{A}$ と $\overline{B}$ は独立な事象である。……(終)

(2) 2 つの事象 A, B が独立で，$P(A) = \dfrac{5}{6}$, $P(B) = \dfrac{3}{5}$ より，

$P(\overline{A}) = 1 - P(A) = 1 - \dfrac{5}{6} = \dfrac{1}{6}$, $P(\overline{B}) = 1 - P(B) = 1 - \dfrac{3}{5} = \dfrac{2}{5}$ となる。

(i) A と $\overline{B}$ は独立より，

$P(A\cap\overline{B}) = P(A)\cdot P(\overline{B}) = \dfrac{5}{6}\times\dfrac{2}{5} = \dfrac{1}{3}$ である。 …………………(答)

(ii) $\overline{A}$ と B は独立より，

$P(\overline{A}\cap B) = P(\overline{A})\cdot P(B) = \dfrac{1}{6}\times\dfrac{3}{5} = \dfrac{1}{10}$ である。…………………(答)

(iii) $\overline{A}$ と $\overline{B}$ は独立より，

$P(\overline{A}\cap\overline{B}) = P(\overline{A})\cdot P(\overline{B}) = \dfrac{1}{6}\times\dfrac{2}{5} = \dfrac{1}{15}$ である。…………………(答)

事象の独立（Ⅱ）

演習問題 20 CHECK 1 CHECK 2 CHECK 3

2つの独立な事象 A, B について，その和事象と積事象の確率は
$P(A\cup B)=\frac{11}{12}$, $P(A\cap B)=\frac{1}{2}$ である。(ただし，$P(A)<P(B)$ とする。)
このとき，次の各問いに答えよ。

(1) 確率 $P(A)$ と $P(B)$ を求めよ。

(2) 確率 $P(A\cap\overline{B})$, $P(\overline{A}\cap\overline{B})$ を求めよ。

(3) 条件付き確率 $P(A|\overline{B})$, $P(B|\overline{A})$ を求めよ。

ヒント！ (1) $P(A)=a$, $P(B)=b$ $(a<b)$ とおくと，$a+b-ab=\frac{11}{12}$, $ab=\frac{1}{2}$ となる。これから，a, b の値を求めよう。(2) $P(A\cap\overline{B})=P(A)\cdot P(\overline{B})$, $P(\overline{A}\cap\overline{B})=P(\overline{A})\cdot P(\overline{B})$ を利用すればよい。(3) 独立な事象の条件付き確率では，$P(A|\overline{B})=P(A)$, また，$P(\overline{A}|\overline{B})=P(\overline{A})$ と簡単になることも知っておくといいよ。

解答＆解説

(1) A と B は独立な事象なので，$P(A\cap B)=P(A)\cdot P(B)$ ……① となる。

ここで，$P(A)=a$, $P(B)=b$ $(a<b)$ とおくと，

$P(A\cup B)=\frac{11}{12}$, $P(A\cap B)=\frac{1}{2}$ より，

・$P(A\cup B)=P(A)+P(B)-\underbrace{P(A\cap B)}_{P(A)\cdot P(B)\ (①より)}=\boxed{a+b-ab=\frac{11}{12}}$ ……②

・$P(A\cap B)=P(A)\cdot P(B)=\boxed{a\cdot b=\frac{1}{2}}$ ……③ となる。

③を②に代入して，$a+b-\frac{1}{2}=\frac{11}{12}$ $\therefore a+b=\frac{17}{12}$ ……②′

よって，②′, ③より，a, b は，次の x の2次方程式の解になる。

$x^2-\frac{17}{12}x+\frac{1}{2}=0$

$12x^2-17x+6=0$

$\begin{matrix}4 & & -3\\ 3 & & -2\end{matrix}$

$x^2-(a+b)x+ab=0$
$(x-a)(x-b)=0$
$\therefore x=a$, b となって，
a と b を解にもつ。

$(4x-3)(3x-2)=0$　　$\therefore x=\frac{2}{3},\ \frac{3}{4}$

ここで，$a<b$ より，$a=P(A)=\frac{2}{3}$，$b=P(B)=\frac{3}{4}$ ……………………(答)

(2) $P(A)=\frac{2}{3}$，$P(B)=\frac{3}{4}$ より，

$P(\overline{A})=1-P(A)=1-\frac{2}{3}=\frac{1}{3}$，$P(\overline{B})=1-P(B)=1-\frac{3}{4}=\frac{1}{4}$

ここで，A と B が独立なので，A と $\overline{B}$ も，$\overline{A}$ と $\overline{B}$ も独立な事象となる。

よって，

・$P(A\cap\overline{B})=P(A)\cdot P(\overline{B})=\frac{2}{3}\times\frac{1}{4}=\frac{1}{6}$ ……………………(答)

・$P(\overline{A}\cap\overline{B})=P(\overline{A})\cdot P(\overline{B})=\frac{1}{3}\times\frac{1}{4}=\frac{1}{12}$ ……………………(答)

(3) A と $\overline{B}$，および $\overline{A}$ と B は独立な事象なので，

・$P(A|\overline{B})=\frac{P(A\cap\overline{B})}{P(\overline{B})}=\frac{P(A)\cdot \cancel{P(\overline{B})}}{\cancel{P(\overline{B})}}=P(A)=\frac{2}{3}$ ……………………(答)

・$P(B|\overline{A})=\frac{P(\overline{A}\cap B)}{P(\overline{A})}=\frac{\cancel{P(\overline{A})}\cdot P(B)}{\cancel{P(\overline{A})}}=P(B)=\frac{3}{4}$ ……………………(答)

2つの事象 A と B が独立のとき，たとえば，

・B が起こったという条件の下で，A の起こる条件付き確率 $P(A|B)$ は，

$$P(A|B)=\frac{P(A\cap B)}{P(B)}=\frac{P(A)\cdot \cancel{P(B)}}{\cancel{P(B)}}=P(A)$$

となって，「B が起こったという条件」に関わらず，ただ A の起こる確率 $P(A)$ になる。

(3)の結果も，B や A が起こる起こらないに関わらず，

$P(A|\overline{B})=P(A)$，$P(B|\overline{A})=P(B)$ となる。

これは，A と B ($\overline{A}$ と B，A と $\overline{B}$，$\overline{A}$ と $\overline{B}$) が独立な事象であることから導かれる当然の結果なんだね。

確率と漸化式(Ⅰ)

演習問題 21　CHECK 1　CHECK 2　CHECK 3

次の各問いに答えよ。ただし，$n=1, 2, 3, \cdots$ とする。

(1) 散歩好きな M さんは，散歩をした翌日に散歩をする確率は $\frac{1}{2}$ であり，散歩をしなかった翌日に散歩する確率は $\frac{3}{4}$ である。第 1 日目に M さんは散歩をした。第 n 日目に M さんが散歩をする確率 P_n を求めよ。

(2) 1 つのサイコロを投げて，1, 2 の目が出たら 1 点，3, 4 の目が出たら 2 点，5, 6 の目が出たら 3 点の得点を得るものとする。n 回このゲームを行って，全得点の総和を X_n とする。X_n が奇数となる確率 P_n を求めよ。

ヒント！ (1), (2) 共に，n 日(回)目と $n+1$ 日(回)目の模式図から，P_n と P_{n+1} の関係式(漸化式)を導き，これを解いて，確率 P_n を求めればいいんだね。

解答＆解説

(1) 第 n 日目に M さんが散歩をした確率が P_n より，第 n 日目と第 $n+1$ 日目との関係を下の模式図に示す。

第 n 日目　　　第 $n+1$ 日目

P_n(散歩する) $\xrightarrow{\frac{1}{2}}$ P_{n+1}(散歩する)

$1-P_n$(散歩しない) $\xrightarrow{\frac{3}{4}}$ P_{n+1}(散歩する)

M さんが
(ⅰ) 散歩した翌日に散歩する確率は $\frac{1}{2}$
(ⅱ) 散歩しなかった翌日に散歩する確率は $\frac{3}{4}$

以上より，

$$P_{n+1}=\frac{1}{2}P_n+\frac{3}{4}(1-P_n)$$

$$\therefore P_{n+1}=-\frac{1}{4}P_n+\frac{3}{4} \quad \cdots\cdots ① \quad (n=1, 2, 3, \cdots)$$

特性方程式
$x=-\frac{1}{4}x+\frac{3}{4}$
$\frac{5}{4}x=\frac{3}{4}$　$\therefore x=\frac{3}{5}$

①を解いて，

$$P_{n+1}-\frac{3}{5}=-\frac{1}{4}\left(P_n-\frac{3}{5}\right) \quad \left[F(n+1)=-\frac{1}{4}F(n)\right]$$

等比関数列型の漸化式

$$P_n - \frac{3}{5} = \left(P_1 - \frac{3}{5}\right)\cdot\left(-\frac{1}{4}\right)^{n-1} \quad \left[F(n) = F(1)\cdot\left(-\frac{1}{4}\right)^{n-1}\right]$$

1（第1日目にMさんは散歩をした。）

ここで，$P_1 = 1$ を代入すると，求める確率 P_n は，

$$P_n = \frac{3}{5} + \frac{2}{5}\cdot\left(-\frac{1}{4}\right)^{n-1} \quad (n = 1, 2, 3, \cdots) \quad \cdots\cdots(答)$$

(2) n 回ゲームを行って，得点の総和 X_n が奇数となる確率が P_n より，第 n 回目と第 $n+1$ 回目との関係を下の模式図に示す。

第 n 回目　　第 $n+1$ 回目

P_n（奇数） $\xrightarrow{\frac{1}{3}}$ P_{n+1}（奇数）

$1 - P_n$（偶数） $\xrightarrow{\frac{2}{3}}$ P_{n+1}（奇数）

・X_n が奇数のとき，$n+1$ 回目に，確率 $\frac{1}{3}$ で，3，4の目が出れば，X_n(奇数)$+2 = X_{n+1}$(奇数)となる。

・X_n が偶数のとき，$n+1$ 回目に，確率 $\frac{2}{3}$ で，1，2，5，6の目が出れば，X_n(偶数)$+$(1または3)$=$ X_{n+1}(奇数)となる。

以上より，

$$P_{n+1} = \frac{1}{3}P_n + \frac{2}{3}(1 - P_n)$$

$$P_{n+1} = -\frac{1}{3}P_n + \frac{2}{3} \quad \cdots\cdots ② \quad (n = 1, 2, 3, \cdots)$$

特性方程式

$x = -\frac{1}{3}x + \frac{2}{3}$

$\frac{4}{3}x = \frac{2}{3} \quad \therefore x = \frac{1}{2}$

②を解いて，

$$P_{n+1} - \frac{1}{2} = -\frac{1}{3}\left(P_n - \frac{1}{2}\right) \quad \left[F(n+1) = -\frac{1}{3}F(n)\right]$$

$$P_n - \frac{1}{2} = \left(P_1 - \frac{1}{2}\right)\cdot\left(-\frac{1}{3}\right)^{n-1} \quad \left[F(n) = F(1)\cdot\left(-\frac{1}{3}\right)^{n-1}\right]$$

$\frac{2}{3}$（1回目は確率 $\frac{2}{3}$ (1, 2, 5, 6の目)で，1または3(奇数)になる。）

ここで，$P_1 = \frac{2}{3}$ を代入すると，求める確率 P_n は，

$$P_n = \frac{1}{2} + \frac{1}{6}\cdot\left(-\frac{1}{3}\right)^{n-1} \quad (n = 1, 2, 3, \cdots) \quad \cdots\cdots(答)$$

確率と漸化式(Ⅱ)

演習問題 22　CHECK 1　CHECK 2　CHECK 3

右図に示すような正四面体 **ABCD** の各頂点を動く点 **P** がある。**1** 回の試行で動点 **P** は，今いる点にとどまる確率が $\frac{1}{2}$ で，他の **3** つの点に移動する確率はそれぞれ等しく $\frac{1}{6}$ である。

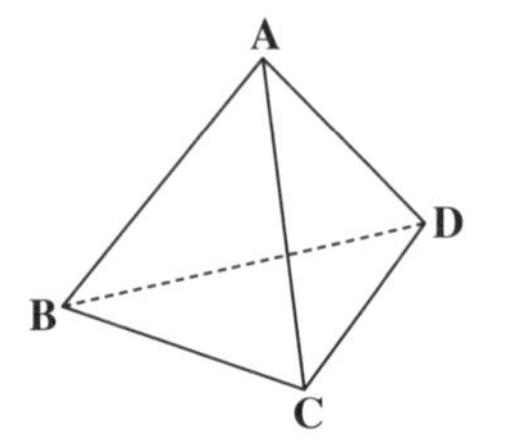

初め ($n=0$ のとき)，動点 **P** は点 **A** にあるものとして，n 回の試行後に，**P** が頂点 **A** にある確率 a_n ($n=0, 1, 2, \cdots$) を求めよ。

ヒント！ n 回目に，動点 **P** が **4** 頂点 **A, B, C, D** にある確率を順に a_n, b_n, c_n, d_n とおいて，$n+1$ 回目に **P** が **A** にある確率 a_{n+1} との関係を模式図を使って求めるといいんだね。応用問題だけれど，解けると自信がつくはずだ！

解答＆解説

第 n 回目に動点 **P** が，正四面体の **4** 頂点 **A, B, C, D** にある確率を順に a_n, b_n, c_n, d_n ($n=0, 1, 2, \cdots$) とおくと，

$a_n+b_n+c_n+d_n=1$ ……① となる。

n 回目に，動点 **P** は，**A, B, C, D** のいずれかに必ず存在するので，確率 **1**(全確率) となるんだね。

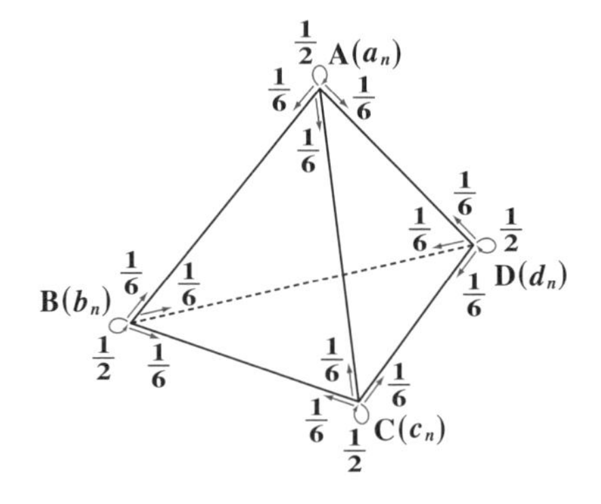

n 回目に，各頂点のいずれかにある動点 **P** は $n+1$ 回目には，確率 $\frac{1}{2}$ で元の点にとどまるか，確率 $\frac{1}{6}$ で他の **3** つの点のいずれかに移動する。

よって，$n+1$ 回目に動点 **P** が点 **A** にある確率 a_{n+1} は次の模式図から求められる。

以上より，$a_{n+1} = \frac{1}{2}a_n + \frac{1}{6}(\underbrace{b_n + c_n + d_n}_{1-a_n\ (①より)})$ ……② となる。

よって，

$a_{n+1} = \frac{1}{2}a_n + \frac{1}{6}(1-a_n)$ より，

$\therefore \begin{cases} a_0 = 1 & \leftarrow \text{$n=0$ のとき，P は A にある。} \\ a_{n+1} = \frac{1}{3}a_n + \frac{1}{6} & \text{……③} \quad (n = 0,\ 1,\ 2,\ \cdots) \end{cases}$

③の特性方程式
$x = \frac{1}{3}x + \frac{1}{6}$
$\frac{2}{3}x = \frac{1}{6}$ $\therefore x = \frac{1}{4}$

③を変形して，

$a_{n+1} - \frac{1}{4} = \frac{1}{3}\left(a_n - \frac{1}{4}\right)$ $\left[F(n+1) = \frac{1}{3}F(n)\right]$

$a_n - \frac{1}{4} = \left(\underbrace{a_0}_{1} - \frac{1}{4}\right)\cdot\left(\frac{1}{3}\right)^n$ $\left[F(n) = F(0)\cdot\left(\frac{1}{3}\right)^n\right]$

これに，$a_0 = 1$ を代入すると，求める確率 a_n は，

$a_n = \frac{1}{4} + \frac{3}{4}\cdot\left(\frac{1}{3}\right)^n$ $(n = 0,\ 1,\ 2,\ \cdots)$ となる。……………………………(答)

参考

一般に，等比関数列型漸化式では，

・$F(n+1) = r\cdot F(n)$ のとき，$F(n) = \underbrace{F(1)\cdot r^{n-1}}_{n=1\ スタート}$ であるが，

$n = 0$ からスタートするものは，$F(n) = \underbrace{F(0)\cdot r^n}_{n=0\ スタート}$ と変形する。

講義 Lecture 2 確率分布 methods & formulae

§1. 離散型確率分布

離散型確率変数 $X = x_k\ (k = 1, 2, \cdots, n)$ についての期待値 $E[X]$，分散 $V[X]$，標準偏差 $D[X]$ は，次の公式から求める。

確率分布と期待値・分散・標準偏差

右のような**確率分布**に対して，**確率変数** X の期待値 $E[X]$，分散 $V[X]$，標準偏差 σ は，以下の公式により求められる。

確率分布表

確率変数 X	x_1	x_2	……	x_n
確率 P	p_1	p_2	……	p_n

(ただし，$p_1 + p_2 + \cdots + p_n = 1$(全確率))

(1) 期待値 $E[X] = \mu = \sum_{k=1}^{n} x_k p_k$ ←(代表値の1つ)

(2) 分散 $V[X] = \sigma^2 = \sum_{k=1}^{n} (x_k - \mu)^2 p_k = \sum_{k=1}^{n} x_k^2 p_k - \mu^2$

($V[X]$の定義式) ($V[X]$の計算式)

(3) 標準偏差 $D[X] = \sigma = \sqrt{V[X]}$

((2), (3) ← 分布のバラツキ具合の指標)

期待値 $E[X] = \sum_{k=1}^{n} x_k p_k$ の公式から，次のような“**m 次のモーメント**”$(m = 1, 2, 3, \cdots\ )$ を定義することができる。

m 次のモーメント

(Ⅰ) 原点のまわりの m 次のモーメント：

$$E[X^m] = \sum_{k=1}^{n} x_k^m p_k = x_1^m p_1 + x_2^m p_2 + \cdots + x_n^m p_n$$

(Ⅱ) μ のまわりの m 次のモーメント：

$$E[(X-\mu)^m] = \sum_{k=1}^{n} (x_k - \mu)^m p_k = (x_1 - \mu)^m p_1 + (x_2 - \mu)^m p_2 + \cdots + (x_n - \mu)^m p_n$$

これから，$V[X] = E[X^2] - E[X]^2$ と表せる。

また，$Y=aX+b$ (a, b：定数)の期待値，分散，標準偏差は，次のようになる。

確率変数 $Y=aX+b$

$Y=aX+b$ (a, b：定数)のとき，

(1) 期待値　$E[Y]=E[aX+b]=aE[X]+b$ ←(線形性!)

(2) 分散　$V[Y]=V[aX+b]=a^2V[X]$

(3) 標準偏差　$D[Y]=\sqrt{V[Y]}=\sqrt{a^2V[X]}=|a|\sqrt{V[X]}$

複数の確率変数X, Y, Z, X_k ($k=1, 2, \cdots, n$)などの和の期待値の公式を示す。

期待値 $E[X+Y]$ などの公式

(1) $E[X+Y]=E[X]+E[Y]$ ……………………………(*1)

(2) $E[aX+bY+c]=aE[X]+bE[Y]+c$

(3) $E[X+Y+Z]=E[X]+E[Y]+E[Z]$

(4) $E[aX+bY+cZ]=aE[X]+bE[Y]+cE[Z]$

(5) $E[X_1+X_2+\cdots+X_n]=E[X_1]+E[X_2]+\cdots+E[X_n]$

(ただし，a，b，c は，実数定数とする。)

$P(X=x_i,\ Y=y_j)=P(X=x_i)\cdot P(Y=y_j)$ ($i, j=1, 2, \cdots$) が成り立つとき，X と Y は**独立な確率変数**という。X，Y，Z，X_k ($k=1, 2, \cdots, n$) がすべて互いに独立な確率変数であるとき，公式：$E[XY]=E[X]\cdot E[Y]$ と，次のような和の分散の公式が成り立つ。

分散 $V[X+Y]$ などの公式

独立な確率変数 X，Y，Z，X_1，X_2，…，X_n に対して，

(0) $E[XY]=E[X]\cdot E[Y]$ ……………………………(*2)

(1) $V[X+Y]=V[X]+V[Y]$ ……………………………(*3)

(2) $V[aX+bY+c]=a^2V[X]+b^2V[Y]$

(3) $V[X+Y+Z]=V[X]+V[Y]+V[Z]$

(4) $V[aX+bY+cZ]=a^2V[X]+b^2V[Y]+c^2V[Z]$

(5) $V[X_1+X_2+\cdots+X_n]=V[X_1]+V[X_2]+\cdots+V[X_n]$

(ex) X，Y，Z が独立な変数であり，$V[X]=1$，$V[Y]=2$，$V[Z]=4$ のとき，
$V[4X+2Y+Z]=4^2V[X]+2^2V[Y]+V[Z]=16+8+4=28$ である。

確率変数 X が次の確率分布に従うとき，これを**二項分布**（にこうぶんぷ）と呼び，$B(n,\ p)$ と表す。

確率変数 X	0	1	2	……	n
確率 P	${}_nC_0\,q^n$	${}_nC_1\,p\,q^{n-1}$	${}_nC_2\,p^2q^{n-2}$	……	${}_nC_n\,p^n$

この二項分布 $B(n,\ p)$ の期待値，分散，標準偏差は，次の公式で計算する。

二項分布の期待値・分散・標準偏差

二項分布 $B(n,\ p)$ の期待値，分散，標準偏差は次式で求められる。

(1) 期待値　$E[X]=np$

(2) 分散　$V[X]=npq$　$(q=1-p)$

(3) 標準偏差　$D[X]=\sqrt{npq}$

(ex) 二項分布 $B\left(20,\ \dfrac{1}{4}\right)$ の期待値と，分散は $n=20$，$p=\dfrac{1}{4}$，$q=1-p=\dfrac{3}{4}$ より，

期待値は $E[X]=n\cdot p=20\times\dfrac{1}{4}=5$，分散 $V[X]=n\cdot p\cdot q=20\times\dfrac{1}{4}\times\dfrac{3}{4}=\dfrac{15}{4}$

となる。

次に，"**モーメント母関数**"（または "**積率母関数**"（せきりつぼかんすう））の定義を下に示す。

モーメント母関数 $M(\theta)$ の定義

確率変数 X と変数 θ に対して，モーメント母関数 $M(\theta)$ を

$M(\theta)=E[e^{\theta X}]$ と定義する。

このモーメント母関数を利用して，期待値 $E[X]$ や分散 $V[X]$ を求めることができる。

期待値と分散のモーメント母関数による表現

モーメント母関数 $M(\theta)=E[e^{\theta X}]$ を用いると，

確率変数 X の期待値 μ と分散 σ^2 は次のように表せる。

期待値 $\mu=E[X]=M'(0)$

分散　$\sigma^2=V[X]=M''(0)-M'(0)^2$

§2. 連続型確率分布

連続型確率変数 X の**確率密度**と**確率**の定義を下に示す。

連続型確率変数 X と確率密度 $f(x)$

連続型確率変数 X が $a \leqq X \leqq b$ となる確率 $P(a \leqq X \leqq b)$ は次式で表される。

$$P(a \leqq X \leqq b) = \int_a^b f(x)dx \quad (a < b)$$

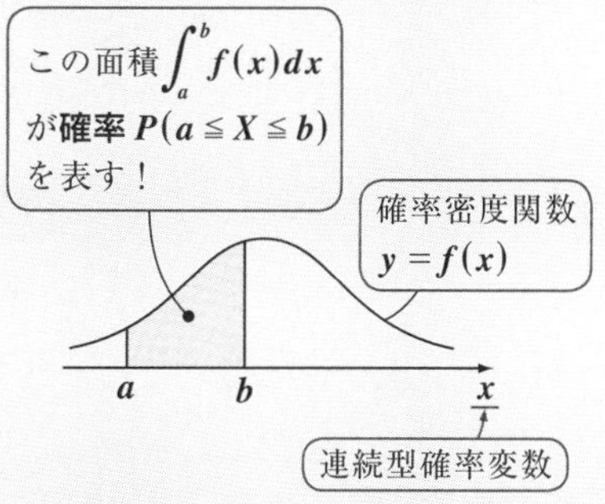

このような関数 $f(x)$ が存在するとき，$f(x)$ を "**確率密度**" と呼び，確率変数 X は確率密度 $f(x)$ の連続型確率分布に従うという。また，$y = f(x)$ のグラフを X の**分布曲線**（ぶんぷきょくせん）と呼ぶ。

注意 連続型確率分布では，$X = x$ のように表す場合がよくある。この場合，「確率変数 X が，ある値 x である」というように考えるといい。ただし，確率密度 $f(x)$ では，x は変数として扱われることに注意しよう。

(ex) 確率密度 $f(x) = \begin{cases} x & (0 \leqq x \leqq \sqrt{2}) \\ 0 & (x < 0,\ \sqrt{2} < x) \end{cases}$ のとき，確率 $P(-1 \leqq X \leqq 1)$ は，

$$P(-1 \leqq X \leqq 1) = \int_{-1}^1 f(x)dx = \underbrace{\int_{-1}^0 0\,dx}_{0} + \int_0^1 x\,dx = \frac{1}{2}[x^2]_0^1 = \frac{1}{2}$$ である。

連続型確率分布の性質

(i) $P(X = a) = 0$　(ii) $f(x) \geqq 0$　(iii) $\int_{-\infty}^{\infty} f(x)dx = 1$ （全確率）

(iv) $\int_a^b f(x)dx = P(a \leqq X \leqq b) = P(a < X \leqq b)$

$= P(a \leqq X < b) = P(a < X < b)$

← $X = a$，$X = b$ となる確率は 0 なので，等号はあってもなくても同じになる。

確率密度 $f(x)$ に従う確率変数 X の**期待値(平均)** $\mu = E[X]$ と**分散** $\sigma^2 = V[X]$ と**標準偏差** $\sigma = D[X]$ の定義式と計算式を次に示す。

X の期待値・分散・標準偏差

確率密度 $f(x)$ に従う連続型確率変数 X の期待値, 分散, 標準偏差は次のようになる。

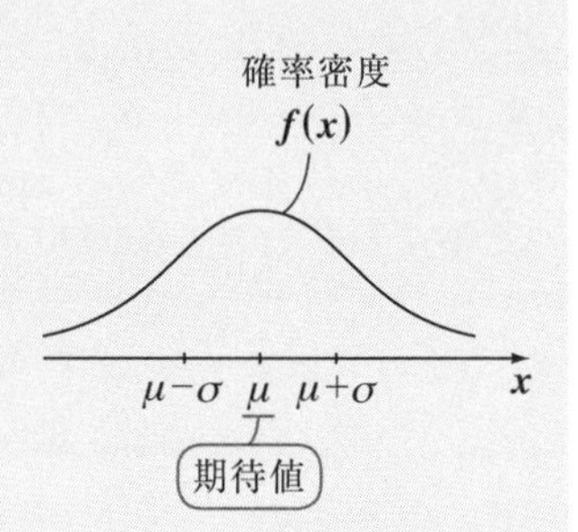

(1) 期待値 $\mu = E[X] = \int_{-\infty}^{\infty} xf(x)dx$

(2) 分散 $\sigma^2 = V[X] = \int_{-\infty}^{\infty} (x-\mu)^2 f(x)dx$

$= E[X^2] - E[X]^2$

(3) 標準偏差 $\sigma = D[X] = \sqrt{V[X]}$

(ex) 確率密度 $f(x) = \begin{cases} x & (0 \leqq x \leqq \sqrt{2}) \\ 0 & (x < 0,\ \sqrt{2} < x) \end{cases}$ に従う確率変数 X について,

期待値 $\mu = E[X] = \int_{-\infty}^{\infty} x \cdot f(x)dx = \int_0^{\sqrt{2}} x \cdot x\,dx = \frac{1}{3}[x^3]_0^{\sqrt{2}} = \frac{2\sqrt{2}}{3}$

分散 $\sigma^2 = V[X] = E[X^2] - \mu^2 = \int_{-\infty}^{\infty} x^2 \cdot f(x)dx - \left(\frac{2\sqrt{2}}{3}\right)^2$

$= \int_0^{\sqrt{2}} x^2 \cdot x\,dx - \frac{8}{9} = \frac{1}{4}[x^4]_0^{\sqrt{2}} - \frac{8}{9} = 1 - \frac{8}{9} = \frac{1}{9}$

標準偏差 $\sigma = D[X] = \sqrt{V[X]} = \sqrt{\frac{1}{9}} = \frac{1}{3}$ となる。

また, $Y = aX + b$ (a, b:定数)の期待値, 分散, 標準偏差は次のようになる。

Y の期待値・分散・標準偏差

$Y = aX + b$ (a, b:実数定数) により, Y を新たに定義すると,

(1) 期待値 $E[Y] = E[aX+b] = aE[X] + b$ ← 線形性

(2) 分散 $V[Y] = V[aX+b] = a^2 V[X]$

(3) 標準偏差 $D[Y] = \sqrt{V[Y]} = \sqrt{a^2 V[X]} = |a|\sqrt{V[X]} = |a|D[X]$

(ex) $E[X]=\dfrac{2\sqrt{2}}{3}$，$V[X]=\dfrac{1}{9}$のとき，新たな確率変数$Y=3X-\sqrt{2}$の期待値と分散を求めよう。

期待値 $E[Y]=E[3X-\sqrt{2}]=3E[X]-\sqrt{2}=3\cdot\dfrac{2\sqrt{2}}{3}-\sqrt{2}=\sqrt{2}$

分散 $V[Y]=V[3X-\sqrt{2}]=3^2V[X]=9\times\dfrac{1}{9}=1$ となる。

次に，連続型の確率変数Xの**モーメント母関数**の定義を示す。

モーメント母関数 $M(\theta)$

確率密度$f(x)$をもつ連続型確率変数Xと変数θに対して，モーメント母関数$M(\theta)$を，$M(\theta)=E[e^{\theta X}]=\int_{-\infty}^{\infty}e^{\theta x}f(x)dx$ と定義する。

離散型の確率変数のときと同様に，連続型確率変数Xの期待値と分散も，このモーメント母関数を用いて次のように求めることができる。

期待値と分散のモーメント母関数による表現

モーメント母関数$M(\theta)=E[e^{\theta X}]$を用いると，
確率変数Xの期待値μと分散σ^2は次のように表せる。

期待値 $\mu=E[X]=M'(0)$

分散 $\sigma^2=V[X]=M''(0)-M'(0)^2$

二項分布$B(n,\ p)$を表す確率分布の関数を$P_B(x)$とおくと，
$P_B(x)={}_n\mathrm{C}_x p^x q^{n-x}$ $(x=0,\ 1,\ 2,\ \cdots,\ n)$となる。

(期待値$\mu=E[X]=np$，分散$\sigma^2=V[X]=npq$)

この$P_B(x)$は，$x=0,\ 1,\ 2,\ \cdots,\ n$と離散的な確率変数の確率分布であるが，ここで，pを一定にして，nを100，200，… と十分に大きくとり，そしてxを連続的な確率変数とみなすことにより，次のような“**正規分布**”と呼ばれる確率分布になることが分かっている。この正規分布は，その期待値(平均)μと分散σ^2を使って$N(\mu,\ \sigma^2)$と表され，その確率密度を$f_N(x)$とおくと，$f_N(x)$は次のように表される。(ただし，$\mu=np$，$\sigma^2=npq$)

正規分布 $N(\mu,\ \sigma^2)$

正規分布 $N(\mu,\ \sigma^2)$ の確率密度 $f_N(x)$ は

$f_N(x) = \dfrac{1}{\sqrt{2\pi}\,\sigma} e^{-\frac{(x-\mu)^2}{2\sigma^2}}$ ……(*) であり，

(x：連続型の確率変数，$-\infty < x < \infty$)

その期待値と分散は，

$E[X] = \mu$，$V[X] = \sigma^2$ である。

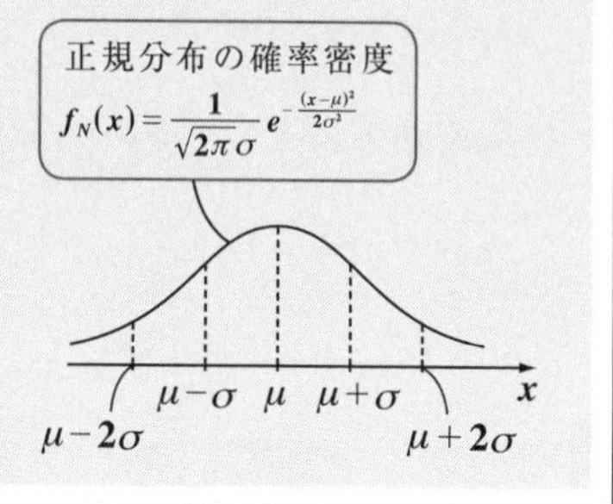

(*ex*) 正規分布 $N(10,\ 25)$ の確率密度 $f_N(x)$ を求めよう。

$\mu = 10$，$\sigma^2 = 25$ ($\sigma = 5$) より，確率密度 $f_N(x)$ は，

$$f_N(x) = \frac{1}{\sqrt{2\pi}\,\sigma} e^{-\frac{(x-\mu)^2}{2\sigma^2}} = \frac{1}{5\sqrt{2\pi}} e^{-\frac{(x-10)^2}{50}}$$ となる。

さらに，理論的な証明は省略するが，平均 μ，分散 σ^2 の同一の確率分布から取り出された n 個の

これは同じ分布であれば右図に示すように，どんな分布でも構わない。

変数 $X_1, X_2, \cdots, X_n$ の相加平均を

$\overline{X} = \dfrac{X_1 + X_2 + \cdots + X_n}{n}$ とおくと，

n が十分大きいとき，この $\overline{X}$ を確率変数と考えると，この $\overline{X}$ は正規分布 $N\left(\mu,\ \dfrac{\sigma^2}{n}\right)$ に従うこと

（平均）（分散）

が分かっている。

これを“**中心極限定理**（ちゅうしんきょくげんていり）”という。

中心極限定理のイメージ

平均 μ，分散 σ^2 の n 個の同一の分布

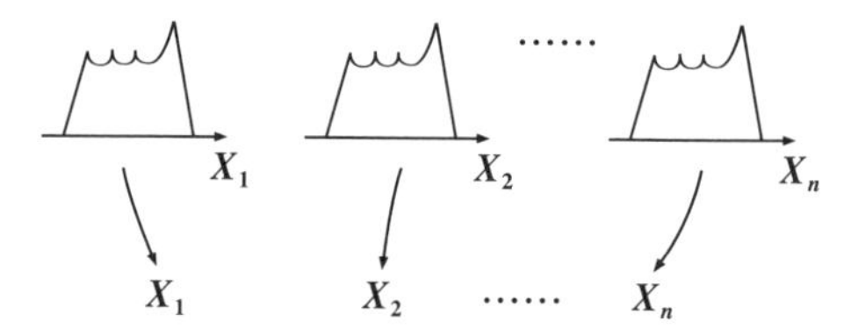

$\overline{X} = \dfrac{X_1 + X_2 + \cdots + X_n}{n}$ とおくと，

$\overline{X}$ は正規分布 $N\left(\mu,\ \dfrac{\sigma^2}{n}\right)$ に従う。

$\overline{X}$ の従う確率密度

$\mu - \dfrac{\sigma}{\sqrt{n}}$　μ　$\mu + \dfrac{\sigma}{\sqrt{n}}$　$\overline{x}$

ここで，平均μ，分散σ^2をもつ正規分布$N(\mu,\ \sigma^2)$に従う確率変数Xを使って，新たな**標準化変数**Zを$Z=\dfrac{X-\mu}{\sigma}$で定義すると，これは，平均0，分散1の正規分布$N(0,\ 1)$に従う変数となる。この$\mu=0$，$\sigma^2=1$（または$\sigma=1$）の正規分布$N(0,\ 1)$のことを特に“**標準正規分布**（ひょうじゅんせいきぶんぷ）”と呼ぶ。

この標準正規分布$N(0,\ 1)$の確率密度$f_S(z)$は，

$$f_S(z)=\frac{1}{\sqrt{2\pi}}e^{-\frac{z^2}{2}}$$

となる。

$f_S(z)=\dfrac{1}{\sqrt{2\pi}\cdot\boxed{1}}e^{-\frac{(z-\boxed{0})^2}{2\cdot\boxed{1}}}$ と書き換えると，（$\boxed{1}$ は σ，$\boxed{0}$ は μ，分母の $\boxed{1}$ は σ^2）

$\mu=0$，$\sigma^2=1$の$N(0,\ 1)$になっていることが分かる。

(ex) 正規分布$N(10,\ 25)$に従う確率変数Xの標準化変数Zを求めると，

$\mu=10$，$\sigma^2=25$（$\sigma=5$）より，$Z=\dfrac{X-\mu}{\sigma}=\dfrac{X-10}{5}$となり，この$Z$は，確率密度$f_S(z)=\dfrac{1}{\sqrt{2\pi}}e^{-\frac{z^2}{2}}$に従う。

この標準正規分布については，$z\geqq u$（uは0以上の定数）となる確率α，すなわち，

$$\alpha=P(z\geqq u)=\int_u^{\infty}f_S(z)dz$$

$$=\frac{1}{\sqrt{2\pi}}\int_u^{\infty}e^{-\frac{z^2}{2}}dz$$

標準正規分布における確率$\alpha=P(z\geqq u)$

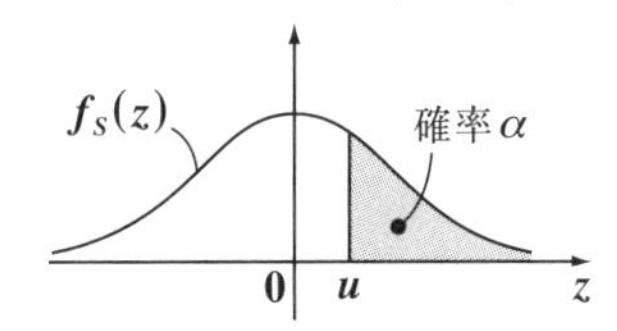

の値が，uとαとの正規分布表として与えられている。

したがって，様々な正規分布$N(\mu,\ \sigma^2)$の確率の問題は，確率変数Xを標準化して，標準正規分布$N(0,\ 1)$の変数Zの不等式にもち込み，標準正規分布表を利用して解けばよい。

離散型確率分布（Ⅰ）

演習問題 23　CHECK 1　CHECK 2　CHECK 3

確率変数 $X = 0, 2, 4, 6, 8, 10$ が右の表の確率分布に従う。このとき，次の問いに答えよ。

確率分布表

変数 X	0	2	4	6	8	10
確率 P	$\frac{1}{12}$	$\frac{1}{6}$	$\frac{1}{3}$	$\frac{1}{4}$	$\frac{1}{12}$	$\frac{1}{12}$

(1) X の期待値 $\mu_X = E[X]$ と分散 $\sigma_X{}^2 = V[X]$ と標準偏差 $\sigma_X = D[X]$ を求めよ。

(2) 新たな確率変数 Y を $Y = 3X - 5$ で定義する。Y の期待値 $\mu_Y = E[Y]$，分散 $\sigma_Y{}^2 = V[Y]$ と標準偏差 $\sigma_Y = D[Y]$ を求めよ。

(3) X の標準化変数 Z を $Z = aX - b$ とおく。定数 a, b の値を求めよ。

ヒント！ (1) μ や σ^2 の公式（計算式）：$\mu = \sum_{k=1}^{n} x_k p_k$，$\sigma^2 = \sum_{k=1}^{n} x_k{}^2 p_k - \mu^2$ を利用して解いていこう。(2) では，公式：$E[aX+b] = aE[X]+b$ や $V[aX+b] = a^2V[X]$ を利用すればいい。(3) の X の標準化変数 Z は，$Z = \frac{X-\mu_X}{\sigma_X}$ で求められるんだね。

解答＆解説

(1) 変数 X は，右の確率分布に従うので，その期待値 μ_X と分散 $\sigma_X{}^2$ と標準偏差 σ_X を求めると，

確率分布表

確率変数 X	0	2	4	6	8	10
確率 P	$\frac{1}{12}$	$\frac{2}{12}$	$\frac{4}{12}$	$\frac{3}{12}$	$\frac{1}{12}$	$\frac{1}{12}$

（分母を12に統一した。）

・$\mu_X = E[X] = \sum_{k=1}^{6} x_k p_k$

$$= 0 \times \frac{1}{12} + 2 \times \frac{2}{12} + 4 \times \frac{4}{12} + 6 \times \frac{3}{12} + 8 \times \frac{1}{12} + 10 \times \frac{1}{12}$$

$$= \frac{1}{12}(4+16+18+8+10) = \frac{56}{12} = \frac{14}{3} \quad \cdots\cdots ① \quad \cdots\cdots\cdots\cdots(答)$$

・$\sigma_X{}^2 = V[X] = \sum_{k=1}^{6} x_k{}^2 p_k - \mu_X{}^2$

$$= 0^2 \times \frac{1}{12} + 2^2 \times \frac{2}{12} + 4^2 \times \frac{4}{12} + 6^2 \times \frac{3}{12} + 8^2 \times \frac{1}{12} + 10^2 \times \frac{1}{12} - \left(\frac{14}{3}\right)^2$$

$\therefore \sigma_X{}^2 = \frac{1}{12}(8+64+108+64+100) - \frac{196}{9}$

$= \frac{344}{12} - \frac{196}{9} = \frac{86}{3} - \frac{196}{9} = \frac{258-196}{9} = \frac{62}{9}$ ……② …………(答)

$\cdot\ \sigma_X = D[X] = \sqrt{\sigma_X{}^2} = \sqrt{\frac{62}{9}} = \frac{\sqrt{62}}{3}$ ………………………③ …………(答)

(2) 確率変数 X により，新たな確率変数 Y を $Y = 3X - 5$ で定義して，この期待値 $\mu_Y = E[Y]$ と分散 $\sigma_Y{}^2 = V[Y]$ と標準偏差 $\sigma_Y = D[Y]$ を求めると，

$\cdot\ \mu_Y = E[Y] = E[3X-5]$

$= 3\underbrace{E[X]}_{\frac{14}{3}\ (①より)} - 5 = 3 \times \frac{14}{3} - 5 = 9$ ………(答)

公式：
$\cdot E[aX+b] = aE[X]+b$
$\cdot V[aX+b] = a^2V[X]$

$\cdot\ \sigma_Y{}^2 = V[Y] = V[3X-5] = 3^2\underbrace{V[X]}_{\frac{62}{9}\ (②より)} = 9 \times \frac{62}{9} = 62$ ……………………(答)

$\cdot\ \sigma_Y = \sqrt{V[Y]} = \sqrt{62}$ ………………………………………………………(答)

(3) 確率変数 X の標準化変数を $Z = aX - b$ とおくと，

$Z = \frac{X-\mu_X}{\sigma_X} = \frac{X - \frac{14}{3}}{\frac{\sqrt{62}}{3}}$ (①，③より)

分子・分母に 3をかけて

$= \frac{3X-14}{\sqrt{62}} = \frac{3\sqrt{62}}{62}X - \frac{14\sqrt{62}}{62} = \underbrace{\frac{3\sqrt{62}}{62}}_{a}X - \underbrace{\frac{7\sqrt{62}}{31}}_{b}$

∴求める定数 a, b の値は，

$a = \frac{3\sqrt{62}}{62}$，$b = \frac{7\sqrt{62}}{31}$ である。 ……………………………………(答)

標準化変数 Z の期待値と分散は，$E[Z] = E\left[\frac{X-\mu_X}{\sigma_X}\right] = \frac{1}{\sigma_X}E[X] - \frac{\mu_X}{\sigma_X}$ $= \frac{\mu_X}{\sigma_X} - \frac{\mu_X}{\sigma_X} = 0$，$V[Z] = V\left[\frac{X-\mu_X}{\sigma_X}\right] = \frac{1}{\sigma_X{}^2}V[X] = \frac{\sigma_X{}^2}{\sigma_X{}^2} = 1$ となる。

離散型確率分布（Ⅱ）

演習問題 24　CHECK 1　CHECK 2　CHECK 3

同形の赤玉 **6** 個と白玉 **4** 個の入った袋から無作為に **4** 個の玉を同時に取り出す。取り出した玉の内，赤玉の個数を X とおく。このとき，次の問いに答えよ。

(1) X の確率分布を求め，X の期待値 $E[X]$，分散 $V[X]$，標準偏差 $D[X]$ を求めよ。

(2) 新たな変数 Y を $Y=5X+1$ で定義する。Y の期待値 $E[Y]$，分散 $V[Y]$，標準偏差 $D[Y]$ を求めよ。

ヒント！ **(1)** では，$X=0,\ 1,\ 2,\ 3,\ 4$ の **5** 通りの値をとるので，それぞれの確率を計算して，X の確率分布表を作り，公式に従って，X の期待値，分散，標準偏差を求めよう。**(2)** では，公式 $E[aX+b]=aE[X]+b$，$V[aX+b]=a^2V[X]$ を利用しよう。

解答＆解説

(1) 赤玉 **6** 個，白玉 **4** 個の計 **10** 個の玉の入った袋から，**4** 個を取り出す全場合の数 $n(U)$ は，

$$n(U)={}_{10}C_4=\frac{10!}{4!\cdot 6!}=\frac{10\cdot 9\cdot 8\cdot 7}{4\cdot 3\cdot 2\cdot 1}=210 \text{ 通りである。}$$

取り出された **4** 個の玉の内，赤玉の個数を X とおくと，
$X=0,\ 1,\ 2,\ 3,\ 4$ であり，それぞれの確率を求めると，

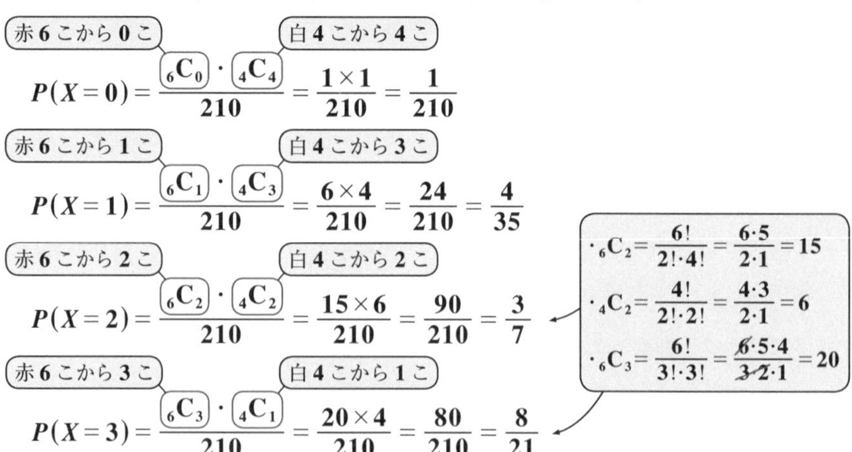

$$P(X=0)=\frac{{}_6C_0\cdot{}_4C_4}{210}=\frac{1\times 1}{210}=\frac{1}{210}$$

$$P(X=1)=\frac{{}_6C_1\cdot{}_4C_3}{210}=\frac{6\times 4}{210}=\frac{24}{210}=\frac{4}{35}$$

$$P(X=2)=\frac{{}_6C_2\cdot{}_4C_2}{210}=\frac{15\times 6}{210}=\frac{90}{210}=\frac{3}{7}$$

$$P(X=3)=\frac{{}_6C_3\cdot{}_4C_1}{210}=\frac{20\times 4}{210}=\frac{80}{210}=\frac{8}{21}$$

- $\cdot\ {}_6C_2=\dfrac{6!}{2!\cdot 4!}=\dfrac{6\cdot 5}{2\cdot 1}=15$
- $\cdot\ {}_4C_2=\dfrac{4!}{2!\cdot 2!}=\dfrac{4\cdot 3}{2\cdot 1}=6$
- $\cdot\ {}_6C_3=\dfrac{6!}{3!\cdot 3!}=\dfrac{6\cdot 5\cdot 4}{3\cdot 2\cdot 1}=20$

赤6こから4こ　白4こから0こ

$$P(X=4)=\frac{{}_6C_4\cdot{}_4C_0}{210}=\frac{15}{210}=\frac{1}{14}$$

以上より，確率変数 X が従う確率分布の表を右に示す。……………………(答)

X の確率分布表

変数 X	0	1	2	3	4
確率 P	$\frac{1}{210}$	$\frac{4}{35}$	$\frac{3}{7}$	$\frac{8}{21}$	$\frac{1}{14}$

$$\left[\frac{1}{210}+\frac{24}{210}+\frac{90}{210}+\frac{80}{210}+\frac{15}{210}=\frac{1+24+90+80+15}{210}=1\text{(全確率)}\right]$$

次に，X の期待値 $\mu_X=E[X]$，分散 $\sigma_X{}^2=V[X]$，標準偏差 $\sigma_X=D[X]$ を求めると，

$$\mu_X=E[X]=0\times\frac{1}{210}+1\times\frac{24}{210}+2\times\frac{90}{210}+3\times\frac{80}{210}+4\times\frac{15}{210}$$

$$=\frac{1}{210}(24+180+240+60)=\frac{504}{210}=\frac{12}{5}\ \cdots\cdots①\ \cdots\cdots\text{(答)}$$

$$\sigma_X{}^2=V[X]=0^2\cdot\frac{1}{210}+1^2\cdot\frac{24}{210}+2^2\cdot\frac{90}{210}+3^2\cdot\frac{80}{210}+4^2\cdot\frac{15}{210}-\left(\frac{12}{5}\right)^2$$

$$=\frac{1}{210}\underbrace{(24+360+720+240)}_{1344=42\times32}-\frac{144}{25}=\frac{32}{5}-\frac{144}{25}=\frac{16}{25}\ \cdots\cdots②\ \cdots\cdots\text{(答)}$$

$$\sigma_X=D[X]=\sqrt{\sigma_X{}^2}=\sqrt{\frac{16}{25}}=\frac{4}{5}\ \cdots\cdots\text{(答)}$$

(2) 確率変数 X より，新たな確率変数 Y を $Y=5X+1$ で定義して，その期待値 $\mu_Y=E[Y]$，分散 $\sigma_Y{}^2=V[Y]$，標準偏差 $\sigma_Y=D[Y]$ を求めると，

$$\mu_Y=E[Y]=E[5X+1]=5\underbrace{E[X]}_{\frac{12}{5}\text{（①より）}}+1=5\times\frac{12}{5}+1=13\ \cdots\cdots\text{(答)}$$

$$\sigma_Y{}^2=V[Y]=V[5X+1]=5^2\underbrace{V[X]}_{\frac{16}{25}\text{（②より）}}=25\times\frac{16}{25}=16\ \cdots\cdots\text{(答)}$$

$$\sigma_Y=D[Y]=\sqrt{V[Y]}=\sqrt{16}=4\ \cdots\cdots\text{(答)}$$

離散型確率分布 (Ⅲ)

演習問題 25	CHECK 1	CHECK 2	CHECK 3

1 の数字が書かれたカードが **1** 枚，**2** の数字が書かれたカードが **2** 枚，そして，**3** の数字が書かれたカードが **3** 枚，計 **6** 枚のカードが箱の中に入っている。この箱から無作為に **3** 枚のカードを取り出し，その **3** 枚のカードに書かれている数字の合計を X とする。このとき，次の問いに答えよ。

(1) X の取り得る値をすべて示せ。

(2) X が従う確率分布の表を示せ。

(3) 確率変数 X の期待値 $E[X]$，分散 $V[X]$ を求めよ。

ヒント！ **(1)** **3** 枚のカードの数字を $(1, 2, 2)$, $(1, 2, 3)$, … のように記し，そのときの X の値を $X=5$，$X=6$，… のように求めればよい。**(2)** では，各 X の値についての確率を計算し，**(3)** では，X の期待値，分散を公式通りに求めればいい。

解答＆解説

(1) **1** の数字のカードが **1** 枚，**2** の数字のカードが **2** 枚，**3** の数字のカードが **3** 枚入った箱から取り出した **3** 枚のカードの数字の組合せをすべて示すと，

X：**3** 枚のカードの数字の和

□□□

1 が **1** 枚
2 が **2** 枚
3 が **3** 枚

$(1,\ 2,\ 2)$，$(1,\ 2,\ 3)$，$(1,\ 3,\ 3)$

$(2,\ 2,\ 3)$，$(2,\ 3,\ 3)$，$(3,\ 3,\ 3)$

の **6** 通りとなる。 (左から，順に数を大きくする。これも一種の辞書式の表現法だ。)

よって，これらの数字の総和 X の取り得る値は，

(ⅰ) $(1,\ 2,\ 2)$ のとき，$X=1+2+2=5$

(ⅱ) $(1,\ 2,\ 3)$ のとき，$X=1+2+3=6$

(ⅲ) $(1,\ 3,\ 3)$ または $(2,\ 2,\ 3)$ のとき，$X=1+3+3=2+2+3=7$

(ⅳ) $(2,\ 3,\ 3)$ のとき，$X=2+3+3=8$

(ⅴ) $(3,\ 3,\ 3)$ のとき，$X=3+3+3=9$ となる。

以上より，X の取り得る値は，$X=5,\ 6,\ 7,\ 8,\ 9$ である。……………(答)

(2) 6枚のカードから，無作為に3枚のカードを取り出す全場合の数 $n(U)$ は，

$n(U) = {}_6C_3 = \dfrac{6!}{3!\cdot 3!} = \dfrac{6\cdot 5\cdot 4}{3\cdot 2\cdot 1} = 20$ 通りである。

(1)の結果より，$X=k$ のときの確率 $P(X=k)$ $(k=5, 6, 7, 8, 9)$ を求めると，

(i) (1, 2, 2) のとき，$X=5$ より，

（1枚の1から1枚）（2枚の2から2枚）

$$P(X=5) = \frac{{}_1C_1 \times {}_2C_2}{20} = \frac{1\times 1}{20} = \frac{1}{20}$$

(ii) (1, 2, 3) のとき，$X=6$ より，

（1枚の1から1枚）（2枚の2から1枚）（3枚の3から1枚）

$$P(X=6) = \frac{{}_1C_1 \times {}_2C_1 \times {}_3C_1}{20} = \frac{1\times 2\times 3}{20} = \frac{6}{20} = \frac{3}{10}$$

(iii) (1, 3, 3), (2, 2, 3) のとき，$X=7$ より，

（1枚の1から1枚）（3枚の3から2枚）（2枚の2から2枚）（3枚の3から1枚）

$$P(X=7) = \frac{{}_1C_1 \times {}_3C_2 + {}_2C_2 \times {}_3C_1}{20} = \frac{1\times 3 + 1\times 3}{20} = \frac{6}{20} = \frac{3}{10}$$

(iv) (2, 3, 3) のとき，$X=8$ より，

（2枚の2より1枚）（3枚の3より2枚）

$$P(X=8) = \frac{{}_2C_1 \times {}_3C_2}{20} = \frac{2\times 3}{20} = \frac{6}{20} = \frac{3}{10}$$

(v) (3, 3, 3) のとき，$X=9$ より，

（3枚の3より3枚）

$$P(X=9) = \frac{{}_3C_3}{20} = \frac{1}{20}$$

以上(i)～(v)より，確率変数 X の従う確率分布の表を右に示す。……(答)

X の確率分布表

変数 X	5	6	7	8	9
確率 P	$\frac{1}{20}$	$\frac{3}{10}$	$\frac{3}{10}$	$\frac{3}{10}$	$\frac{1}{20}$

(3) (2)の確率分布表を用いて，変数 X の期待値 $E[X]$，分散 $V[X]$ を求めると，

$$E[X] = 5\times\frac{1}{20} + 6\times\frac{6}{20} + 7\times\frac{6}{20} + 8\times\frac{6}{20} + 9\times\frac{1}{20} = \frac{140}{20} = 7 \text{ ……(答)}$$

$$V[X] = 5^2\times\frac{1}{20} + 6^2\times\frac{6}{20} + 7^2\times\frac{6}{20} + 8^2\times\frac{6}{20} + 9^2\times\frac{1}{20} - 7^2 = 50 - 49 = 1 \text{ …(答)}$$

$$\frac{1}{20}\{25+81+6(36+49+64)\} = \frac{1000}{20} = 50$$

モーメント母関数(Ⅰ)

演習問題 26 CHECK1 CHECK2 CHECK3

確率変数 X は，右の表の確率分布に従うものとする。このとき，次の問いに答えよ。

確率分布表

変数 X	0	2	4	6	8	10
確率 P	$\frac{1}{12}$	$\frac{1}{6}$	$\frac{1}{3}$	$\frac{1}{4}$	$\frac{1}{12}$	$\frac{1}{12}$

(1) 変数 θ を用いて，X のモーメント母関数(積率母関数) $M(\theta)=E[e^{\theta X}]$ を求めよ。

(2) X の期待値(平均) μ_X と分散 $\sigma_X{}^2$ を，次のモーメント母関数を用いた公式を利用して求めよ。

(ⅰ) $\mu_X=M'(0)$ ……(*1)　(ⅱ) $\sigma_X{}^2=M''(0)-M'(0)^2$ ……(*2)

ヒント！ X の確率分布は，演習問題 **23** (**P56**) で用いたものと同じだね。したがって，X の期待値 μ_X と分散 $\sigma_X{}^2$ の値も既に求めている。ここでは，モーメント母関数を利用して，これらの値を求め，結果が一致することを確認しよう！

解答＆解説

(1) 確率変数 X のモーメント母関数 $M(\theta)=E[e^{\theta X}]$ を，与えられた確率分布表から求めると，

$$M(\theta)=E[e^{\theta X}]=\sum_{k=1}^{6}p_k e^{\theta x_k}$$

$$=\frac{1}{12}\cdot \underbrace{e^{\theta\cdot 0}}_{1}+\frac{1}{6}\cdot e^{\theta\cdot 2}$$

$X=x_1,\ x_2,\ x_3,\ x_4,\ x_5,\ x_6$
$=0,\ 2,\ 4,\ 6,\ 8,\ 10$
$P=p_1,\ p_2,\ p_3,\ p_4,\ p_5,\ p_6$
$=\frac{1}{12},\ \frac{1}{6},\ \frac{1}{3},\ \frac{1}{4},\ \frac{1}{12},\ \frac{1}{12}$ とおいた。

$$+\frac{1}{3}\cdot e^{\theta\cdot 4}+\frac{1}{4}\cdot e^{\theta\cdot 6}+\frac{1}{12}\cdot e^{\theta\cdot 8}+\frac{1}{12}\cdot e^{\theta\cdot 10}$$

$$\therefore M(\theta)=\frac{1}{12}+\frac{1}{6}e^{2\theta}+\frac{1}{3}e^{4\theta}+\frac{1}{4}e^{6\theta}+\frac{1}{12}e^{8\theta}+\frac{1}{12}e^{10\theta}\ \cdots①$$ となる。…(答)

(2) ①のモーメント母関数 $M(\theta)$ を θ で，**1** 回微分すると，

$$\cdot M'(\theta)=\left(\frac{1}{12}+\frac{1}{6}e^{2\theta}+\frac{1}{3}e^{4\theta}+\cdots+\frac{1}{12}e^{10\theta}\right)'$$

$$=\frac{1}{6}\cdot 2e^{2\theta}+\frac{1}{3}\cdot 4e^{4\theta}+\frac{1}{4}\cdot 6e^{6\theta}+\frac{1}{12}\cdot 8e^{8\theta}+\frac{1}{12}\cdot 10e^{10\theta}$$

$(e^{k\theta})'=ke^{k\theta}$
$(k=2,\ 4,\ 6,\ 8,\ 10)$

$\therefore M'(\theta)=\frac{1}{3}e^{2\theta}+\frac{4}{3}e^{4\theta}+\frac{3}{2}e^{6\theta}+\frac{2}{3}e^{8\theta}+\frac{5}{6}e^{10\theta}$ ……② となる。

さらに，$M'(\theta)$ ……② を θ で微分すると，

$$\cdot M''(\theta)=\left(\frac{1}{3}e^{2\theta}+\frac{4}{3}e^{4\theta}+\frac{3}{2}e^{6\theta}+\frac{2}{3}e^{8\theta}+\frac{5}{6}e^{10\theta}\right)'$$

$$=\frac{1}{3}\cdot 2e^{2\theta}+\frac{4}{3}\cdot 4e^{4\theta}+\frac{3}{2}\cdot 6e^{6\theta}+\frac{2}{3}\cdot 8e^{8\theta}+\frac{5}{6}\cdot 10e^{10\theta}$$

$\therefore M''(\theta)=\frac{2}{3}e^{2\theta}+\frac{16}{3}e^{4\theta}+9e^{6\theta}+\frac{16}{3}e^{8\theta}+\frac{25}{3}e^{10\theta}$ ……③ となる。

(i) (＊1)を用いて，X の期待値 μ_X を求めると，②より，

$$\mu_X=E[X]=M'(0)$$

$$=\frac{1}{3}\cdot \underbrace{e^0}_{1}+\frac{4}{3}\cdot \underbrace{e^0}_{1}+\frac{3}{2}\cdot \underbrace{e^0}_{1}+\frac{2}{3}\cdot \underbrace{e^0}_{1}+\frac{5}{6}\cdot \underbrace{e^0}_{1}$$

$$=\frac{1}{3}+\frac{4}{3}+\frac{3}{2}+\frac{2}{3}+\frac{5}{6}=\frac{2+8+9+4+5}{6}$$

演習問題 23 と同じ結果だね。

$=\frac{28}{6}=\frac{14}{3}$ となる。……④ ……………………………………………(答)

(ii) (＊2)を用いて，X の分散 $\sigma_X{}^2$ を求めると，②，③より，

$$\sigma_X{}^2=V[X]=M''(0)-\underbrace{M'(0)^2}_{\left(\frac{14}{3}\right)^2=\frac{196}{9}}$$

$\left(\frac{14}{3}\right)^2=\frac{196}{9}$ (④より)

$$=\frac{2}{3}\cdot \underbrace{e^0}_{1}+\frac{16}{3}\cdot \underbrace{e^0}_{1}+9\cdot \underbrace{e^0}_{1}+\frac{16}{3}\cdot \underbrace{e^0}_{1}+\frac{25}{3}\cdot \underbrace{e^0}_{1}-\frac{196}{9}$$

$$=\frac{2}{3}+\frac{16}{3}+9+\frac{16}{3}+\frac{25}{3}-\frac{196}{9}$$

$$=\frac{2+16+27+16+25}{3}-\frac{196}{9}=\frac{86}{3}-\frac{196}{9}$$

演習問題 23 と同じ結果が導けた。

$=\frac{258-196}{9}=\frac{62}{9}$ となる。……………………………………………(答)

モーメント母関数(Ⅱ)

演習問題 27	CHECK 1	CHECK 2	CHECK 3

確率変数 X は，右の表の確率分布に従うものとする。このとき，次の問いに答えよ。

X の確率分布表

変数 X	0	1	2	3	4
確率 P	$\frac{1}{210}$	$\frac{4}{35}$	$\frac{3}{7}$	$\frac{8}{21}$	$\frac{1}{14}$

(1) 変数 θ を用いて，X のモーメント母関数(積率母関数) $M(\theta)=E[e^{\theta X}]$ を求めよ。

(2) X の期待値(平均) μ_X と分散 $\sigma_X{}^2$ を，モーメント母関数を用いた次の公式を利用して求めよ。

(ⅰ) $\mu_X=M'(0)$ ……(＊1)　(ⅱ) $\sigma_X{}^2=M''(0)-M'(0)^2$ ……(＊2)

ヒント！ X の確率分布は，演習問題 **24(P58)** で求めたものと同じものだ。この確率変数 X の期待値と分散について，モーメント母関数を使って，もう **1** 度求めてみよう。同じ結果が導けるはずだ。

解答＆解説

(1) 確率変数 X のモーメント母関数 $M(\theta)=E[e^{\theta X}]$ を，与えられた確率分布表から求めると，

$$M(\theta)=E[e^{\theta X}]=\sum_{k=1}^{5}p_k e^{\theta x_k}$$

$X=x_1,\ x_2,\ x_3,\ x_4,\ x_5$
$=0,\ 1,\ 2,\ 3,\ 4$
$P=p_1,\ p_2,\ p_3,\ p_4,\ p_5$
$=\frac{1}{210},\ \frac{4}{35},\ \frac{3}{7},\ \frac{8}{21},\ \frac{1}{14}$ とした。

$$=\frac{1}{210}\cdot \underbrace{e^{\theta\cdot 0}}_{1}+\frac{4}{35}\cdot e^{\theta\cdot 1}+\frac{3}{7}\cdot e^{\theta\cdot 2}+\frac{8}{21}\cdot e^{\theta\cdot 3}+\frac{1}{14}\cdot e^{\theta\cdot 4}$$

θ の関数になった！

$$\therefore M(\theta)=\frac{1}{210}+\frac{4}{35}e^{\theta}+\frac{3}{7}e^{2\theta}+\frac{8}{21}e^{3\theta}+\frac{1}{14}e^{4\theta}$$ ……① となる。………(答)

(2) ①のモーメント母関数 $M(\theta)$ を θ で，**1** 回微分すると，

$$\cdot M'(\theta)=\left(\frac{1}{210}+\frac{4}{35}e^{\theta}+\frac{3}{7}e^{2\theta}+\frac{8}{21}e^{3\theta}+\frac{1}{14}e^{4\theta}\right)'$$

$$=\frac{4}{35}e^{\theta}+\frac{3}{7}\cdot 2e^{2\theta}+\frac{8}{21}\cdot 3e^{3\theta}+\frac{1}{14}\cdot 4e^{4\theta}$$

$(e^{k\theta})'=ke^{k\theta}$
$(k=1,\ 2,\ 3,\ 4)$

$\therefore M'(\theta) = \frac{4}{35}e^{\theta} + \frac{6}{7}e^{2\theta} + \frac{8}{7}e^{3\theta} + \frac{2}{7}e^{4\theta}$ ……② となる。

さらに，$M'(\theta)$ ……② を θ で微分すると，

$$\cdot M''(\theta) = \left(\frac{4}{35}e^{\theta} + \frac{6}{7}e^{2\theta} + \frac{8}{7}e^{3\theta} + \frac{2}{7}e^{4\theta}\right)'$$

$$= \frac{4}{35}\cdot e^{\theta} + \frac{6}{7}\cdot 2e^{2\theta} + \frac{8}{7}\cdot 3e^{3\theta} + \frac{2}{7}\cdot 4e^{4\theta}$$

$\therefore M''(\theta) = \frac{4}{35}e^{\theta} + \frac{12}{7}e^{2\theta} + \frac{24}{7}e^{3\theta} + \frac{8}{7}e^{4\theta}$ ……③ となる。

(i) (∗1)を用いて，X の期待値 μ_X を求めると，②より，

$$\mu_X = E[X] = M'(0)$$

$$= \frac{4}{35}\cdot \underbrace{e^{0}}_{1} + \frac{6}{7}\cdot \underbrace{e^{0}}_{1} + \frac{8}{7}\cdot \underbrace{e^{0}}_{1} + \frac{2}{7}\cdot \underbrace{e^{0}}_{1}$$

$$= \frac{4}{35} + \frac{6}{7} + \frac{8}{7} + \frac{2}{7} = \frac{4+30+40+10}{35}$$

$= \frac{84}{35} = \frac{12}{5}$ ……④ となる。……………………………………(答)

(ii) (∗2)を用いて，X の分散 $\sigma_X{}^2$ を求めると，②，③より，

$$\sigma_X{}^2 = V[X] = M''(0) - M'(0)^2$$

$M'(0)^2$：$\left(\frac{12}{5}\right)^2 = \frac{144}{25}$ （④より）

$$= \frac{4}{35}\cdot \underbrace{e^{0}}_{1} + \frac{12}{7}\cdot \underbrace{e^{0}}_{1} + \frac{24}{7}\cdot \underbrace{e^{0}}_{1} + \frac{8}{7}\cdot \underbrace{e^{0}}_{1} - \frac{144}{25}$$

$$= \frac{4+60+120+40}{35} - \frac{144}{25} = \frac{224}{35} - \frac{144}{25}$$

$= \frac{32}{5} - \frac{144}{25} = \frac{160-144}{25} = \frac{16}{25}$ となる。………………………(答)

μ_X, $\sigma_X{}^2$ ともに，演習問題 24 (P58) で求めた結果と一致する。

モーメント母関数 (Ⅲ)

演習問題 28	CHECK 1	CHECK 2	CHECK 3

確率変数 X は，右の表の確率分布に従うものとする。このとき，次の問いに答えよ。

X の確率分布表

変数 X	5	6	7	8	9
確率 P	$\frac{1}{20}$	$\frac{3}{10}$	$\frac{3}{10}$	$\frac{3}{10}$	$\frac{1}{20}$

(1) 変数 θ を用いて，X のモーメント母関数（積率母関数）$M(\theta)=E[e^{\theta X}]$ を求めよ。

(2) X の期待値（平均）μ_X と分散 $\sigma_X{}^2$ を，モーメント母関数を用いた次の公式を利用して求めよ。

(ⅰ) $\mu_X=M'(0)$ ……$(*1)$　(ⅱ) $\sigma_X{}^2=M''(0)-M'(0)^2$ ……$(*2)$

ヒント！ 変数 X の確率分布は，演習問題 **25**（**P60**）で求めたものと同じものだ。この期待値 μ_X と分散 $\sigma_X{}^2$ をモーメント母関数による公式で，もう **1** 度求める。これで，離散型確率分布のモーメント母関数の使い方にも十分慣れるはずだね。

解答＆解説

(1) 確率変数 X のモーメント母関数 $M(\theta)=E[e^{\theta X}]$ を，与えられた離散型の確率分布から求めると，

$$M(\theta)=E[e^{\theta X}]=\sum_{k=1}^{5}p_k e^{\theta x_k}$$

$$=\frac{1}{20}\cdot e^{\theta\cdot5}+\frac{3}{10}\cdot e^{\theta\cdot6}+\frac{3}{10}\cdot e^{\theta\cdot7}+\frac{3}{10}\cdot e^{\theta\cdot8}+\frac{1}{20}\cdot e^{\theta\cdot9}$$

$X=x_1,\ x_2,\ x_3,\ x_4,\ x_5=5,\ 6,\ 7,\ 8,\ 9$
$P=p_1,\ p_2,\ p_3,\ p_4,\ p_5=\frac{1}{20},\frac{3}{10},\frac{3}{10},\frac{3}{10},\frac{1}{20}$ とした。

$$\therefore M(\theta)=\frac{1}{20}e^{5\theta}+\frac{3}{10}e^{6\theta}+\frac{3}{10}e^{7\theta}+\frac{3}{10}e^{8\theta}+\frac{1}{20}e^{9\theta}\ \cdots\cdots①\ \cdots\cdots\cdots\cdots(答)$$

θ の関数になった！

(2) ①のモーメント母関数 $M(\theta)$ を θ で，**1** 回微分すると，

$$\cdot M'(\theta)=\left(\frac{1}{20}e^{5\theta}+\frac{3}{10}e^{6\theta}+\frac{3}{10}e^{7\theta}+\frac{3}{10}e^{8\theta}+\frac{1}{20}e^{9\theta}\right)'$$

$$=\frac{1}{20}\cdot5e^{5\theta}+\frac{3}{10}\cdot6e^{6\theta}+\frac{3}{10}\cdot7e^{7\theta}+\frac{3}{10}\cdot8e^{8\theta}+\frac{1}{20}\cdot9e^{9\theta}$$

$\therefore M'(\theta) = \frac{1}{4}e^{5\theta} + \frac{9}{5}e^{6\theta} + \frac{21}{10}e^{7\theta} + \frac{12}{5}e^{8\theta} + \frac{9}{20}e^{9\theta}$ ……② となる。

さらに，$M'(\theta)$ ……② を θ で微分すると，

$$\cdot M''(\theta) = \left(\frac{1}{4}e^{5\theta} + \frac{9}{5}e^{6\theta} + \frac{21}{10}e^{7\theta} + \frac{12}{5}e^{8\theta} + \frac{9}{20}e^{9\theta}\right)'$$

$$= \frac{1}{4}\cdot 5e^{5\theta} + \frac{9}{5}\cdot 6e^{6\theta} + \frac{21}{10}\cdot 7e^{7\theta} + \frac{12}{5}\cdot 8e^{8\theta} + \frac{9}{20}\cdot 9e^{9\theta}$$

$\therefore M''(\theta) = \frac{5}{4}e^{5\theta} + \frac{54}{5}e^{6\theta} + \frac{147}{10}e^{7\theta} + \frac{96}{5}e^{8\theta} + \frac{81}{20}e^{9\theta}$ ……③ となる。

(ⅰ) (＊1)を用いて，Xの期待値μ_Xを求めると，②より，

$$\mu_X = E[X] = M'(0)$$

$$= \frac{1}{4}\cdot \underbrace{e^0}_{1} + \frac{9}{5}\cdot \underbrace{e^0}_{1} + \frac{21}{10}\cdot \underbrace{e^0}_{1} + \frac{12}{5}\cdot \underbrace{e^0}_{1} + \frac{9}{20}\cdot \underbrace{e^0}_{1}$$

$$= \frac{1}{4} + \frac{9}{5} + \frac{21}{10} + \frac{12}{5} + \frac{9}{20} = \frac{5+36+42+48+9}{20}$$

$= \frac{140}{20} = 7$ ……④ となる。 ……………………………………………(答)

(ⅱ) (＊2)を用いて，Xの分散$\sigma_X{}^2$を求めると，②，③より，

$$\sigma_X{}^2 = V[X] = M''(0) - \underbrace{M'(0)^2}_{7^2\ (④より)}$$

$$= \underbrace{\frac{5}{4}\cdot e^0 + \frac{54}{5}\cdot e^0 + \frac{147}{10}\cdot e^0 + \frac{96}{5}\cdot e^0 + \frac{81}{20}\cdot e^0}_{e^0 = 1} - 7^2$$

$$= \frac{5}{4} + \frac{54}{5} + \frac{147}{10} + \frac{96}{5} + \frac{81}{20} - 7^2$$

$$= \frac{25+216+294+384+81}{20} - 49$$

$= \frac{1000}{20} - 49 = 50 - 49 = 1$ となる。 ……………………………(答)

μ_X と $\sigma_X{}^2$ の値は，演習問題 **25** (**P60**) で求めたものと一致しているね。

同時確率分布(Ⅰ)

演習問題 29 CHECK 1 CHECK 2 CHECK 3

2つの確率変数 $X=4,\ 6,\ 8$ と，$Y=0,\ 1,\ 2,\ 3$ の同時確率分布表を右に示す。

(1) X と Y が独立な確率変数であるか，否かを調べよ。

(2) X と Y の期待値 $E[X]$，$E[Y]$ と，分散 $V[X]$，$V[Y]$，および $E[XY]$，$V[X+Y]$，さらに，$E[4X+3Y+1]$，$V[4X+3Y+1]$ を求めよ。

X と Y の同時確率分布

X \ Y	0	1	2	3	
4	$\frac{1}{6}$	$\frac{1}{12}$	$\frac{1}{6}$	$\frac{1}{12}$	$\frac{1}{2}$
6	$\frac{1}{12}$	$\frac{1}{24}$	$\frac{1}{12}$	$\frac{1}{24}$	$\frac{1}{4}$
8	$\frac{1}{12}$	$\frac{1}{24}$	$\frac{1}{12}$	$\frac{1}{24}$	$\frac{1}{4}$
	$\frac{1}{3}$	$\frac{1}{6}$	$\frac{1}{3}$	$\frac{1}{6}$	

ヒント！ (1) $P(X=x_j,\ Y=y_k)=P(X=x_j)\times P(Y=y_k)$ $(j=1,2,3,\ k=1,2,3,4)$ が成り立てば，X と Y は独立な確率変数と言えるんだね。(2) X と Y が独立な確率変数であれば，$E[XY]=E[X]\cdot E[Y]$ や $V[X+Y]=V[X]+V[Y]$ など…が成り立つんだね。

解答＆解説

(1) 2つの確率変数 X と Y を，

$$\begin{cases} X=x_1,\ x_2,\ x_3=4,\ 6,\ 8 \\ Y=y_1,\ y_2,\ y_3,\ y_4=0,\ 1,\ 2,\ 3 \end{cases}$$ とおいて，次式：

$P(X=x_j,\ Y=y_k)=P(X=x_j)\times P(Y=y_k)$ ……① $(j=1,\ 2,\ 3,\ k=1,\ 2,\ 3,\ 4)$

が，すべての j，k に対して成り立つ。

たとえば，$\underbrace{P(X=4,\ Y=0)}_{\frac{1}{6}}=\underbrace{P(X=4)}_{\frac{1}{2}}\cdot\underbrace{P(Y=0)}_{\frac{1}{3}}$ や，

$\underbrace{P(X=8,\ Y=2)}_{\frac{1}{12}}=\underbrace{P(X=8)}_{\frac{1}{4}}\cdot\underbrace{P(Y=2)}_{\frac{1}{3}}$ など，…，すべて成り立つ。

$\therefore$ 2つの変数 X と Y は，独立な確率変数である。 ……………………(答)

(2) X の確率分布表より，X の期待値 $E[X]$ と分散 $V[X]$ は，

X の確率分布表

X	4	6	8
P	$\frac{1}{2}$	$\frac{1}{4}$	$\frac{1}{4}$

$\cdot E[X] = 4\times\frac{1}{2}+6\times\frac{1}{4}+8\times\frac{1}{4}=\frac{11}{2}$ ……(答)

$\cdot V[X] = 4^2\times\frac{1}{2}+6^2\times\frac{1}{4}+8^2\times\frac{1}{4}-\left(\frac{11}{2}\right)^2$

$= 8+9+16-\frac{121}{4}=33-\frac{121}{4}=\frac{132-121}{4}=\frac{11}{4}$ ……………(答)

Y の確率分布表より，Y の期待値 $E[Y]$ と分散 $V[Y]$ は，

Y の確率分布表

Y	0	1	2	3
P	$\frac{1}{3}$	$\frac{1}{6}$	$\frac{1}{3}$	$\frac{1}{6}$

$\cdot E[Y] = 0\times\frac{1}{3}+1\times\frac{1}{6}+2\times\frac{1}{3}+3\times\frac{1}{6}$

$= \frac{1+4+3}{6}=\frac{4}{3}$ ……………………………………………(答)

$\cdot V[Y] = 0^2\times\frac{1}{3}+1^2\times\frac{1}{6}+2^2\times\frac{1}{3}+3^2\times\frac{1}{6}-\left(\frac{4}{3}\right)^2$

$= \frac{1+8+9}{6}-\frac{16}{9}=3-\frac{16}{9}=\frac{27-16}{9}=\frac{11}{9}$ ………………………(答)

X と Y は独立な確率変数より，

$\cdot E[XY] = E[X]\times E[Y]$

$= \frac{11}{2}\times\frac{4}{3}=\frac{22}{3}$ ………(答)

X と Y が独立ならば，
$E[XY]=E[X]\times E[Y]$
$V[X+Y]=V[X]+V[Y]$
などが成り立つ。

$\cdot V[X+Y] = V[X]+V[Y]$

$= \frac{11}{4}+\frac{11}{9}=\frac{11(9+4)}{36}=\frac{143}{36}$ ………………………………(答)

$\cdot E[4X+3Y+1] = 4E[X]+3E[Y]+1=4\times\frac{11}{2}+3\times\frac{4}{3}+1$

$= 22+4+1=27$ ……………………………………………(答)

$\cdot V[4X+3Y+1] = 4^2V[X]+3^2V[Y]=16\times\frac{11}{4}+9\times\frac{11}{9}$

$= 44+11=55$ ……………………………………………(答)

同時確率分布(Ⅱ)

演習問題 30 CHECK 1 CHECK 2 CHECK 3

1 の数字が書かれたカードが **1** 枚，**2** の数字が書かれたカードが **2** 枚，そして，**3** の数字が書かれたカードが **3** 枚，計 **6** 枚のカードが箱の中に入っている。この箱から無作為に **3** 枚のカードを取り出し，その **3** 枚のカードに書かれている数字の合計を X とし，**3** 枚のカードの数字の最大値から最小値を引いたものを Y とする。ただし，最大値と最小値が一致する場合は $Y=0$ とする。このとき，次の問いに答えよ。

(1) X と Y の同時確率分布表を示せ。

(2) X と Y が独立な確率変数か，否かを調べよ。

(3) Y の期待値 $E[Y]$ と分散 $V[Y]$ を求めよ。

ヒント！ (1) 確率変数 X については，演習問題 **25**(**P60**) のものとまったく同じものである。X を求めるときの **3** 枚のカードの数字の組合せから，$X=x_j$，$Y=y_k$ のときの確率 $P(X=x_j,\ Y=y_k)$ を求めて，同時確率分布表を作ればいい。(2) では，$P(X=x_j,\ Y=y_k)=P(X=x_j)\cdot P(Y=y_k)$ をみたすかどうかを調べよう。(3) の $E[Y]$ と $V[Y]$ は，同時確率分布表から計算すればいいんだね。

解答＆解説

X：3 枚のカードの数字の和
Y：3 枚のカードの数字の最大値から最小値を引いたもの

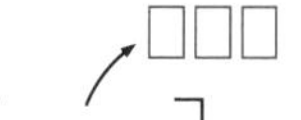

[1] が 1 枚
[2] が 2 枚
[3] が 3 枚

[3 枚を取り出す全場合の数 $n(U)={}_6C_3=20$]

(1) 取り出した **3** 枚のカードの数字の組合せは，次の **6** 通りになる。

(**1**, **2**, **2**)，(**1**, **2**, **3**)，(**1**, **3**, **3**)，
(**2**, **2**, **3**)，(**2**, **3**, **3**)，(**3**, **3**, **3**)

(i) (**1**, **2**, **2**) のとき，すなわち，

$X=1+2+2=5$，$Y=2-1=1$ より，

(1 枚の [1] から 1 枚)(2 枚の [2] から 2 枚)

$$P(X=5,\ Y=1)=\frac{{}_1C_1\times{}_2C_2}{20}=\frac{1}{20}$$

(ii) (**1**, **2**, **3**) のとき，すなわち，

$X=1+2+3=6$，$Y=3-1=2$ より，

$$P(X=6,\ Y=2)=\frac{{}_1C_1\times{}_2C_1\times{}_3C_1}{20}=\frac{1\times2\times3}{20}=\frac{6}{20}=\frac{3}{10}$$

(iii) $(1, 3, 3)$ のとき，すなわち，$X=1+3+3=7$，$Y=3-1=2$ より，

$$P(X=7,\ Y=2)=\frac{{}_1C_1\times{}_3C_2}{20}=\frac{1\times3}{20}=\frac{3}{20}$$

(iv) $(2, 2, 3)$ のとき，すなわち，$X=2+2+3=7$，$Y=3-2=1$ より，

$$P(X=7,\ Y=1)=\frac{{}_2C_2\times{}_3C_1}{20}=\frac{1\times3}{20}=\frac{3}{20}$$

(v) $(2, 3, 3)$ のとき，すなわち，

$X=2+3+3=8$，$Y=3-2=1$ より，

$$P(X=8,\ Y=1)=\frac{{}_2C_1\times{}_3C_2}{20}=\frac{2\times3}{20}=\frac{3}{10}$$

(vi) $(3, 3, 3)$ のとき，すなわち，

$X=3+3+3=9$，$Y=3-3=0$ より，

$$P(X=9,\ Y=0)=\frac{{}_3C_3}{20}=\frac{1}{20}$$

以上 (i)～(vi)の場合以外の確率は 0 である。

よって，X と Y の同時確率分布表は，右上のようになる。……………(答)

XとYの同時確率分布表

X \ Y	0	1	2	
5	0	(i) $\frac{1}{20}$	0	$\frac{1}{20}$
6	0	0	(ii) $\frac{3}{10}$	$\frac{3}{10}$
7	0	(iv) $\frac{3}{20}$	(iii) $\frac{3}{20}$	$\frac{3}{10}$
8	0	(v) $\frac{3}{10}$	0	$\frac{3}{10}$
9	(vi) $\frac{1}{20}$	0	0	$\frac{1}{20}$
	$\frac{1}{20}$	$\frac{1}{2}$	$\frac{9}{20}$	

(2) 同時確率分布表より，1 例として，

$P(X=5,\ Y=1)=\frac{1}{20}$，$P(X=5)=\frac{1}{20}$，$P(Y=1)=\frac{1}{2}$ より，

$P(X=5,\ Y=1)\neq P(X=5)\times P(Y=1)$ となる。 ← 反例は1つで十分だ。

$\therefore$ 2つの変数 X と Y は独立な確率変数ではない。…………………………(答)

(3) Y の確率分布表より，Y の期待値 $E[Y]$ と分散 $V[Y]$ は，

Y の確率分布表

Y	0	1	2
P	$\frac{1}{20}$	$\frac{1}{2}$	$\frac{9}{20}$

$$E[Y]=0\times\frac{1}{20}+1\times\frac{1}{2}+2\times\frac{9}{20}=\frac{10+18}{20}=\frac{7}{5}\ \cdots(答)$$

$$V[Y]=0^2\times\frac{1}{2}+1^2\times\frac{1}{2}+2^2\times\frac{9}{20}-\left(\frac{7}{5}\right)^2$$

$$=\frac{10+36}{20}-\frac{49}{25}=\frac{23}{10}-\frac{49}{25}=\frac{230-196}{100}=\frac{34}{100}=\frac{17}{50}\ \cdots\cdots\cdots\cdots(答)$$

反復試行の確率と確率分布

演習問題 31　CHECK 1　CHECK 2　CHECK 3

1つのサイコロを8回投げる。8回の内，偶数の目が m 回，奇数の目が n 回出るとき，確率変数 X を $X=m\times n$ で定義する。

(1) 変数 X の取り得る値をすべて示せ。

(2) 変数 X の従う確率分布の表を示せ。

(3) 変数 X の期待値 $E[X]$ と分散 $V[X]$ を求めよ。

ヒント！ (1) $(m, n)=(0, 8), (1, 7), \cdots, (8, 0)$ から，X の取り得る値が分かる。(2) では，反復試行の確率 ${}_8C_m\left(\frac{1}{2}\right)^m\cdot\left(\frac{1}{2}\right)^n$ $(m+n=8)$ を利用して，X の確率分布表を作ろう。(3) では，公式通りに X の期待値と分散を求めればいいんだね。

解答＆解説

(1) サイコロを8回投げて，その内偶数の目が m 回，奇数の目が n 回 $(m+n=8)$ 出たときの確率変数を X とおくと，

・$(m, n)=(0, 8)$，$(8, 0)$ のとき，$X=0\times 8=0$

・$(m, n)=(1, 7)$，$(7, 1)$ のとき，$X=1\times 7=7$

・$(m, n)=(2, 6)$，$(6, 2)$ のとき，$X=2\times 6=12$

・$(m, n)=(3, 5)$，$(5, 3)$ のとき，$X=3\times 5=15$

・$(m, n)=(4, 4)$ のとき，　　$X=4\times 4=16$ となるので，

X の取り得る値は全部で $0, 7, 12, 15, 16$ である。 ……………………(答)

(2) $X=k$ $(k=0, 7, 12, 15, 16)$ となる確率 $P(X=k)$ を求める。

サイコロを1回投げて，偶数の目の出る確率を $p=\frac{3}{6}=\frac{1}{2}$ （2, 4, 6の目）とおき，

奇数の目の出る確率を $q=1-p=\frac{1}{2}$ とおく。8回サイコロを投げて，その内 m 回だけ偶数の目の出る確率を P_m $(m=0, 1, \cdots, 8)$ とおくと，P_m は反復試行の確率より，

$$P_m={}_8C_m p^m q^{8-m}={}_8C_m\left(\frac{1}{2}\right)^m\cdot\left(\frac{1}{2}\right)^{8-m}=\frac{{}_8C_m}{2^8}\ \cdots\cdots①$$ となる。（$8-m$ は n）

よって，(1)の結果より，

$$\cdot P(X=0)=P_0+P_8=\frac{\underset{1}{{}_8C_0}}{2^8}+\frac{\underset{1}{{}_8C_8}}{2^8}=\frac{2}{2^8}=\frac{1}{2^7}=\frac{1}{128}$$

$$\cdot P(X=7)=P_1+P_7=\frac{\underset{8}{{}_8C_1}}{2^8}+\frac{\underset{8}{{}_8C_7}}{2^8}=\frac{16}{2^8}=\frac{1}{2^4}=\frac{1}{16}$$

$$\cdot P(X=12)=P_2+P_6=\frac{\underset{28}{{}_8C_2}}{2^8}+\frac{\underset{28}{{}_8C_6}}{2^8}=\frac{56}{2^8}=\frac{7}{2^5}=\frac{7}{32}$$

$$\cdot P(X=15)=P_3+P_5=\frac{\underset{56}{{}_8C_3}}{2^8}+\frac{\underset{56}{{}_8C_5}}{2^8}=\frac{112}{2^8}=\frac{7}{2^4}=\frac{7}{16}$$

$$\cdot P(X=16)=P_4=\frac{{}_8C_4}{2^8}=\frac{70}{2^8}=\frac{35}{2^7}=\frac{35}{128}$$

$\cdot {}_8C_2=\frac{8!}{2!\cdot 6!}=\frac{8\cdot 7}{2\cdot 1}=28$

$\cdot {}_8C_3=\frac{8!}{3!\cdot 5!}=\frac{8\cdot 7\cdot \cancel{6}}{\cancel{3}\cdot\cancel{2}\cdot 1}=56$

$\cdot {}_8C_4=\frac{8!}{4!\cdot 4!}=\frac{\cancel{8}\cdot 7\cdot 6\cdot 5}{\cancel{4}\cdot 3\cdot\cancel{2}\cdot 1}=70$

以上より，確率変数 X が従う確率分布の表は右のようになる。……………………(答)

X の確率分布表

変数 X	0	7	12	15	16
確率 P	$\frac{1}{128}$	$\frac{1}{16}$	$\frac{7}{32}$	$\frac{7}{16}$	$\frac{35}{128}$

(3) X の確率分布表より，X の期待値 $E[X]$ と分散 $V[X]$ を求めると，

$$\cdot E[X]=\cancel{0\cdot\frac{1}{128}}+7\times\frac{1}{16}+12\times\frac{7}{32}+15\times\frac{7}{16}+16\times\frac{35}{128}$$

$$=\frac{7}{128}(8+48+120+80)=\frac{7\times 256}{128}=7\times 2=14$$ ……………………(答)

$$\cdot V[X]=\cancel{0^2\times\frac{1}{128}}+7^2\times\frac{1}{16}+12^2\times\frac{7}{32}+15^2\times\frac{7}{16}+16^2\times\frac{35}{128}-14^2$$

$$=\frac{7}{\cancel{16}}(\underbrace{7+72+225+160}_{464=29\times\cancel{16}})-14^2=7\times 29-14^2$$

$$=7\cdot(29-28)=7$$ ……………………(答)

二項分布 (Ⅰ)

演習問題 32　CHECK 1　CHECK 2　CHECK 3

確率関数 $P_x = {}_n\mathrm{C}_x p^x q^{n-x}$　$(0 < p < 1,\ q = 1 - p,\ x = 0,\ 1,\ 2,\ \cdots,\ n)$ で定義される二項分布 $B(n,\ p)$ について，次の問いに答えよ。

(1) 二項分布 $B(n,\ p)$ のモーメント母関数 $M(\theta) = E[e^{\theta X}]$ を求めよ。

(2) モーメント母関数 $M(\theta)$ を用いて，二項分布 $B(n,\ p)$ の期待値 μ と分散 σ^2 が，$\mu = np$ ……(*1)，$\sigma^2 = npq$ ……(*2)
で表されることを示せ。

ヒント！ 二項分布 $B(n,\ p)$ の期待値と分散の公式 (*1), (*2) の証明問題なんだね。ここでは，モーメント母関数による公式：$\mu = M'(0)$ と $\sigma^2 = M''(0) - M'(0)^2$ を利用して，$\mu = np$ ……(*1) と $\sigma^2 = npq$ ……(*2) が成り立つことを証明しよう！

解答＆解説

(1) 二項分布 $B(n,\ p)$ の確率関数

$P_x = {}_n\mathrm{C}_x p^x q^{n-x}$ ……① $(0 < p < 1,\ p + q = 1,\ x = 0,\ 1,\ 2,\ \cdots,\ n)$

のモーメント母関数 $M(\theta)$ を求めると，

$$M(\theta) = E[e^{\theta X}] = \sum_{x=0}^{n} P_x e^{\theta x} = \sum_{x=0}^{n} {}_n\mathrm{C}_x p^x q^{n-x} \cdot e^{\theta x}$$

$$= \sum_{x=0}^{n} {}_n\mathrm{C}_x (\underbrace{pe^{\theta}}_{a})^x \underbrace{q}_{b}{}^{n-x}$$

$\therefore M(\theta) = (pe^{\theta} + q)^n$ ……① ……(答)

二項定理
$\sum_{x=0}^{n} {}_n\mathrm{C}_x a^x b^{n-x} = (a + b)^n$

(2) ①の両辺を θ で微分して，

$pe^{\theta} + q = t$ とおいて
合成関数の微分

$$M'(\theta) = n(pe^{\theta} + q)^{n-1}\underbrace{(pe^{\theta} + q)'}_{pe^{\theta}} = npe^{\theta}(pe^{\theta} + q)^{n-1} \text{ ……②}$$

②の両辺をさらにθで微分して，　　公式：$(fg)'=f'g+fg'$

$$M''(\theta)=np\left[\underbrace{(e^{\theta})'}_{e^{\theta}}(pe^{\theta}+q)^{n-1}+e^{\theta}\underbrace{\{(pe^{\theta}+q)^{n-1}\}'}_{(n-1)(pe^{\theta}+q)^{n-2}pe^{\theta}}\right]$$

合成関数の微分

$$=npe^{\theta}\{(pe^{\theta}+q)^{n-1}+(n-1)pe^{\theta}(pe^{\theta}+q)^{n-2}\}\ \cdots\cdots③$$

②，③の両辺に$\theta=0$を代入して，

$$M'(0)=np\overset{1}{e^{0}}(p\overset{1}{e^{0}}+q)^{n-1}=np(\overset{1}{p+q})^{n-1}=np\ \cdots\cdots\cdots④$$

$$M''(0)=np\overset{1}{e^{0}}\{(\underbrace{p\overset{1}{e^{0}}+q}_{1})^{n-1}+(n-1)p\overset{1}{e^{0}}(\underbrace{p\overset{1}{e^{0}}+q}_{1})^{n-2}\}$$

$$=np\{1+(n-1)p\}\ \cdots\cdots⑤$$

よって，二項分布$B(n,\ p)$の期待値$E[X]$と分散$V[X]$を，モーメント母関数の公式を使って求めると，

$E[X]=M'(0)=np$　となり，（④より）

$$V[X]=M''(0)-M'(0)^2=np\{1+(n-1)p\}-(np)^2\quad(④,\ ⑤より)$$

$$=np+n(n-1)p^2-n^2p^2=np-np^2$$

$$=np(\underbrace{1-p}_{q})=npq\quad となる。\quad(\because\ q=1-p)$$

以上より，二項分布$B(n,\ p)$の期待値$E[X]$と分散$V[X]$は，

$E[X]=np$ ……$(*1)$，分散$V[X]=npq$ ……$(*2)$ で表される。……(終)

(ex) 二項分布$B\left(300,\ \frac{1}{10}\right)$の期待値$E[X]$と分散$V[X]$は，

$n=100,\ p=\frac{1}{10},\ q=1-p=\frac{9}{10}$ より，

$E[X]=np=100\times\frac{1}{10}=10$

$V[X]=npq=100\times\frac{1}{10}\times\frac{9}{10}=9$ と計算できる。

二項分布(Ⅱ)

演習問題 33 CHECK 1 CHECK 2 CHECK 3

二項分布 $B(n, p)$ に従う確率変数 X の期待値が 3，分散が $\frac{9}{4}$ である。このとき，n と p の値を求めよ。また，$X=k$ となる確率を $P_k\ (k=0, 1, 2, \cdots, n)$ とおくとき，$\frac{P_3}{P_2}$ の値を求めよ。

ヒント！ $X=k$ となる確率 $P_k={}_nC_k p^k q^{n-k}\ (q=1-p)$ となる二項分布 $B(n, p)$ に従う確率変数 X の期待値は $\mu=np$ であり，分散は $\sigma^2=npq$ となるんだね。

解答＆解説

二項分布 $B(n, p)$ に従う確率変数 X の期待値 $\mu=3$，分散 $\sigma^2=\frac{9}{4}$ より，

$\mu=np=3$ ……①，　$\sigma^2=npq=\frac{9}{4}$ ……② であり，

$p+q=1$ …………③ である。

ここで，②÷①より，$\frac{npq}{np}=\frac{\frac{9}{4}}{3}$　$\therefore q=\frac{9}{12}=\frac{3}{4}$ ……④

④を③に代入して，$p=1-q=1-\frac{3}{4}$　$\therefore p=\frac{1}{4}$ ……⑤ ………………(答)

⑤を①に代入して，$n\cdot\frac{1}{4}=3$　$\therefore n=12$ ………………………………(答)

以上より，$X=k\ (k=0, 1, 2, \cdots, 12)$ となる確率 P_k は，

$P_k={}_{12}C_k p^k q^{12-k}$　$\left(p=\frac{1}{4},\ q=\frac{3}{4}\right)$ より，求める $\frac{P_3}{P_2}$ の値は，

$$\frac{P_3}{P_2}=\frac{{}_{12}C_3 p^3 q^9}{{}_{12}C_2 p^2 q^{10}}=\frac{\frac{12!}{3!\cdot 9!}}{\frac{12!}{2!\cdot 10!}}\cdot\frac{p^3}{p^2}\cdot\frac{q^9}{q^{10}}=\underbrace{\frac{2!}{3!}}_{\frac{1}{3}}\cdot\underbrace{\frac{10!}{9!}}_{10}\cdot p\cdot\frac{1}{q}$$

$$=\frac{10}{3}\cdot p\cdot\frac{1}{q}=\frac{10}{3}\times\frac{1}{4}\times\frac{4}{3}=\frac{10}{9}$$ である。 ………………………(答)

二項分布(Ⅲ)

演習問題 34 CHECK 1 CHECK 2 CHECK 3

確率変数 X は，二項分布 $B(n,\ p)$ に従い，その期待値は 3 である。また，$X=k\ (k=0,\ 1,\ 2,\ \cdots,\ n)$ となる確率を P_k とおくと，$P_5=\dfrac{1}{2}P_4$ である。このとき，n と p の値を求めよ。

ヒント！ X は二項分布 $B(n,\ p)$ に従うので，X の期待値 $\mu=np=3$ となる。また，$X=k$ となる確率 P_k は $P_k={}_n\mathrm{C}_k p^k q^{n-k}$ より，$P_5={}_n\mathrm{C}_5 p^5 q^{n-5}$，$P_4={}_n\mathrm{C}_4 p^4 q^{n-4}$ となる。

解答＆解説

二項分布 $B(n,\ p)$ に従う確率変数 X の期待値 $\mu=np$ より，

$\mu=np=3$ ……①　また，$p+q=1$ …………② である。

また，$X=k\ (k=0,\ 1,\ 2,\ \cdots,\ n)$ となる確率を P_k とおくと，

$P_k={}_n\mathrm{C}_k p^k q^{n-k}$ より，

$P_5={}_n\mathrm{C}_5 p^5 q^{n-5}$ ……③　　$P_4={}_n\mathrm{C}_4 p^4 q^{n-4}$ ……④ となる。

ここで，$P_5=\dfrac{1}{2}P_4$ ……⑤より，③，④を⑤に代入して，

$${}_n\mathrm{C}_5 p^5 q^{n-5}=\frac{1}{2}{}_n\mathrm{C}_4 p^4 q^{n-4}$$

$$\frac{\cancel{n!}}{5!(n-5)!}\cdot\underbrace{\frac{p^5}{p^4}}_{p}=\frac{1}{2}\cdot\frac{\cancel{n!}}{4!(n-4)!}\cdot\underbrace{\frac{q^{n-4}}{q^{n-5}}}_{q}\qquad\underbrace{\frac{(n-4)!}{(n-5)!}}_{(n-4)}p=\frac{1}{2}\cdot\underbrace{\frac{5!}{4!}}_{5}q$$

$$\left(\frac{5!}{4!}=\frac{5\cdot\cancel{4\cdot3\cdot2\cdot1}}{\cancel{4\cdot3\cdot2\cdot1}}=5\right)$$

$$(n-4)p=\frac{5}{2}\underbrace{q}_{(1-p)\ (②より)}\qquad\underbrace{np}_{3\ (①より)}-4p=\frac{5}{2}(1-p)\qquad 6-8p=5-5p$$

よって，$3p=1$ より，$p=\dfrac{1}{3}$ ……⑥ ……………………………………………(答)

⑥を①に代入して，$n\cdot\dfrac{1}{3}=3$　$\therefore n=9$ である。……………………………(答)

連続型確率分布（I）

演習問題 35 CHECK 1 CHECK 2 CHECK 3

確率密度 $f(x)$ が，

$$f(x)=\begin{cases} \dfrac{a}{3}x & (0 \leqq x \leqq 3) \\ -ax+4a & (3 < x \leqq 4) \\ 0 & (x<0,\ 4<x) \end{cases} \quad \cdots\cdots ①$$

$f(x)=\frac{a}{3}x$
$f(x)=-ax+4a$

（a：正の定数）で定義される連続型の確率分布について，次の問いに答えよ。

(1) a の値を求めよ。

(2) 確率密度 $f(x)$ に従う確率変数 X について，次の確率を求めよ。

（i）$P(-1 \leqq X \leqq 1)$ （ii）$P\left(2 \leqq X \leqq \dfrac{7}{2}\right)$ （iii）$P\left(\dfrac{7}{2} \leqq X \leqq 5\right)$

ヒント！ 確率密度 $f(x)$ は，$x<0$，$4<x$ では 0 なので，$0 \leqq x \leqq 4$ のときのみを考えればいいんだね。(1) では，$\int_0^4 f(x)dx=1$（全確率）から a の値を求める。(2) では，求めた確率密度 $f(x)$ を定積分することにより，各確率計算ができる。

解答＆解説

(1) ①の確率密度 $f(x)$ を，$-\infty < x < \infty$ で積分したものが，全確率 1 となるので，

$\int_{-\infty}^{\infty} f(x)dx = 1$ となる。よって，①より，

$$\int_{-\infty}^{0} 0 \cdot dx + \int_0^3 \frac{a}{3}x\,dx + \int_3^4 (-ax+4a)dx + \int_4^{\infty} 0 \cdot dx$$

$$\frac{a}{3}\int_0^3 x\,dx + \int_3^4 (-ax+4a)dx = 1$$

$$\left[\frac{1}{2}x^2\right]_0^3 = \frac{9}{2} \qquad \left[-\frac{a}{2}x^2+4ax\right]_3^4 = -8a+16a+\frac{9}{2}a-12a = \frac{1}{2}a$$

$\dfrac{a}{3} \times \dfrac{9}{2} + \dfrac{1}{2}a = 1$ 　 $2a=1$ 　 $\therefore a = \dfrac{1}{2}$ ……② ………………………（答）

(2) ②より，$f(x)=\begin{cases} \frac{1}{6}x & (0 \leqq x \leqq 3) \\ -\frac{1}{2}x+2 & (3 < x \leqq 4) \\ 0 & (x < 0,\ 4 < x) \end{cases}$

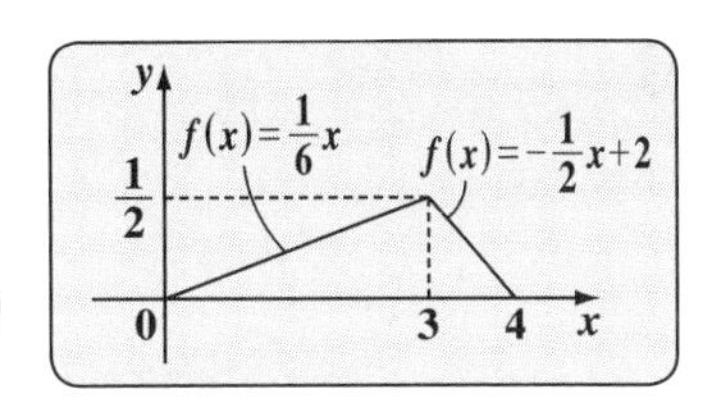

よって，$f(x)$ に従う確率変数 X について，与えられた確率を求めると，

(i) $P(-1 \leqq X \leqq 1)=\int_{-1}^{1} f(x)dx$

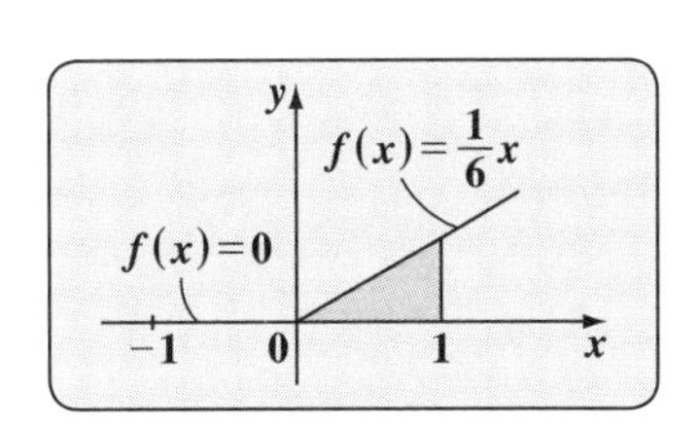

$=\int_{-1}^{0} 0 \cdot dx+\int_{0}^{1} \frac{1}{6}x\,dx$

$=\frac{1}{12}\left[x^2\right]_0^1=\frac{1}{12}$ ………………(答)

(ii) $P\left(2 \leqq X \leqq \frac{7}{2}\right)=\int_{2}^{\frac{7}{2}} f(x)dx$

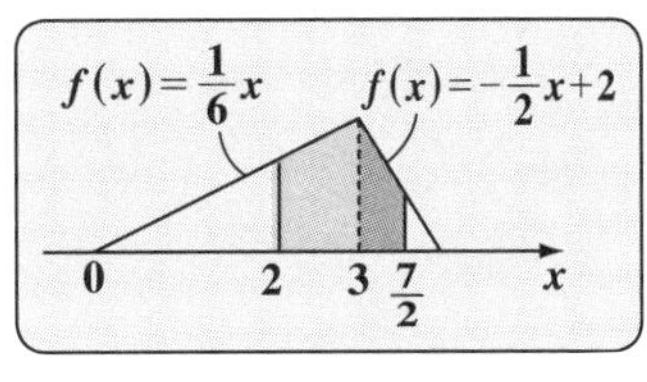

$=\int_{2}^{3} \frac{1}{6}x\,dx+\int_{3}^{\frac{7}{2}}\left(-\frac{1}{2}x+2\right)dx$

$=\frac{1}{12}\left[x^2\right]_2^3+\left[-\frac{1}{4}x^2+2x\right]_3^{\frac{7}{2}}$

$=\frac{1}{12}(9-4)-\frac{49}{16}+7+\frac{9}{4}-6=\frac{5}{12}-\frac{49-36}{16}+1$

$=\frac{5}{12}-\frac{13}{16}+1=\frac{20-39+48}{48}=\frac{29}{48}$ ………………………………(答)

(iii) $P\left(\frac{7}{2} \leqq X \leqq 5\right)=\int_{\frac{7}{2}}^{5} f(x)dx$

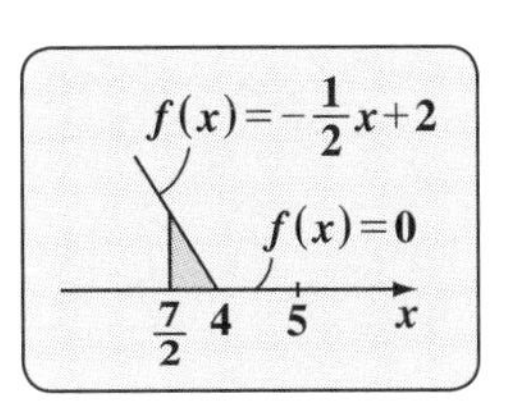

$=\int_{\frac{7}{2}}^{4}\left(-\frac{1}{2}x+2\right)dx+\int_{4}^{5} 0 \cdot dx$

$=\left[-\frac{1}{4}x^2+2x\right]_{\frac{7}{2}}^{4}=-4+8+\frac{49}{16}-7$

$=\frac{49}{16}-3=\frac{49-48}{16}=\frac{1}{16}$ ………………………………………(答)

演習問題 36　CHECK 1　CHECK 2　CHECK 3

確率密度 $f(x)$ が，

$$f(x)=\begin{cases} a(x+1)^2 & (-1\leqq x\leqq 0) \\ -\dfrac{a}{2}x+a & (0<x\leqq 2) \\ 0 & (x<-1,\ 2<x) \end{cases} \quad \cdots\cdots ①$$

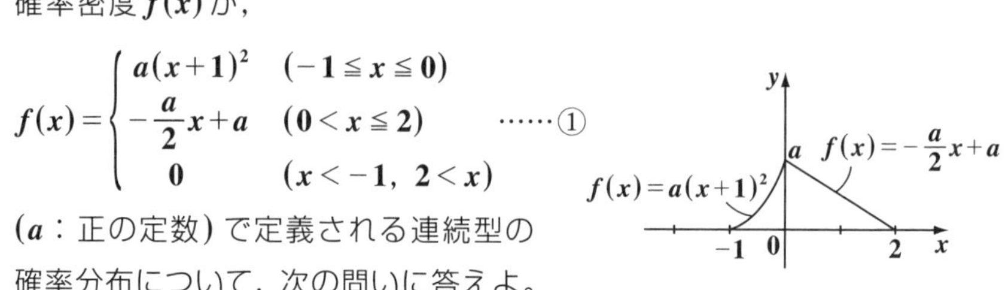

(a：正の定数) で定義される連続型の確率分布について，次の問いに答えよ。

(1) a の値を求めよ。

(2) 確率密度 $f(x)$ に従う確率変数 X について，次の確率を求めよ。

(i) $P\left(-2\leqq X\leqq -\dfrac{1}{2}\right)$　(ii) $P\left(-\dfrac{1}{2}\leqq X\leqq 1\right)$　(iii) $P(1\leqq X)$

ヒント！ $f(x)$ は，$x<-1$，$2<x$ では 0 なので，実質的に $-1\leqq x\leqq 2$ の範囲で考えればいいんだね。(1) では，$\int_{-1}^{2}f(x)dx=1$ (全確率) から a の値を求めよう。(2) の各確率は，$f(x)$ を与えられた範囲で定積分することにより求められるんだね。

解答＆解説

(1) ①の確率密度 $f(x)$ を，$-\infty<x<\infty$ で積分したものが，全確率 1 となるので，

$\int_{-\infty}^{\infty}f(x)dx=1$　となる。よって，①より，

$$\int_{-\infty}^{\infty}f(x)dx = \int_{-\infty}^{-1}0\cdot dx+\int_{-1}^{0}a(x+1)^2dx+\int_{0}^{2}\left(-\frac{a}{2}x+a\right)dx+\int_{2}^{\infty}0\cdot dx$$

$$a\int_{-1}^{0}(x+1)^2dx+\int_{0}^{2}\left(-\frac{a}{2}x+a\right)dx=1$$

$$\left[\frac{1}{3}(x+1)^3\right]_{-1}^{0}=\frac{1}{3} \qquad \left[-\frac{a}{4}x^2+ax\right]_{0}^{2}=-a+2a=a$$

$\dfrac{1}{3}a+a=1$　　$\dfrac{4}{3}a=1$　$\therefore a=\dfrac{3}{4}$ ……②　……………………(答)

(2) ②より，$f(x)=\begin{cases} \frac{3}{4}(x+1)^2 & (-1 \leqq x \leqq 0) \\ -\frac{3}{8}x+\frac{3}{4} & (0 < x \leqq 2) \\ 0 & (x < -1,\ 2 < x) \end{cases}$

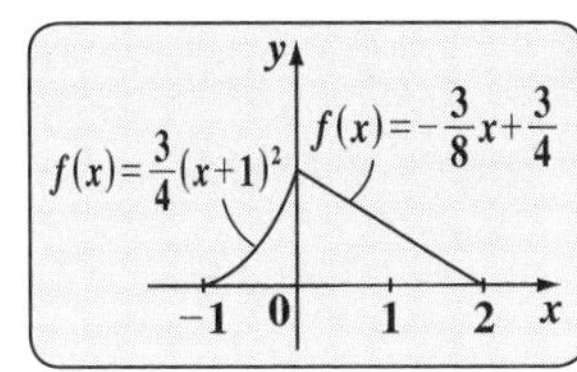

よって，$f(x)$ に従う確率変数 X について，与えられた確率を求めると，

(i) $P\left(-2 \leqq X \leqq -\frac{1}{2}\right)=\int_{-2}^{-\frac{1}{2}} f(x)dx$

$=\int_{-2}^{-1} 0 \cdot dx+\int_{-1}^{-\frac{1}{2}} \frac{3}{4}(x+1)^2 dx$

$=\frac{3}{4}\cdot\left[\frac{1}{3}(x+1)^3\right]_{-1}^{-\frac{1}{2}}=\frac{1}{4}\left(\frac{1}{2}\right)^3=\frac{1}{32}$ ……(答)

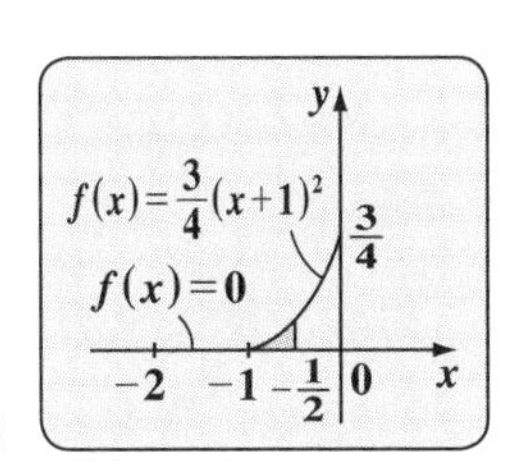

(ii) $P\left(-\frac{1}{2} \leqq X \leqq 1\right)=\int_{-\frac{1}{2}}^{1} f(x)dx$

$=\int_{-\frac{1}{2}}^{0} \frac{3}{4}(x+1)^2 dx+\int_{0}^{1}\left(-\frac{3}{8}x+\frac{3}{4}\right)dx$

$=\frac{1}{4}\left[(x+1)^3\right]_{-\frac{1}{2}}^{0}+\left[-\frac{3}{16}x^2+\frac{3}{4}x\right]_{0}^{1}$

$=\frac{1}{4}\left(1-\frac{1}{8}\right)-\frac{3}{16}+\frac{3}{4}=\frac{7-6+24}{32}=\frac{25}{32}$ ……………………………(答)

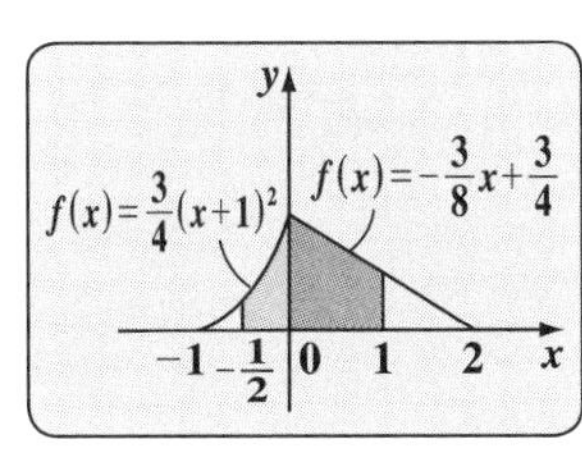

(iii) $P(1 \leqq X)=\int_{1}^{\infty} f(x)dx$

$=\int_{1}^{2}\left(-\frac{3}{8}x+\frac{3}{4}\right)dx+\int_{2}^{\infty} 0 \cdot dx$

$=\left[-\frac{3}{16}x^2+\frac{3}{4}x\right]_{1}^{2}$

$=-\frac{3}{4}+\frac{3}{2}+\frac{3}{16}-\frac{3}{4}=\frac{3}{16}$ ……………………………………………(答)

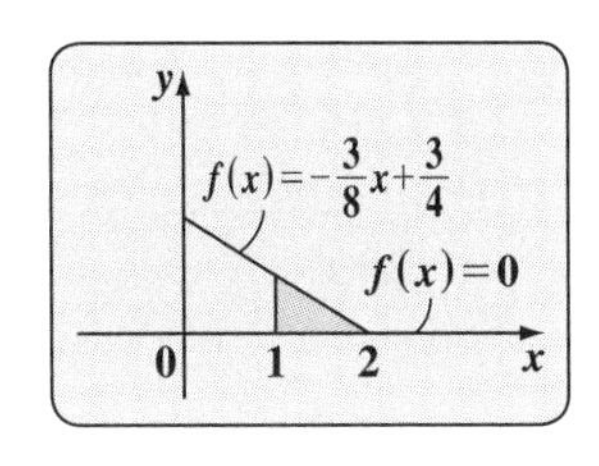

演習問題 37　CHECK 1　CHECK 2　CHECK 3

確率密度 $f(x)$ が，

$$f(x)=\begin{cases}\dfrac{a}{2}x+a & (-2\leqq x\leqq 0)\\ a\cos x & \left(0<x\leqq\dfrac{\pi}{2}\right)\\ 0 & \left(x<-2,\ \dfrac{\pi}{2}<x\right)\end{cases}\quad\cdots\cdots①$$

$f(x)=\frac{a}{2}x+a$　$f(x)=a\cos x$　a　y　x　-2　0　$\frac{\pi}{2}$

(a：正の定数) で定義される連続型の確率分布について，次の問いに答えよ。

(1) a の値を求めよ。

(2) 確率密度 $f(x)$ に従う確率変数 X について，次の確率を求めよ。

(i) $P(-3\leqq X\leqq -1)$　(ii) $P\left(-1\leqq X\leqq\frac{\pi}{6}\right)$　(iii) $P\left(\frac{\pi}{6}\leqq X\leqq\pi\right)$

ヒント！ $f(x)$ は，$x<-2$，$\frac{\pi}{2}<x$ で 0 なので，$f(x)$ は実質的に $-2\leqq x\leqq\frac{\pi}{2}$ の範囲で考えよう。(1) では，$\int_{-2}^{\frac{\pi}{2}}f(x)dx=1$ (全確率) から a の値を求める。(2) では，定積分で確率を求めよう。

解答＆解説

(1) ①の確率密度 $f(x)$ を，$-\infty<x<\infty$ で積分したものが，全確率 1 となるので，

$\int_{-\infty}^{\infty}f(x)dx=1$　となる。よって，①より，

$$\int_{-\infty}^{-2}0\cdot dx+\int_{-2}^{0}\left(\frac{a}{2}x+a\right)dx+\int_{0}^{\frac{\pi}{2}}a\cos x\,dx+\int_{\frac{\pi}{2}}^{\infty}0\cdot dx$$

$$a\int_{-2}^{0}\left(\frac{1}{2}x+1\right)dx+a\int_{0}^{\frac{\pi}{2}}\cos x\,dx=1$$

$$\left[\frac{1}{4}x^2+x\right]_{-2}^{0}=-(1-2)=1$$

$$\left[\sin x\right]_{0}^{\frac{\pi}{2}}=1-0=1$$

$a+a=1$　$2a=1$　$\therefore a=\dfrac{1}{2}$ ……②　……………………………………(答)

(2) ②より，$f(x)=\begin{cases} \frac{1}{4}x+\frac{1}{2} & (-2 \leqq x \leqq 0) \\ \frac{1}{2}\cos x & \left(0 < x \leqq \frac{\pi}{2}\right) \\ 0 & \left(x < -2,\ \frac{\pi}{2} < x\right) \end{cases}$

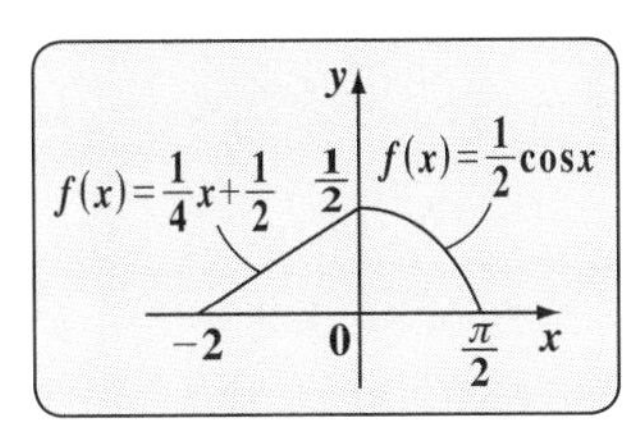

よって，$f(x)$ に従う確率変数 X について，与えられた確率を求めると，

(ⅰ) $P(-3 \leqq X \leqq -1)=\int_{-3}^{-1} f(x)dx$

$=\int_{-3}^{-2} 0 \cdot dx+\int_{-2}^{-1}\left(\frac{1}{4}x+\frac{1}{2}\right)dx$

$=\left[\frac{1}{8}x^2+\frac{1}{2}x\right]_{-2}^{-1}=\frac{1}{8}-\frac{1}{2}-\left(\frac{1}{2}-1\right)=\frac{1}{8}$ ……………………………(答)

(ⅱ) $P\left(-1 \leqq X \leqq \frac{\pi}{6}\right)=\int_{-1}^{\frac{\pi}{6}} f(x)dx$

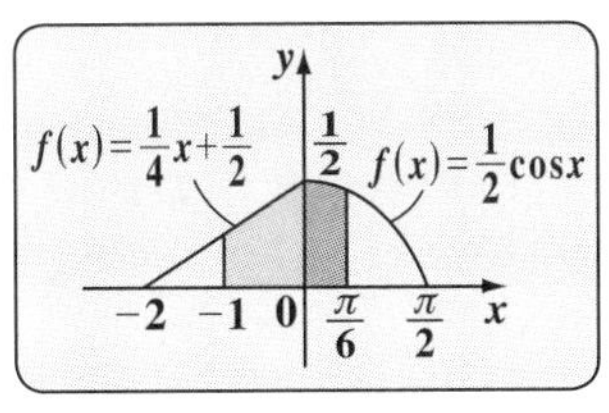

$=\int_{-1}^{0}\left(\frac{1}{4}x+\frac{1}{2}\right)dx+\frac{1}{2}\int_{0}^{\frac{\pi}{6}}\cos x\, dx$

$=\left[\frac{1}{8}x^2+\frac{1}{2}x\right]_{-1}^{0}+\frac{1}{2}\left[\sin x\right]_{0}^{\frac{\pi}{6}}$

$=0-\left(\frac{1}{8}-\frac{1}{2}\right)+\frac{1}{2}\left(\frac{1}{2}-0\right)=\frac{3}{8}+\frac{1}{4}=\frac{5}{8}$ ……………………(答)

(ⅲ) $P\left(\frac{\pi}{6} \leqq X \leqq \pi\right)=\int_{\frac{\pi}{6}}^{\pi} f(x)dx$

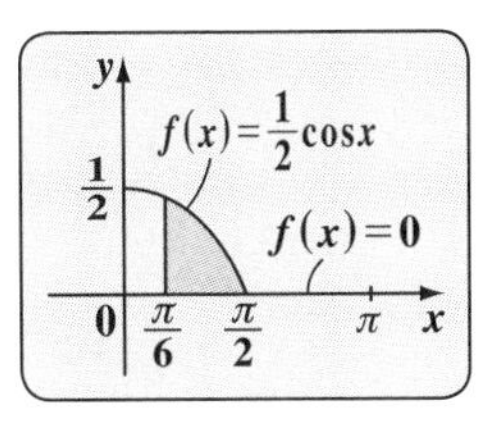

$=\frac{1}{2}\int_{\frac{\pi}{6}}^{\frac{\pi}{2}}\cos x\, dx+\int_{\frac{\pi}{2}}^{\pi} 0 \cdot dx$

$=\frac{1}{2}\left[\sin x\right]_{\frac{\pi}{6}}^{\frac{\pi}{2}}=\frac{1}{2}\left(1-\frac{1}{2}\right)$

$=\frac{1}{4}$ ……………………………………………………………………(答)

連続型確率分布の期待値・分散(Ⅰ)

演習問題 38 CHECK 1 CHECK 2 CHECK 3

確率密度 $f(x)=\begin{cases} \frac{1}{6}x & (0 \leqq x \leqq 3) \\ -\frac{1}{2}x+2 & (3 < x \leqq 4) \\ 0 & (x < 0,\ 4 < x) \end{cases}$ ……① に従う確率変数 X

について，次の問いに答えよ。

(1) X の期待値 $\mu_X = E[X]$ と分散 $\sigma_X{}^2 = V[X]$ を求めよ。

(2) X の標準化変数 Z を $Z = aX+b$ とおく。定数 $a,\ b$ の値を求めよ。

ヒント！ (1) 期待値と分散の公式：$\mu_X = \int_{-\infty}^{\infty} x\cdot f(x)dx,\ \sigma_X{}^2 = \int_{-\infty}^{\infty} x^2 f(x)dx - \mu_X{}^2$ を利用すればいいんだね。(2) X の標準化変数 Z は，$Z = \frac{X-\mu_X}{\sigma_X}$ で定義される変数だ。

解答&解説

(1) ①の確率密度 $f(x)$ に従う確率変数 X の期待値 μ_X と分散 $\sigma_X{}^2$ を求める。

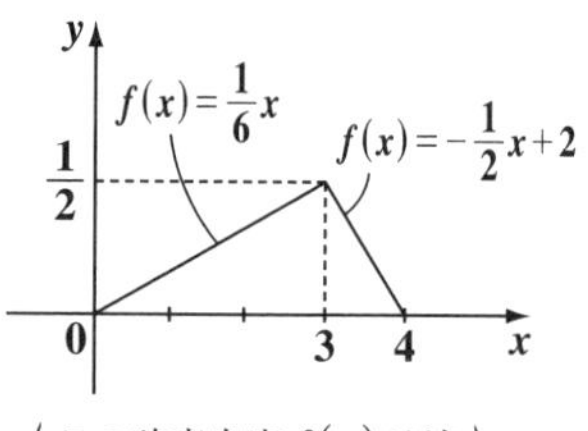

(この確率密度 $f(x)$ は演習問題 35 (P78) で解説したものと同じものだ。)

(ⅰ) $\mu_X = E[X] = \int_{-\infty}^{\infty} x\cdot f(x)dx$

$\left(= \int_{-\infty}^{0} x\cdot 0dx + \int_0^3 x\cdot\frac{1}{6}x\,dx + \int_3^4 x\left(-\frac{1}{2}x+2\right)dx + \int_4^{\infty} x\cdot 0dx \right)$

$$= \frac{1}{6}\int_0^3 x^2dx - \frac{1}{2}\int_3^4 (x^2-4x)dx$$

$$= \frac{1}{18}[x^3]_0^3 - \frac{1}{2}\left[\frac{1}{3}x^3 - 2x^2\right]_3^4 = \frac{27}{18} - \frac{1}{2}\left(\frac{64}{3} \underbrace{-32-9+18}_{-23}\right)$$

$$= \frac{3}{2} - \frac{32}{3} + \frac{23}{2} = 13 - \frac{32}{3} = \frac{39-32}{3} = \frac{7}{3}$$ ……② ……………(答)

(ii) $\sigma_X{}^2 = V[X] = \underbrace{\int_{-\infty}^{\infty} x^2 f(x)dx}_{\int_0^3 x^2 \cdot \frac{1}{6}x\,dx + \int_3^4 x^2\left(-\frac{1}{2}x+2\right)dx} - \underbrace{\mu_X{}^2}_{\left(\frac{7}{3}\right)^2}$

$= \frac{1}{6}\underbrace{\int_0^3 x^3 dx}_{\frac{1}{4}[x^4]_0^3 = \frac{81}{4}} - \frac{1}{2}\underbrace{\int_3^4 (x^3 - 4x^2)dx}_{\left[\frac{1}{4}x^4 - \frac{4}{3}x^3\right]_3^4} - \frac{49}{9}$

$\left[\frac{1}{4}x^4 - \frac{4}{3}x^3\right]_3^4 = \underbrace{4^3 - \frac{4^4}{3}}_{4^4\times\left(\frac{1}{4}-\frac{1}{3}\right) = 4^4\times\left(-\frac{1}{12}\right) = -\frac{64}{3}} \underbrace{- \frac{81}{4} + 4\times 9}_{36-\frac{81}{4} = \frac{144-81}{4} = \frac{63}{4}}$

$= \frac{1}{6}\times\frac{81}{4} - \frac{1}{2}\left(-\frac{64}{3}+\frac{63}{4}\right) - \frac{49}{9}$

$= \frac{27}{8} + \frac{32}{3} - \frac{63}{8} - \frac{49}{9} = -\frac{36}{8} + \frac{47}{9}$

$= \frac{47\times 8 - 36\times 9}{72} = \frac{4(94-81)}{72} = \frac{13}{18}$ ……③ ……………………(答)

(2) ②, ③より, 変数 X の期待値 $\mu_X = \frac{7}{3}$, 標準偏差 $\sigma_X = \sqrt{V[X]} = \sqrt{\frac{13}{18}} = \frac{\sqrt{13}}{3\sqrt{2}}$

である。よって, 変数 X の標準化変数 Z は,

$$Z = \frac{X-\mu_X}{\sigma_X} = \frac{X-\frac{7}{3}}{\frac{\sqrt{13}}{3\sqrt{2}}}$$

$$= \frac{3\sqrt{2}X - 7\sqrt{2}}{\sqrt{13}} = \underbrace{\frac{3\sqrt{2}}{\sqrt{13}}}_{a}X - \underbrace{\frac{7\sqrt{2}}{\sqrt{13}}}_{b}$$

標準化変数
$Z = \frac{X-\mu_X}{\sigma_X}$ の
期待値 $\mu_Z = 0$,
分散 $\sigma_Z{}^2 = 1$ となる。
(標準偏差 $\sigma_Z = 1$)

∴求める定数 a, b の値は,

$a = \frac{3\sqrt{26}}{13}$, $b = -\frac{7\sqrt{26}}{13}$ である。 ……………………………………(答)

連続型確率分布の期待値・分散(Ⅱ)

演習問題 39	CHECK 1	CHECK 2	CHECK 3

確率密度 $f(x)=\begin{cases} ax(x^2-4) & (0 \leqq x \leqq 2) \\ 0 & (x<0,\ 2<x) \end{cases}$ ……① に従う確率変数 X について，次の問いに答えよ。

(1) 定数 a の値を求めよ。

(2) X の期待値 $\mu_X=E[X]$ と分散 $\sigma_X{}^2=V[X]$ を求めよ。

(3) 変数 X の標準化変数 Z を求めよ。

ヒント！ (1) 確率密度の条件から，$\int_{-\infty}^{\infty}f(x)dx=\int_0^2 f(x)dx=1$ (全確率) となる。これから a の値を求めよう。(2) では，公式：$\mu_X=\int_{-\infty}^{\infty}xf(x)dx$，$\sigma_X{}^2=\int_{-\infty}^{\infty}x^2f(x)dx-\mu_X{}^2$ を使って，μ_X と $\sigma_X{}^2$ を求めればいいんだね。頑張ろう！

解答＆解説

(1) ①の確率密度 $f(x)$ は，次の条件をみたす。

$$\int_{-\infty}^{\infty}f(x)dx=1 \text{ (全確率)} \quad \cdots\cdots②$$

$$\left(\int_{-\infty}^{0}0\cdot dx+\int_0^2 ax(x^2-4)dx+\int_2^{\infty}0\cdot dx\right)$$

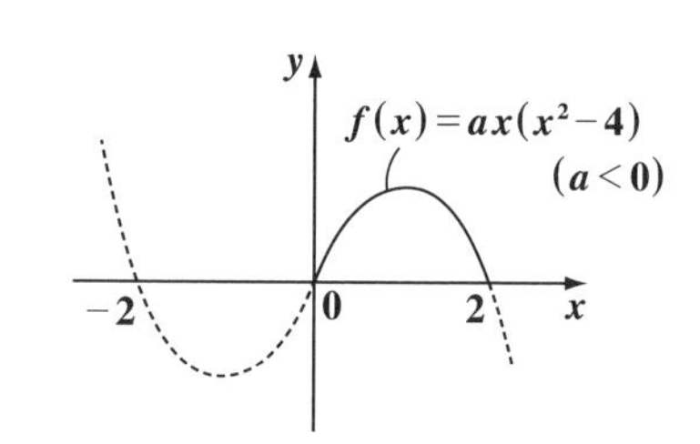

②より，

$$a\int_0^2(x^3-4x)dx=1 \qquad -4a=1 \quad \therefore a=-\frac{1}{4} \quad \cdots\cdots③ \quad \cdots\cdots\cdots\cdots\cdots\cdots(\text{答})$$

$$\left[\frac{1}{4}x^4-2x^2\right]_0^2=\frac{2^4}{4}-2\cdot2^2=4-8=-4$$

(2) ③より，$f(x)=\begin{cases} -\frac{1}{4}(x^3-4x) & (0 \leqq x \leqq 2) \\ 0 & (x<0,\ 2<x) \end{cases}$ ……①′ となる。

①′の確率密度 $f(x)$ に従う確率変数 X の期待値 μ_X と分散 $\sigma_X{}^2$ を求めると，

(i) $\mu_X = E[X] = \int_{-\infty}^{\infty} x \cdot f(x)dx = -\frac{1}{4}\int_0^2 (x^4 - 4x^2)dx$

$\left(\int_{-\infty}^{0} x \cdot 0 dx + \int_0^2 x \cdot \left(-\frac{1}{4}\right)(x^3 - 4x)dx + \int_2^{\infty} x \cdot 0 dx\right)$

$$= -\frac{1}{4}\left[\frac{1}{5}x^5 - \frac{4}{3}x^3\right]_0^2 = -\frac{1}{4}\left(\frac{32}{5} - \frac{32}{3}\right)$$

$$= \frac{1}{4} \times 32\left(\frac{1}{3} - \frac{1}{5}\right) = 8 \times \frac{5-3}{15} = \frac{16}{15}$$ ……④ ……………………(答)

(ii) $\sigma_X{}^2 = V[X] = \int_{-\infty}^{\infty} x^2 \cdot f(x)dx - \mu_X{}^2$

$\left(\int_0^2 x^2 \cdot \left(-\frac{1}{4}\right)(x^3 - 4x)dx\right)$　$\left(\left(\frac{16}{15}\right)^2 = \frac{256}{225}\right)$

$$= -\frac{1}{4}\int_0^2 (x^5 - 4x^3)dx - \frac{256}{225}$$

$$= -\frac{1}{4}\left[\frac{1}{6}x^6 - x^4\right]_0^2 - \frac{256}{225}$$

$$= -\frac{1}{4}\left(\frac{32}{3} - 16\right) - \frac{256}{225} = \frac{1}{4} \times \frac{48-32}{3} - \frac{256}{225}$$

$$= \frac{4}{3} - \frac{256}{225} = \frac{4 \times 75 - 256}{225} = \frac{300-256}{225} = \frac{44}{225}$$ ……⑤ ……(答)

(3) ④, ⑤より，変数 X の期待値 $\mu_X = \frac{16}{15}$，標準偏差 $\sigma_X = \sqrt{\frac{44}{225}} = \frac{2\sqrt{11}}{15}$ である。

よって，変数 X の標準化変数 Z は，

$$Z = \frac{X - \mu_X}{\sigma_X} = \frac{X - \frac{16}{15}}{\frac{2\sqrt{11}}{15}} = \frac{15X - 16}{2\sqrt{11}}$$ より，

$\therefore Z = \frac{15\sqrt{11}X - 16\sqrt{11}}{22}$ である。……………………………………(答)

連続型確率分布の期待値・分散 (Ⅲ)

演習問題 40 CHECK 1 CHECK 2 CHECK 3

確率密度 $f(x)=\begin{cases} a\sqrt{x}(1-x) & (0 \leqq x \leqq 1) \\ 0 & (x<0,\ 1<x) \end{cases}$ ……① に従う確率変数 X について，次の問いに答えよ。

(1) 定数 a の値を求めよ。

(2) X の期待値 $\mu_X=E[X]$ と分散 $\sigma_X{}^2=V[X]$ を求めよ。

(3) 変数 X の標準化変数 Z を求めよ。

ヒント！ (1) 確率密度の条件式：$\int_{-\infty}^{\infty} f(x)dx=1$ から定数 a を求めよう。(2) では，公式：$\mu_X=\int_{-\infty}^{\infty} xf(x)dx$ と $\sigma_X{}^2=\int_{-\infty}^{\infty} x^2 f(x)dx-\mu_X{}^2$ を使って，期待値 μ_X と分散 $\sigma_X{}^2$ を求める。そして，(3) では，$Z=\dfrac{X-\mu_X}{\sigma_X}$ により，X を標準化変数 Z に変換するんだね。

解答＆解説

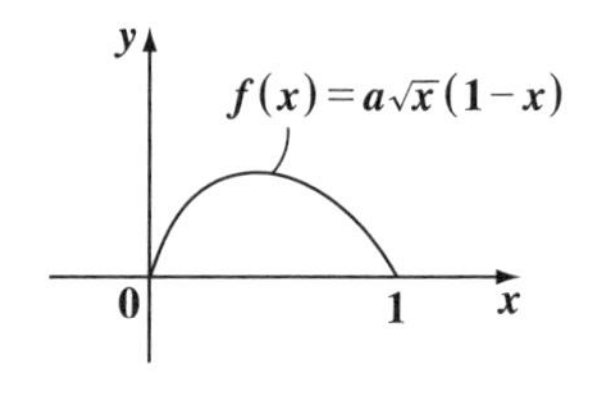

(1) ①の確率密度 $f(x)$ は，次の条件をみたす。

$$\int_{-\infty}^{\infty} f(x)dx=1 \quad (\text{全確率}) \quad \cdots\cdots ②$$

$$\int_{-\infty}^{\infty} f(x)dx = \int_{-\infty}^{0} 0\,dx+\int_0^1 a\sqrt{x}(1-x)dx+\int_1^{\infty} 0\,dx$$

$$a\int_0^1\left(x^{\frac{1}{2}}-x^{\frac{3}{2}}\right)dx=1 \qquad \frac{4}{15}a=1 \qquad \therefore a=\frac{15}{4} \quad \cdots\cdots ③ \quad \cdots\cdots\cdots\cdots(\text{答})$$

$$\int_0^1\left(x^{\frac{1}{2}}-x^{\frac{3}{2}}\right)dx=\left[\frac{2}{3}x^{\frac{3}{2}}-\frac{2}{5}x^{\frac{5}{2}}\right]_0^1=\frac{2}{3}-\frac{2}{5}=\frac{10-6}{15}=\frac{4}{15}$$

(2) ③より，$f(x)=\begin{cases} \dfrac{15}{4}\sqrt{x}(1-x) & (0 \leqq x \leqq 1) \\ 0 & (x<0,\ 1<x) \end{cases}$ ……①′ となる。

①′の確率密度 $f(x)$ に従う確率変数 X の期待値 μ_X と分散 $\sigma_X{}^2$ を求めると，

(i) $\mu_X = E[X] = \int_{-\infty}^{\infty} x \cdot f(x)dx = \frac{15}{4}\int_0^1 \left(x^{\frac{3}{2}} - x^{\frac{5}{2}}\right)dx$

$\int_{-\infty}^{0} x \cdot 0 dx + \int_0^1 x \cdot \frac{15}{4}\left(x^{\frac{1}{2}} - x^{\frac{3}{2}}\right)dx + \int_1^{\infty} x \cdot 0 dx$

$= \frac{15}{4}\left[\frac{2}{5}x^{\frac{5}{2}} - \frac{2}{7}x^{\frac{7}{2}}\right]_0^1 = \frac{15}{4}\cdot\left(\frac{2}{5} - \frac{2}{7}\right)$

$= \frac{15}{4} \times \frac{14-10}{5\times 7} = \frac{3}{7}$ ……④ ……………………………………(答)

(ii) $\sigma_X{}^2 = V[X] = \int_{-\infty}^{\infty} x^2 \cdot f(x)dx - \mu_X{}^2$

$\int_0^1 x^2 \cdot \frac{15}{4}\left(x^{\frac{1}{2}} - x^{\frac{3}{2}}\right)dx$　　$\left(\frac{3}{7}\right)^2 = \frac{9}{49}$ (④より)

$= \frac{15}{4}\int_0^1 \left(x^{\frac{5}{2}} - x^{\frac{7}{2}}\right)dx - \frac{9}{49}$

$= \frac{15}{4}\left[\frac{2}{7}x^{\frac{7}{2}} - \frac{2}{9}x^{\frac{9}{2}}\right]_0^1 - \frac{9}{49}$

$= \frac{15}{4}\left(\frac{2}{7} - \frac{2}{9}\right) - \frac{9}{49} = \frac{15}{4} \times \frac{18-14}{7\times 9} - \frac{9}{49}$

$= \frac{5}{21} - \frac{9}{49} = \frac{1}{7}\left(\frac{5}{3} - \frac{9}{7}\right) = \frac{1}{7} \times \frac{35-27}{3\times 7} = \frac{8}{147}$ ……⑤ ……(答)

(3) ④, ⑤より，変数 X の期待値 $\mu_X = \frac{3}{7}$，標準偏差 $\sigma_X = \sqrt{\frac{8}{147}} = \frac{2\sqrt{2}}{7\sqrt{3}}$ である。

よって，変数 X の標準化変数 Z は，

$Z = \frac{X - \mu_X}{\sigma_X} = \frac{X - \frac{3}{7}}{\frac{2\sqrt{2}}{7\sqrt{3}}} = \frac{7\sqrt{3}X - 3\sqrt{3}}{2\sqrt{2}}$ より，

$\therefore Z = \frac{7\sqrt{6}X - 3\sqrt{6}}{4}$ である。……………………………………(答)

連続型確率分布の期待値・分散 (Ⅳ)

演習問題 41 CHECK 1 CHECK 2 CHECK 3

確率密度 $f(x)=\begin{cases} a\sin\pi x & (0 \leqq x \leqq 1) \\ 0 & (x<0,\ 1<x) \end{cases}$ ……① に従う確率変数 X

について，次の問いに答えよ。

(1) 定数 a の値を求めよ。

(2) X の期待値 $\mu_X=E[X]$ と分散 $\sigma_X{}^2=V[X]$ を求めよ。

ヒント！ (1) 確率密度の条件式：$\int_{-\infty}^{\infty} f(x)dx=1$ から，定数 a の値を決定する。(2) では，X の期待値 μ_X と分散 $\sigma_X{}^2$ を公式：$\mu_X=\int_{-\infty}^{\infty} xf(x)dx$, $\sigma_X{}^2=\int_{-\infty}^{\infty} x^2f(x)dx-\mu_X{}^2$ から求めればいい。ただし，今回の積分計算では部分積分を使うことに注意しよう！

解答＆解説

(1) ①の確率密度 $f(x)$ は，次の条件式をみたす。

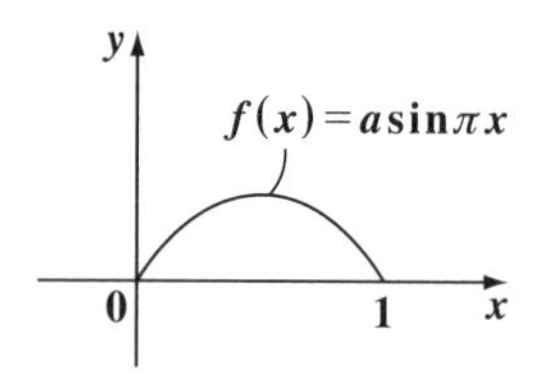

$$\int_{-\infty}^{\infty} f(x)dx=1 \quad (\text{全確率})$$

$$\int_{-\infty}^{0} 0\cdot dx+\int_{0}^{1} a\sin\pi x\,dx+\int_{1}^{\infty} 0\cdot dx$$

$$a\int_{0}^{1}\sin\pi x\,dx=1 \qquad \frac{2}{\pi}a=1 \quad \therefore a=\frac{\pi}{2} \cdots\cdots② \cdots\cdots\cdots(\text{答})$$

$$-\frac{1}{\pi}[\cos\pi x]_0^1=-\frac{1}{\pi}(\cos\pi-\cos 0)=-\frac{1}{\pi}(-1-1)=\frac{2}{\pi}$$

(2) ②より，$f(x)=\begin{cases} \dfrac{\pi}{2}\sin\pi x & (0 \leqq x \leqq 1) \\ 0 & (x<0,\ 1<x) \end{cases}$ ……①´ となる。

①´の確率密度 $f(x)$ に従う確率変数 X の期待値 μ_X と分散 $\sigma_X{}^2$ を求めると，

(i) $\mu_X = E[X] = \int_{-\infty}^{\infty} x \cdot f(x)dx = \frac{\pi}{2}\int_0^1 x\sin\pi x dx$

$\left(\int_{-\infty}^{0} x\cdot 0dx + \int_0^1 x\cdot\frac{\pi}{2}\sin\pi x dx + \int_1^{\infty} x\cdot 0dx\right)$

$= \frac{\pi}{2}\int_0^1 x\cdot\left(-\frac{1}{\pi}\cos\pi x\right)' dx$

部分積分
$\int f\cdot g' dx = f\cdot g - \int f'\cdot g dx$

$= \frac{\pi}{2}\left\{-\frac{1}{\pi}[x\cos\pi x]_0^1 + \frac{1}{\pi}\int_0^1 1\cdot\cos\pi x dx\right\}$

$= -\frac{1}{2}(-1-0) + \frac{1}{2\pi}[\sin\pi x]_0^1 = \frac{1}{2}$ ……③ ……………………(答)

$(\sin\pi - \sin 0 = 0 - 0 = 0)$

(ii) $\sigma_X{}^2 = V[X] = \int_{-\infty}^{\infty} x^2\cdot f(x)dx - \mu_X{}^2$

$\left(\int_0^1 x^2\cdot\frac{\pi}{2}\sin\pi x dx\right)$　$\left(\left(\frac{1}{2}\right)^2 = \frac{1}{4}\right.$ (③より)$\left.\right)$

$= \frac{\pi}{2}\int_0^1 x^2\sin\pi x dx - \frac{1}{4}$

部分積分を2回行う！

$\int_0^1 x^2\cdot\left(-\frac{1}{\pi}\cos\pi x\right)' dx = -\frac{1}{\pi}[x^2\cos\pi x]_0^1 + \frac{1}{\pi}\int_0^1 2x\cdot\cos\pi x dx$

$= -\frac{1}{\pi}(-1-0) + \frac{2}{\pi}\int_0^1 x\cdot\left(\frac{1}{\pi}\sin\pi x\right)' dx$

$= \frac{1}{\pi} + \frac{2}{\pi}\left\{\frac{1}{\pi}[x\sin\pi x]_0^1 - \frac{1}{\pi}\int_0^1 1\cdot\sin\pi x dx\right\}$

$(0-0=0)$

$= \frac{1}{\pi} - \frac{2}{\pi^2}\left[-\frac{1}{\pi}\cos\pi x\right]_0^1 = \frac{1}{\pi} + \frac{2}{\pi^3}(-1-1) = \frac{\pi^2-4}{\pi^3}$

$= \frac{\pi}{2}\times\frac{\pi^2-4}{\pi^3} - \frac{1}{4} = \frac{\pi^2-4}{2\pi^2} - \frac{1}{4} = \frac{2\pi^2-8-\pi^2}{4\pi^2}$

$\therefore \sigma_X{}^2 = \frac{\pi^2-8}{4\pi^2}$ ……………………………………………………(答)

連続型確率分布の期待値・分散(V)

演習問題 42 CHECK 1 CHECK 2 CHECK 3

確率密度 $f(x)=\begin{cases} ae^{-3x} & (0 \leqq x) \\ 0 & (x<0) \end{cases}$ ……① に従う確率変数 X

について，次の問いに答えよ。

(1) 定数 a の値を求めよ。

(2) X の期待値 $\mu_X=E[X]$ と分散 $\sigma_X{}^2=V[X]$ を求めよ。

(3) 変数 X の標準化変数 Z を求めよ。

ヒント！ (1) 確率密度の条件式：$\int_{-\infty}^{\infty} f(x)dx=1$ から定数 a の値をまず求めよう。(2) では，期待値 μ_X と分散 $\sigma_X{}^2$ の公式：$\mu_X=\int_{-\infty}^{\infty} xf(x)dx,\ \sigma_X{}^2=\int_{-\infty}^{\infty} x^2f(x)dx-\mu_X{}^2$ を利用しよう。ここでは，部分積分や無限積分の計算を正確に行うことだね。(3) の X の標準化変数 Z は，(2) の結果から，$Z=\dfrac{X-\mu_X}{\sigma_X}$ として求めればいいんだね。

解答＆解説

(1) ①の確率密度 $f(x)$ は，次の条件をみたす。

$$\int_{-\infty}^{\infty} f(x)dx=1 \ (\text{全確率})$$

$$\left(\int_{-\infty}^{0} 0\,dx + \int_{0}^{\infty} ae^{-3x}dx \right)$$

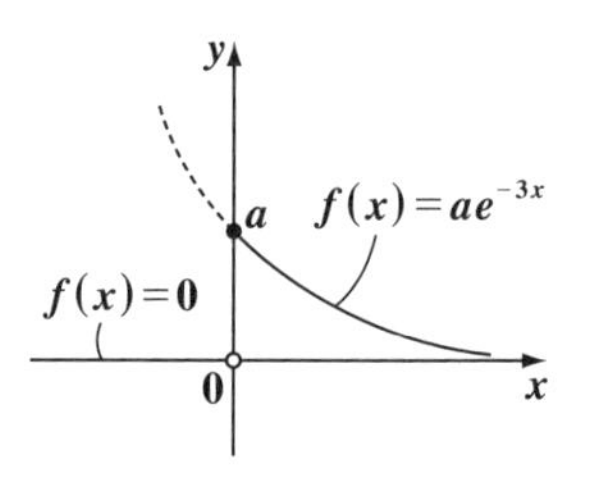

$$a\int_{0}^{\infty} e^{-3x}dx=1 \qquad \frac{1}{3}a=1 \quad \therefore a=3 \ \cdots\cdots② \ \cdots\cdots\cdots\cdots(\text{答})$$

$$\left(-\frac{1}{3}\left[e^{-3x}\right]_0^{\infty}=\lim_{p\to\infty}\left(-\frac{1}{3}\right)\left[e^{-3x}\right]_0^{p}=\lim_{p\to\infty}\left(-\frac{1}{3}\right)(e^{-3p}-1)=\frac{1}{3} \right)$$

($e^{-3p} \to 0$)

(2) ②より，$f(x)=\begin{cases} 3e^{-3x} & (0 \leqq x) \\ 0 & (x<0) \end{cases}$ ……①′ となる。

①′の確率密度 $f(x)$ に従う確率変数 X の期待値 μ_X と分散 $\sigma_X{}^2$ を求めると，

(i) $\mu_X = E[X] = \int_{-\infty}^{\infty} x \cdot f(x)dx = 3\int_0^{\infty} x \cdot e^{-3x}dx$

$\int_{-\infty}^{0} x \cdot 0 dx + \int_0^{\infty} x \cdot 3e^{-3x}dx$

$= 3\int_0^{\infty} x \cdot \left(-\frac{1}{3}e^{-3x}\right)' dx$

部分積分
$\int f \cdot g' dx = f \cdot g - \int f' \cdot g dx$

$= 3\left\{-\frac{1}{3}\left[x \cdot e^{-3x}\right]_0^{\infty} + \frac{1}{3}\int_0^{\infty} 1 \cdot e^{-3x}dx\right\}$

$\lim_{p\to\infty}\left[xe^{-3x}\right]_0^p = \lim_{p\to\infty}\frac{p}{e^{3p}}$ $\left(= \frac{\infty}{\infty}\text{の不定形}\right)$

$= \lim_{p\to\infty}\frac{p'}{(e^{3p})'} = \lim_{p\to\infty}\frac{1}{3e^{3p}} = \frac{1}{\infty} = 0$

ロピタルの定理

$= \int_0^{\infty} e^{-3x}dx = -\frac{1}{3}\left[e^{-3x}\right]_0^{\infty} = -\frac{1}{3}\times(-1) = \frac{1}{3}$ ……③ …………(答)

$\lim_{p\to\infty}\left[e^{-3x}\right]_0^p = \lim_{p\to\infty}(e^{-3p} - 1) = -1$ （$e^{-3p} \to 0$）

(ii) $\sigma_X{}^2 = V[X] = \int_{-\infty}^{\infty} x^2 \cdot f(x)dx - \mu_X{}^2$

$\int_0^{\infty} x^2 \cdot 3e^{-3x}dx$

$\left(\frac{1}{3}\right)^2 = \frac{1}{9}$ (③より)

$= 3\int_0^{\infty} x^2 \cdot e^{-3x}dx - \frac{1}{9} = 3\times\frac{2}{3}\int_0^{\infty} xe^{-3x}dx - \frac{1}{9}$ となる。よって，

部分積分

$\int_0^{\infty} x^2 \cdot \left(-\frac{1}{3}e^{-3x}\right)' dx = -\frac{1}{3}\left[x^2 e^{-3x}\right]_0^{\infty} + \frac{1}{3}\int_0^{\infty} 2x \cdot e^{-3x}dx$

$\lim_{p\to\infty}\left[x^2 e^{-3x}\right]_0^p = \lim_{p\to\infty}\frac{p^2}{e^{3p}} = \lim_{p\to\infty}\frac{(p^2)''}{(e^{3p})''} = \lim_{p\to\infty}\frac{2}{9e^{3p}} = 0$ （$9e^{3p} \to \infty$）

$= \frac{2}{3}\int_0^{\infty} x \cdot e^{-3x}dx$

$$\sigma_X{}^2 = 2\underbrace{\int_0^\infty x\cdot e^{-3x}dx}_{\|} - \frac{1}{9} = 2\times\frac{1}{9} - \frac{1}{9}$$

部分積分

$$\int_0^\infty x\cdot\left(-\frac{1}{3}e^{-3x}\right)'dx = -\frac{1}{3}\underbrace{[xe^{-3x}]_0^\infty}_{\|} + \frac{1}{3}\int_0^\infty 1\cdot e^{-3x}dx$$

$$\lim_{p\to\infty}[xe^{-3x}]_0^p = \lim_{p\to\infty}\frac{p}{e^{3p}} = \lim_{p\to\infty}\frac{p'}{(e^{3p})'} = \lim_{p\to\infty}\frac{1}{3e^{3p}} = 0$$

ロピタルの定理

($3e^{3p}\to\infty$)

$$= -\frac{1}{9}[e^{-3x}]_0^\infty = \lim_{p\to\infty}\left(-\frac{1}{9}\right)(e^{-3p}-1) = \frac{1}{9}$$

($e^{-3p}\to 0$)

$\therefore\ \sigma_X{}^2 = \dfrac{1}{9}$ ……④ ……………………………………………………(答)

(3) $\mu_X = \dfrac{1}{3}$ ……③と④より，標準偏差 $\sigma_X = \sqrt{\sigma_X{}^2} = \sqrt{\dfrac{1}{9}} = \dfrac{1}{3}$

よって，変数 X の標準化変数 Z は，

$$Z = \frac{X-\mu_X}{\sigma_X} = \frac{X-\frac{1}{3}}{\frac{1}{3}}$$

分子・分母に
3をかける

$\therefore\ Z = 3X-1$ である。 ……………………………………………………(答)

参考

確率密度 $f(x) = \begin{cases}\lambda e^{-\lambda x} & (0\leqq x)\\ 0 & (x<0)\end{cases}$ で与えられる確率分布を**指数分布**（しすうぶんぷ）と呼び，この分布に従う確率変数 X の期待値 μ_X と分散 $\sigma_X{}^2$ は，それぞれ

$\mu_X = \dfrac{1}{\lambda}$，$\sigma_X{}^2 = \dfrac{1}{\lambda^2}$ となることが分かっている。

今回の問題は，定数 $\lambda = 3$ のときの指数分布の問題だったんだね。

モーメント母関数

演習問題 43 CHECK 1 CHECK 2 CHECK 3

確率密度 $f(x)=\begin{cases}3e^{-3x} & (0\leqq x)\\ 0 & (x<0)\end{cases}$ ……① に従う確率変数 X について，次の問いに答えよ。

(1) 変数 θ を用いて，X のモーメント母関数 $M(\theta)=E[e^{\theta X}]$ を求めよ。ただし，$\theta<3$ とする。

(2) X の期待値（平均値）μ_X と分散 $\sigma_X{}^2$ を，次の公式を用いて求めよ。

（i）$\mu_X=M'(0)$ ……$(*1)$　（ii）$\sigma_X{}^2=M''(0)-M'(0)^2$ ……$(*2)$

ヒント！ この確率密度 $f(x)$ は，演習問題 42（P92）で解説したものと同じだ。今回は，X の期待値 μ_X と分散 $\sigma_X{}^2$ を，連続型確率分布のモーメント母関数（積率母関数）$M(\theta)=E[e^{\theta X}]=\int_{-\infty}^{\infty}e^{\theta x}\cdot f(x)dx$ を用いた $(*1)$ と $(*2)$ の公式から求めよう。

解答＆解説

(1) ①の確率密度 $f(x)$ に従う確率変数 X のモーメント母関数 $M(\theta)$ $(\theta<3)$ を求めると，

$$M(\theta)=E[e^{\theta X}]=\int_{-\infty}^{\infty}e^{\theta x}\cdot f(x)dx$$

$$\left(\int_{-\infty}^{0}e^{\theta x}\cdot 0dx+\int_0^{\infty}e^{\theta x}\cdot 3e^{-3x}dx\right)$$

$$=\int_0^{\infty}e^{\theta x}\cdot 3e^{-3x}dx=3\int_0^{\infty}e^{(\theta-3)x}dx$$

$$=\frac{3}{\theta-3}\left[e^{(\theta-3)x}\right]_0^{\infty}=-\frac{3}{\theta-3}$$

$$\left(\lim_{p\to\infty}\left[e^{(\theta-3)x}\right]_0^p=\lim_{p\to\infty}\left(e^{(\theta-3)p}-1\right)=-1\right)$$

$e^{(\theta-3)p}\to 0$　$(\because \theta-3<0$ より，$e^{-\infty}=0)$

$\therefore M(\theta)=3\cdot(3-\theta)^{-1}$ ……② $(\theta<3)$ となる。 ……………………………（答）

（θ の関数になった！）

(2) Xのモーメント母関数 $M(\theta)=3\cdot(3-\theta)^{-1}$ ……② $(\theta<3)$ を θ で

1回，および2回微分すると，

$M'(\theta)=3\cdot\underbrace{\{(3-\theta)^{-1}\}'}=3(3-\theta)^{-2}$ ……③ となる。さらに，

$3-\theta=u$ とおくと，合成関数の微分より，

$$\frac{d}{d\theta}(3-\theta)^{-1}=\frac{du^{-1}}{d\theta}=\frac{du^{-1}}{du}\cdot\frac{du}{d\theta}=-1\cdot u^{-2}\cdot(-1)=u^{-2}=(3-\theta)^{-2}$$

$M''(\theta)=3\underbrace{\{(3-\theta)^{-2}\}'}=3\cdot\underbrace{(-2)\cdot(3-\theta)^{-3}\cdot(-1)}$

同様に合成関数の微分を行って

$=6\cdot(3-\theta)^{-3}$ ……………………④ となる。

以上より，$M'(\theta)=\dfrac{3}{(3-\theta)^2}$ ……③′，$M''(\theta)=\dfrac{6}{(3-\theta)^3}$ ……④′

よって，変数 X の期待値 μ_X と分散 $\sigma_X{}^2$ をモーメント母関数の公式：

$\mu_X=M'(0)$ ……(∗1)，$\sigma_X{}^2=M''(0)-M'(0)^2$ ……(∗2) を使って求める

と，③′，④′より，

$$\mu_X=M'(0)=\frac{3}{(3-0)^2}=\frac{3}{9}=\frac{1}{3}$$

$$\sigma_X{}^2=M''(0)-\underbrace{M'(0)^2}_{\left(\frac{1}{3}\right)^2}=\frac{6}{(3-0)^3}-\left(\frac{1}{3}\right)^2=\frac{2}{9}-\frac{1}{9}=\frac{1}{9}$$

$\therefore\ \mu_X=\dfrac{1}{3}$，$\sigma_X{}^2=\dfrac{1}{9}$ である。………………………………………(答)

この $\mu_X=\dfrac{1}{3}$ と $\sigma_X{}^2=\dfrac{1}{9}$ の結果は，演習問題42 (P92)で導いたものと一致する。

正規分布

演習問題 44

CHECK 1　CHECK 2　CHECK 3

次の正規分布 $N(\mu, \sigma^2)$ の確率密度 $f_N(x)$ を求め，$f_N(x)$ に従う確率変数 X の標準化変数 Z を求めよ。

(1) $N(1, 2)$　　(2) $N(-2, 32)$　　(3) $N(3, 20)$

ヒント！ 正規分布 $N(\mu, \sigma^2)$ の確率密度 $f_N(x)$ は，$f_N(x)=\dfrac{1}{\sqrt{2\pi}\sigma}e^{-\frac{(x-\mu)^2}{2\sigma^2}}$ であり，このの $f_N(x)$ に従う確率変数 X を標準化した変数 Z は，$Z=\dfrac{X-\mu}{\sigma}$ となるんだね。

解答＆解説

(1) 正規分布 $N(\underset{\mu}{1}, \underset{\sigma^2}{2})$ の平均値 μ と標準偏差 σ は，$\mu=1$，$\sigma=\sqrt{2}$ より，この確率密度 $f_N(x)$ と標準化変数 Z は，

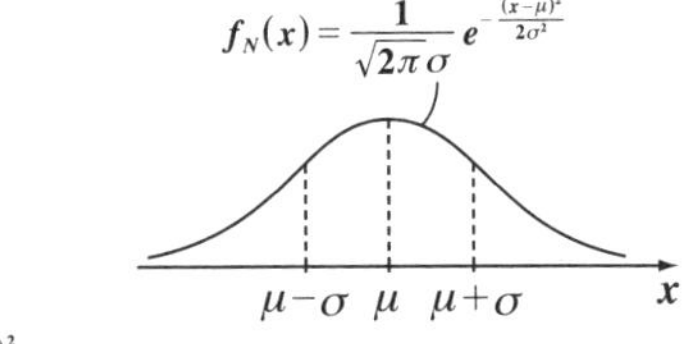

$$f_N(x)=\frac{1}{\sqrt{2\pi}\sqrt{2}}e^{-\frac{(x-1)^2}{2\cdot 2}}=\frac{1}{2\sqrt{\pi}}e^{-\frac{(x-1)^2}{4}},$$

$Z=\dfrac{X-1}{\sqrt{2}}$ である。………………………………(答)

(2) 正規分布 $N(-2, 32)$ の平均値 $\mu=-2$，標準偏差 $\sigma=\sqrt{32}=4\sqrt{2}$ より，この確率密度 $f_N(x)$ と標準化変数 Z は，

$$f_N(x)=\frac{1}{\sqrt{2\pi}\cdot 4\sqrt{2}}e^{-\frac{\{x-(-2)\}^2}{2\cdot 32}}=\frac{1}{8\sqrt{\pi}}e^{-\frac{(x+2)^2}{64}},$$

$Z=\dfrac{X-(-2)}{4\sqrt{2}}=\dfrac{X+2}{4\sqrt{2}}$ である。………………………………(答)

(3) 正規分布 $N(3, 20)$ の平均値 $\mu=3$，標準偏差 $\sigma=\sqrt{20}=2\sqrt{5}$ より，この確率密度 $f_N(x)$ と標準化変数 Z は，

$$f_N(x)=\frac{1}{\sqrt{2\pi}\cdot 2\sqrt{5}}e^{-\frac{(x-3)^2}{2\cdot 20}}=\frac{1}{2\sqrt{10\pi}}e^{-\frac{(x-3)^2}{40}},$$

$Z=\dfrac{X-3}{2\sqrt{5}}$ である。………………………………(答)

中心極限定理

演習問題 45

CHECK 1　CHECK 2　CHECK 3

平均 $\mu=5$，分散 $\sigma^2=50$ の同一の確率分布から取り出された 200 個の変数 $X_1, X_2, \cdots, X_{200}$ の相加平均を $\overline{X}=\frac{1}{200}\cdot(X_1+X_2+\cdots+X_{200})$ とおく。このとき，次の問いに答えよ。

(1) $\overline{X}$ が従う連続型の確率分布を示し，その確率密度を示せ。

(2) $\overline{X}$ の標準化変数 Z を求めよ。

ヒント！ 平均 μ，分散 σ^2 の同一の確率分布から取り出された n 個の変数の平均 $\overline{X}=\frac{1}{n}(X_1+X_2+\cdots+X_n)$ は，n が十分に大きいとき，正規分布 $N\left(\mu, \frac{\sigma^2}{n}\right)$ に従う。これを**中心極限定理**(ちゅうしんきょくげんていり)というんだね。

解答＆解説

(1) 平均 $\mu=5$，分散 $\sigma^2=50$ の同一の確率分布から，$n=200$ 個の変数 $X_1, X_2, \cdots, X_{200}$ を取り出し，その相加平均を $\overline{X}$ とおくと，

$$\overline{X}=\frac{1}{200}\sum_{k=1}^{200}X_k=\frac{1}{200}(X_1+X_2+\cdots+X_{200})\text{ となる。}$$

$n=200$ は十分に大きいと考えられるので，相加平均 $\overline{X}$ を確率変数と考えると，$\overline{X}$ は，連続型の確率分布である正規分布 $N\left(\mu, \frac{\sigma^2}{n}\right)$，

（μ：5，$\frac{\sigma^2}{n}$：$\frac{50}{200}=\frac{1}{4}$）

すなわち $N\left(5, \frac{1}{4}\right)$ に従う。……………………(答)

よって，この確率密度を $f_N(x)$ とおくと，これは次のようになる。

$$f_N(x)=\frac{1}{\sqrt{2\pi}\cdot\sqrt{\frac{1}{4}}}e^{-\frac{(x-5)^2}{2\cdot\frac{1}{4}}}=\frac{\sqrt{2}}{\sqrt{\pi}}e^{-\frac{(x-5)^2}{\frac{1}{2}}}=\sqrt{\frac{2}{\pi}}\,e^{-2(x-5)^2}\ \cdots\cdots\text{(答)}$$

(2) $N\left(5, \frac{1}{4}\right)$ に従う確率変数 $\overline{X}$ の標準化変数 Z は，

$$Z=\frac{\overline{X}-5}{\sqrt{\frac{1}{4}}}=\frac{\overline{X}-5}{\frac{1}{2}}=2(\overline{X}-5)=2\overline{X}-10\text{ である。}\cdots\cdots\text{(答)}$$

二項分布と正規分布

演習問題 46 CHECK 1 CHECK 2 CHECK 3

二項分布 $B\left(288,\ \frac{1}{3}\right)$ は，近似的に連続型の正規分布 $N(\mu,\ \sigma^2)$ で表すことができる。

(1) μ と σ^2 の値を求め，正規分布 $N(\mu,\ \sigma^2)$ の確率密度 $f_N(x)$ を示せ。

(2) この正規分布 $N(\mu,\ \sigma^2)$ に従う確率変数 X について，確率 $P(X \geqq 112)$ を求めよ。ただし，標準正規分布 $N(0,\ 1)$ に従う確率変数 Z について確率 $P(Z \geqq 2) = 0.0228$ であることを用いてもよい。

ヒント！ (1) 二項分布 $B(n,\ p)$ は，n が十分に大きいとき，正規分布 $N(\mu,\ \sigma^2)$ ($\mu = np,\ \sigma^2 = npq$) で近似できる。(2) では，$P(X \geqq 112) = P(Z \geqq 2)$ となるんだね。

解答＆解説

(1) 二項分布 $B\left(\underset{n}{288},\ \underset{p}{\frac{1}{3}}\right)$ より，$n = 288$，$p = \frac{1}{3}$，$q = 1 - p = \frac{2}{3}$ となる。

よって，この平均 $\mu = np = 288 \times \frac{1}{3} = 96$，

分散 $\sigma^2 = npq = 288 \times \frac{1}{3} \times \frac{2}{3} = 64$ となる。

そして，$n = 288$ は十分に大きな数と考えられるので，この二項分布 $B\left(288,\ \frac{1}{3}\right)$ は，近似的に正規分布 $N(\mu,\ \sigma^2)$，すなわち $\mu = 96$，$\sigma^2 = 64$ より，正規分布 $N(96,\ 64)$ で表すことができる。 ……………………(答)

この確率密度 $f_N(x)$ は，$\mu = 96$，$\sigma = \sqrt{64} = 8$ より，

$$f_N(x) = \frac{1}{\sqrt{2\pi}\cdot 8} e^{-\frac{(x-96)^2}{2\cdot 64}} = \frac{1}{8\sqrt{2\pi}} e^{-\frac{(x-96)^2}{128}}$$ である。 ……………………(答)

(2) X の標準化変数 Z は，$Z = \frac{X - \mu}{\sigma} = \frac{X - 96}{8}$

$X \geqq 112$ のとき，$X - 96 \geqq 16$ $\quad \underbrace{\frac{X-96}{8}}_{Z} \geqq 2$ となる。

$\therefore P(X \geqq 112) = P(Z \geqq 2) = 0.0228$ である。 ……………………(答)

標準正規分布（Ⅰ）

演習問題 47　　CHECK 1　CHECK 2　CHECK 3

正規分布 $N(2,\ 25)$ に従う確率変数 X について，次の確率を，右の標準正規分布表を利用して求めよ。

(1) $P(4 \leqq X \leqq 9)$

(2) $P(-2 \leqq X \leqq 3)$

(3) $P(X \leqq -6,\ 7 \leqq X)$

標準正規分布表 $\alpha = \int_u^{\infty} f_S(z)\,dz$

u	α
0.2	0.4207
0.4	0.3446
0.6	0.2743
0.8	0.2119
1.0	0.1587
1.2	0.1151
1.4	0.0808
1.6	0.0548

ヒント！ 確率変数 X を標準化して $Z = \dfrac{X-\mu}{\sigma}$ として，標準正規分布表を利用して確率を求めればいいんだね。その際，標準正規分布の確率密度 $f_S(z)$ が左右対称な形をしていることもポイントになる。図のイメージを描きながら解こう！

解答＆解説

正規分布 $N(\underset{\mu}{2},\ \underset{\sigma^2}{25})$，すなわち平均 $\mu = 2$，標準偏差 $\sigma = 5$ に従う確率変数 X の標準化変数 Z は，$Z = \dfrac{X-\mu}{\sigma} = \dfrac{X-2}{5}$ ……① となる。

よって，X について，与えられた各確率を求めると，

(1) $P(4 \leqq X \leqq 9)$ について，①より，

$4 \leqq X \leqq 9$　　$2 \leqq X-2 \leqq 7$　　$\underset{0.4}{\dfrac{2}{5}} \leqq \underset{Z}{\dfrac{X-2}{5}} \leqq \underset{1.4}{\dfrac{7}{5}}$

よって，

$P(4 \leqq X \leqq 9) = P(0.4 \leqq Z \leqq 1.4)$

$= P(0.4 \leqq Z) - P(1.4 \leqq Z)$

[（$z=0.4$ 以上の部分の面積）－（$z=1.4$ 以上の部分の面積）]

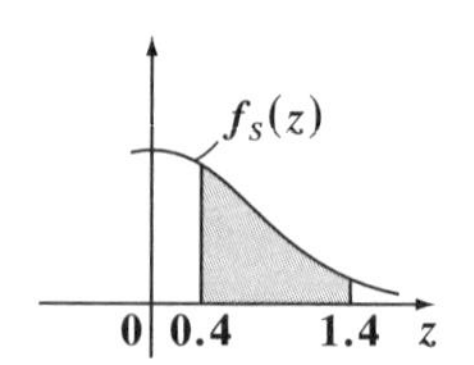

これから，標準正規分布表を用いると，求める確率は，

$P(4 \leqq X \leqq 9) = 0.3446 - 0.0808 = 0.2638$ である。……………………(答)

(2) $P(-2 \leqq X \leqq 3)$ について，①より，

$-2 \leqq X \leqq 3 \qquad -4 \leqq X-2 \leqq 1 \qquad -\frac{4}{5} \leqq \frac{X-2}{5} \leqq \frac{1}{5}$

$\therefore -0.8 \leqq Z \leqq 0.2$

よって，標準正規分布表を用いると，求める確率は，

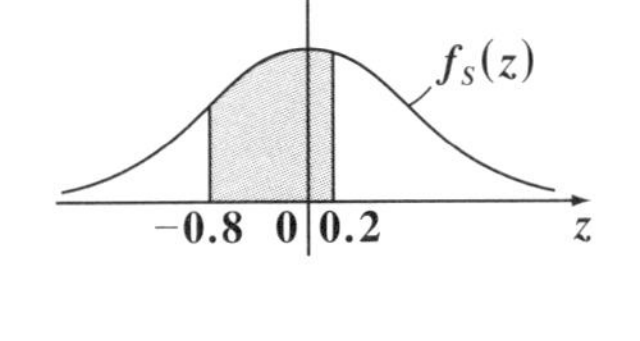

$P(-2 \leqq X \leqq 3) = P(-0.8 \leqq Z \leqq 0.2)$

$= \quad 1 \quad - P(0.2 \leqq Z) - P(0.8 \leqq Z)$

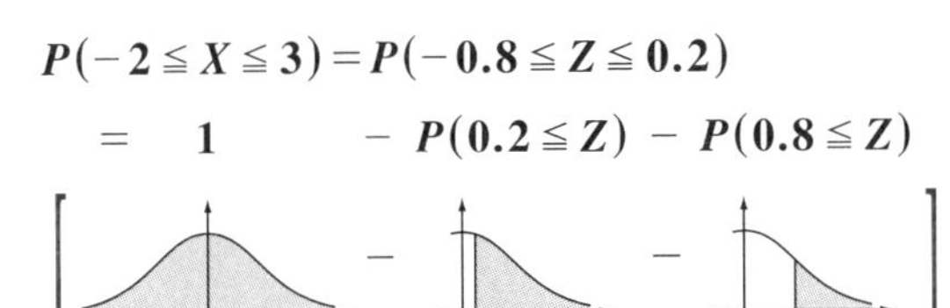

$= 1 - 0.4207 - 0.2119$

$= 0.3674$ である。……………………………………………………(答)

(3) $P(X \leqq -6,\ 7 \leqq X)$ について，①より，

$X \leqq -6,\ 7 \leqq X \qquad X-2 \leqq -8,\ 5 \leqq X-2$

$\frac{X-2}{5} \leqq -\frac{8}{5},\ 1 \leqq \frac{X-2}{5} \qquad \therefore Z \leqq -1.6,\ 1 \leqq Z$

よって，標準正規分布表を用いると，求める確率は，

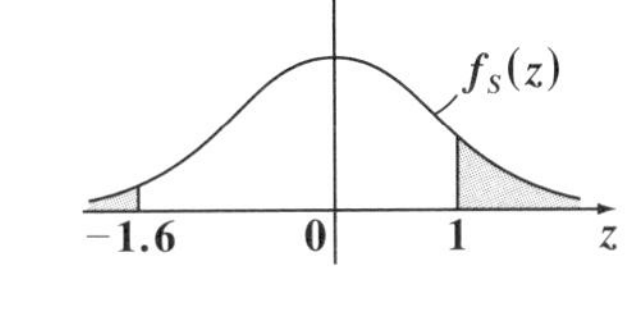

$P(X \leqq -6,\ 7 \leqq X) = P(Z \leqq -1.6,\ 1 \leqq Z)$

$= P(1.6 \leqq Z) + P(1 \leqq Z)$

$= 0.0548 + 0.1587 = 0.2135$ である。…………………………(答)

標準正規分布（Ⅱ）

演習問題 48 CHECK 1 CHECK 2 CHECK 3

正規分布 $N(2\sqrt{2},\ 200)$ に従う確率変数 X について，次の確率を，右の標準正規分布表を利用して求めよ。

(1) $P(-5\sqrt{2} \leqq X \leqq -\sqrt{2})$

(2) $P(-3\sqrt{2} \leqq X \leqq 13\sqrt{2})$

(3) $P(X \leqq -11\sqrt{2},\ 11\sqrt{2} \leqq X)$

標準正規分布表 $\alpha = \int_u^{\infty} f_S(z)dz$

u	α
0.1	0.4602
0.3	0.3821
0.5	0.3085
0.7	0.2420
0.9	0.1841
1.1	0.1357
1.3	0.0968
1.5	0.0668

ヒント！ 確率変数 X を標準化確率変数 $Z = \dfrac{X-\mu}{\sigma}$ に変換して，グラフも利用しながら，標準正規分布表を使って，各確率を求めていけばいいんだね。頑張ろう！

解答＆解説

正規分布 $N(\underbrace{2\sqrt{2}}_{\mu},\ \underbrace{200}_{\sigma^2})$，すなわち平均 $\mu = 2\sqrt{2}$，標準偏差 $\sigma = \sqrt{200} = 10\sqrt{2}$

に従う確率変数 X の標準化変数 Z は，$Z = \dfrac{X-\mu}{\sigma} = \dfrac{X-2\sqrt{2}}{10\sqrt{2}}$ ……① となる。

(1) $P(-5\sqrt{2} \leqq X \leqq -\sqrt{2})$ について，①より，

$-5\sqrt{2} \leqq X \leqq -\sqrt{2}$　　$-7\sqrt{2} \leqq X - 2\sqrt{2} \leqq -3\sqrt{2}$

$-\dfrac{7\sqrt{2}}{10\sqrt{2}} \leqq \dfrac{X-2\sqrt{2}}{10\sqrt{2}} \leqq -\dfrac{3\sqrt{2}}{10\sqrt{2}}$　　$\therefore -0.7 \leqq Z \leqq -0.3$

よって，標準正規分布表を用いると，求める確率は，

$P(-5\sqrt{2} \leqq X \leqq -\sqrt{2}) = P(-0.7 \leqq Z \leqq -0.3)$

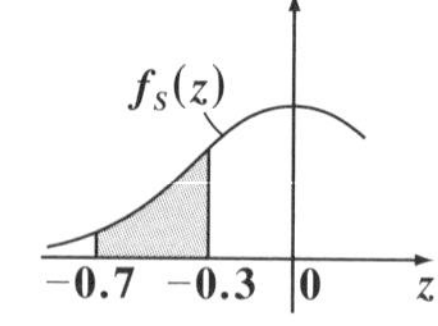

$= P(0.3 \leqq Z) - P(0.7 \leqq Z)$

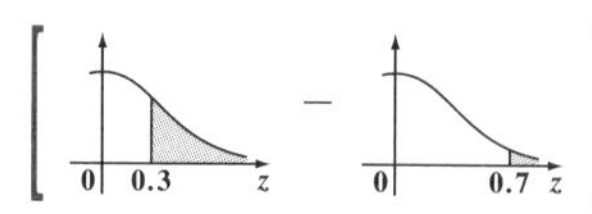

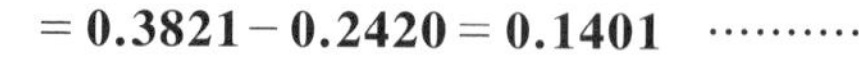

$= 0.3821 - 0.2420 = 0.1401$ ……………………………………(答)

(2) $P(-3\sqrt{2} \leqq X \leqq 13\sqrt{2})$ について，①より，

$-3\sqrt{2} \leqq X \leqq 13\sqrt{2} \qquad -5\sqrt{2} \leqq X-2\sqrt{2} \leqq 11\sqrt{2}$

$-\dfrac{5\sqrt{2}}{10\sqrt{2}} \leqq \dfrac{X-2\sqrt{2}}{10\sqrt{2}} \leqq \dfrac{11\sqrt{2}}{10\sqrt{2}} \qquad \therefore -0.5 \leqq Z \leqq 1.1$

よって，標準正規分布表を用いると，求める確率は，

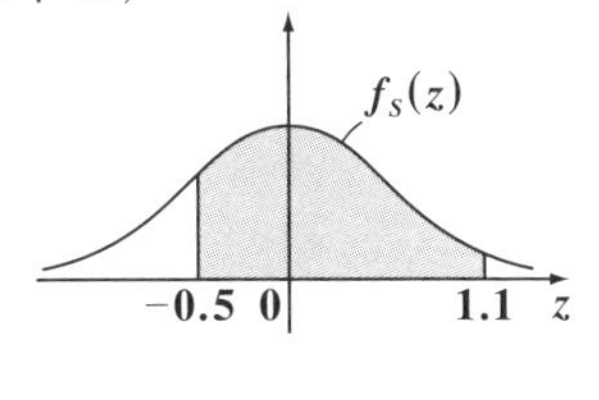

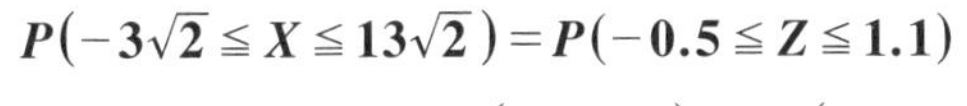

$P(-3\sqrt{2} \leqq X \leqq 13\sqrt{2}) = P(-0.5 \leqq Z \leqq 1.1)$

$= \quad 1 \quad - P(0.5 \leqq Z) - P(1.1 \leqq Z)$

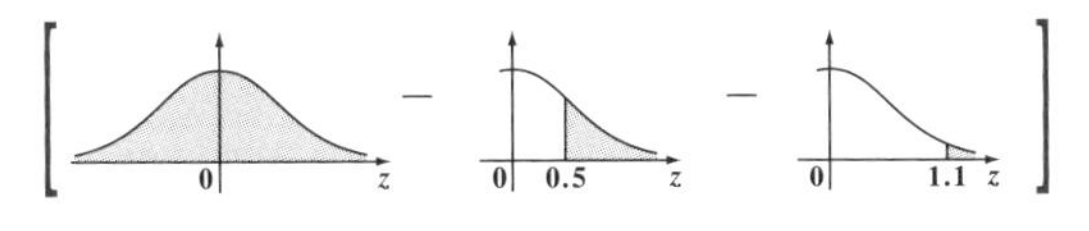

$= 1 - 0.3085 - 0.1357 = 0.5558$ ……………………………………(答)

(3) $P(X \leqq -11\sqrt{2},\ 11\sqrt{2} \leqq X)$ について，①より，

$X \leqq -11\sqrt{2},\ 11\sqrt{2} \leqq X \qquad X-2\sqrt{2} \leqq -13\sqrt{2},\ 9\sqrt{2} \leqq X-2\sqrt{2}$

$\dfrac{X-2\sqrt{2}}{10\sqrt{2}} \leqq -\dfrac{13\sqrt{2}}{10\sqrt{2}},\ \dfrac{9\sqrt{2}}{10\sqrt{2}} \leqq \dfrac{X-2\sqrt{2}}{10\sqrt{2}} \qquad \therefore Z \leqq -1.3,\ 0.9 \leqq Z$

よって，標準正規分布表を用いると，

求める確率は，

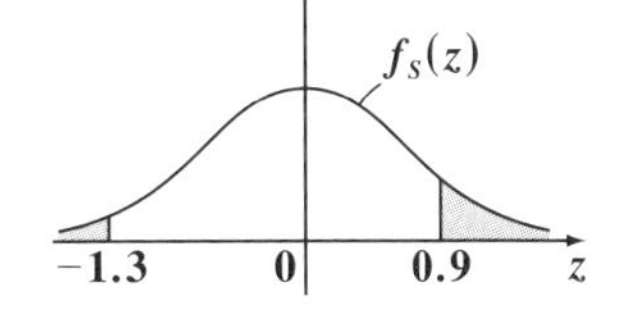

$P(X \leqq -11\sqrt{2},\ 11\sqrt{2} \leqq X)$

$= P(Z \leqq -1.3,\ 0.9 \leqq Z)$

$= P(1.3 \leqq Z) + P(0.9 \leqq Z)$

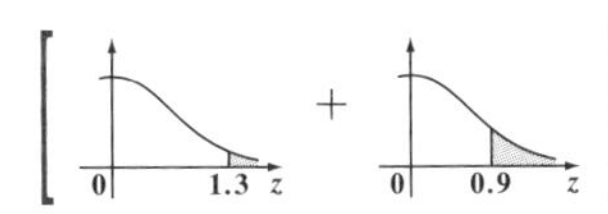

$= 0.0968 + 0.1841 = 0.2809$ ……………………………………(答)

講義 Lecture **3** 記述統計(データの分析) methods & formulae

§1. 1変数データの分析

数値データの集まり(**母集団**, 1変数データ) $X = x_1, x_2, x_3, \cdots, x_n$ を分類して, **度数分布表**(どすうぶんぷひょう)や**ヒストグラム**を作ったり, **代表値**(**平均値**, **中央値**, **最頻値**)や分散や標準偏差を求めたりする, 科学的な手法を**統計**という。そして, この母集団の個数が比較的小さく, これらすべてを分析する手法を**記述統計**(きじゅつとうけい)という。

データ分布の代表値として, 次の**3**つがある。

(i) 平均値 $\overline{X}$ (または, μ_X)

$$\overline{X} = \mu_X = \frac{1}{n}\sum_{k=1}^{n} x_k = \frac{1}{n}(x_1 + x_2 + x_3 + \cdots + x_n)$$

(ii) **メディアン**(中央値) m_e

n 個のデータを小さい順(または, 大きい順)に並べたとき, まん中(中央)にくる値のこと。

(iii) **モード**(最頻値) m_o

最も度数が大きい**階級**の**階級値**のこと。

1変数データのバラツキの度合を示す指標として, 次の分散 σ_X^2 と標準偏差 σ_X がある。

分散 σ_X^2 と標準偏差 σ_X

平均値 μ_X をもつ n 個のデータ $x_1, x_2, \cdots, x_n$ について,

(i) 分散 $\sigma_X^2 = \dfrac{(x_1 - \mu_X)^2 + (x_2 - \mu_X)^2 + \cdots + (x_n - \mu_X)^2}{n}$

(ii) 標準偏差 $\sigma_X = \sqrt{\sigma_X^2}$

分散 σ_X^2 は, 次の計算式で求めることもできる。

$$\sigma_X^2 = \frac{1}{n}\sum_{k=1}^{n} x_k^2 - \mu_X^2 = \frac{1}{n}(x_1^2 + x_2^2 + \cdots + x_n^2) - \mu_X^2$$

ヒストグラムとバラツキの度合

(i) バラツキが小さい ($\sigma_X{}^2$ が小さい)

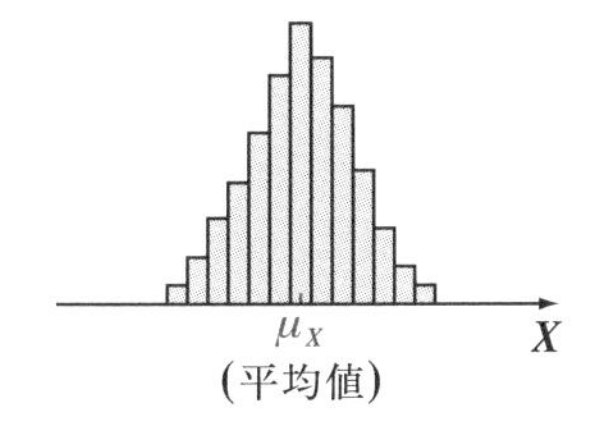

(ii) バラツキが大きい ($\sigma_X{}^2$ が大きい)

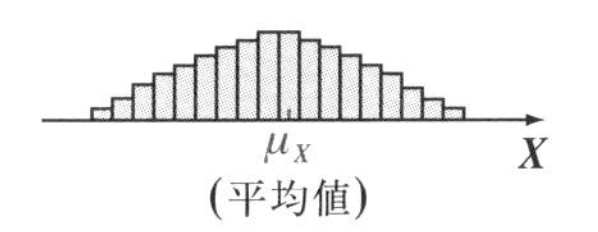

§2. 2変数データの分析

$(X, Y) = (x_1, y_1), (x_2, y_2), \cdots, (x_n, y_n)$ の形で表される**2**変数データは，これらを n 個の点の座標と考えて，XY 平面上に描くことができる。これを，**散布図**（さんぷず）という。この散布図の典型的な**3**つの例を下図に示す。

2変数データの表

データ No.	X	Y
1	x_1	y_1
2	x_2	y_2
3	x_3	y_3
⋮	⋮	⋮
n	x_n	y_n

(i) 正の相関がある

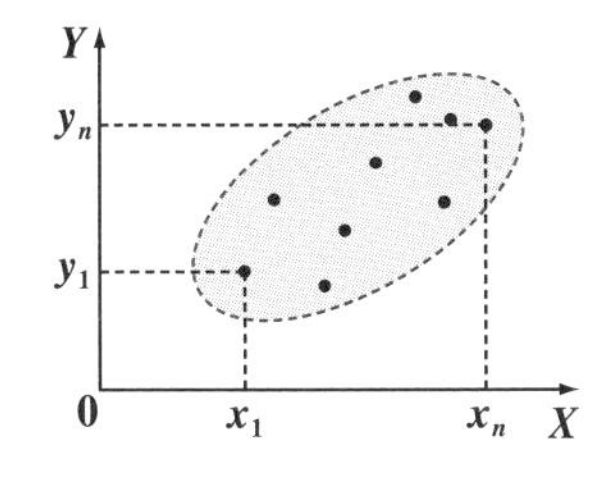

(ii) 負の相関がある

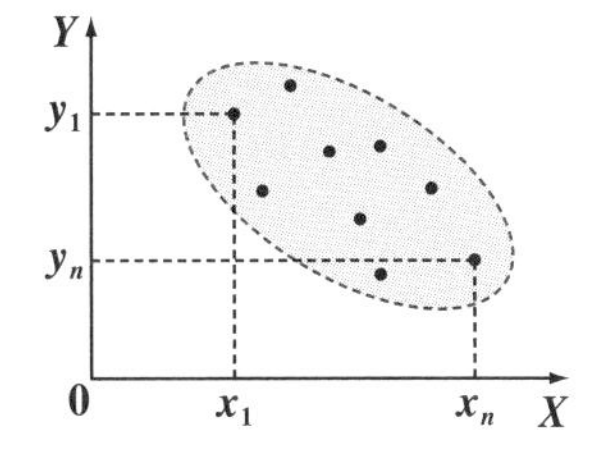

(iii) 相関がない

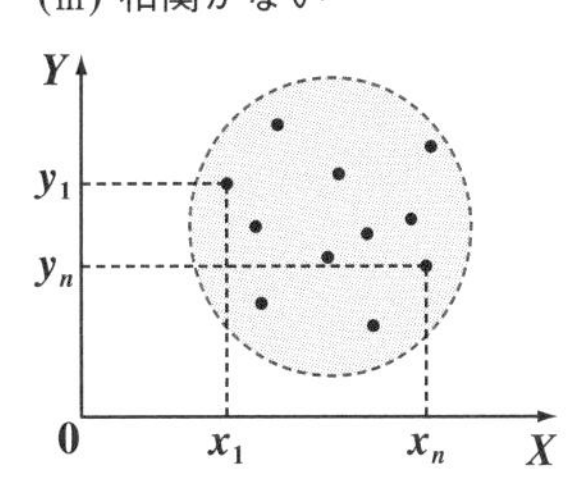

この上図(i)(ii)(iii)の**3**つの散布図は順に，(I) **正の相関**がある，(II) **負の相関**がある，(III) 相関がない，の**3**つの場合を表している。

(I) 図(i)のように，X と Y の一方が増加すると他方も増加する傾向があるとき，「X と Y の間に正の相関がある」といい，

(II) 図(ii)のように，X と Y の一方が増加すると他方が減少する傾向があるとき，「X と Y の間に負の相関がある」という。そして，

(III) 図(iii)のように，正の相関も負の相関も認められないとき，「X と Y の間には相関がない」という。

ここで，変量 $X=x_1, x_2, \cdots, x_n$ の平均値を μ_X，標準偏差を σ_X とおき，変量 $Y=y_1, y_2, \cdots, y_n$ の平均値を μ_Y，標準偏差を σ_Y とおくと，

$$\begin{cases} \mu_X = \dfrac{1}{n}\displaystyle\sum_{k=1}^{n} x_k = \dfrac{1}{n}(x_1+x_2+x_3+\cdots+x_n) \\ \sigma_X{}^2 = \dfrac{1}{n}\displaystyle\sum_{k=1}^{n}(x_k-\mu_X)^2 = \dfrac{1}{n}\{(x_1-\mu_X)^2+(x_2-\mu_X)^2+\cdots+(x_n-\mu_X)^2\} \\ \sigma_X = \sqrt{\sigma_X{}^2} \end{cases}$$

となり，また，

$$\begin{cases} \mu_Y = \dfrac{1}{n}\displaystyle\sum_{k=1}^{n} y_k = \dfrac{1}{n}(y_1+y_2+y_3+\cdots+y_n) \\ \sigma_Y{}^2 = \dfrac{1}{n}\displaystyle\sum_{k=1}^{n}(y_k-\mu_Y)^2 = \dfrac{1}{n}\{(y_1-\mu_Y)^2+(y_2-\mu_Y)^2+\cdots+(y_n-\mu_Y)^2\} \\ \sigma_Y = \sqrt{\sigma_Y{}^2} \end{cases}$$

となる。

そして，これら X と Y の平均値 μ_X，μ_Y，標準偏差 σ_X，σ_Y を利用して，次のように2つの変量 X と Y の**共分散**（きょうぶんさん） σ_{XY} と**相関係数**（そうかんけいすう） ρ_{XY} を定義する。

共分散 σ_{XY} と相関係数 ρ_{XY}

変量 $X=x_1, x_2, \cdots, x_n$ の平均値を μ_X，標準偏差を σ_X とおき，
変量 $Y=y_1, y_2, \cdots, y_n$ の平均値を μ_Y，標準偏差を σ_Y とおく。

このとき，2変数データ (x_1, y_1)，(x_2, y_2)，$\cdots$，(x_n, y_n) の
(Ⅰ) 共分散 σ_{XY} と (Ⅱ) 相関係数 ρ_{XY} は次式で求められる。

(Ⅰ) 共分散 $\sigma_{XY} = \dfrac{1}{n}\{(x_1-\mu_X)(y_1-\mu_Y)+(x_2-\mu_X)(y_2-\mu_Y)+\cdots+(x_n-\mu_X)(y_n-\mu_Y)\}$

(Ⅱ) 相関係数 $\rho_{XY} = \dfrac{\sigma_{XY}}{\sigma_X\cdot\sigma_Y}$

相関係数 ρ_{XY} は，$-1 \leqq \rho_{XY} \leqq 1$ の範囲の値をとり，この ρ_{XY} の値と散布図の正・負の相関のグラフのイメージを次の図に示す。

相関係数ρ_{XY}と散布図との関係

(i) $\rho_{XY}=-1$ (ii) $-1<\rho_{XY}<0$ (iii) $\rho_{XY}\fallingdotseq 0$

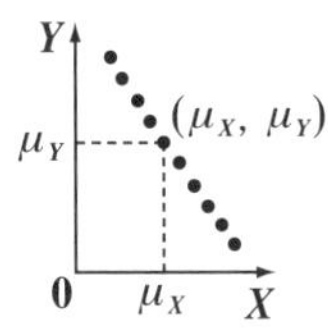

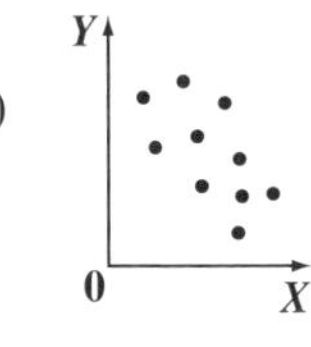

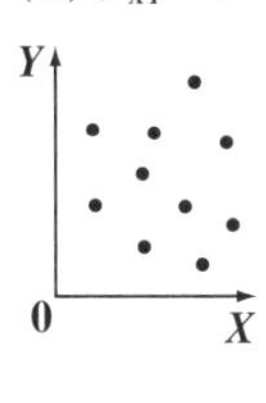

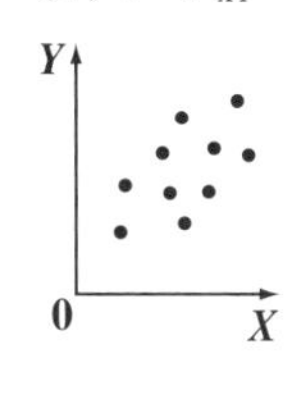

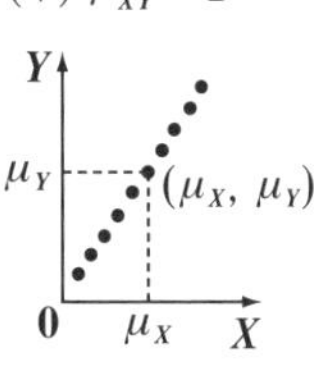

$\rho_{XY}=-1$ ←――→ $\rho_{XY}\fallingdotseq 0$ ←――→ $\rho_{XY}=1$

(強い) 負の相関 (弱い)　　(弱い) 正の相関 (強い)

右図に示すように，散布図にある程度の正または負の相関があるとき，これらのデータを**1**本の直線：

$y=ax+b$　　(a, b：定数)

で表すことができる。このような直線を**回帰直線**(かいきちょくせん)と呼ぶ。定数a, bの値は**最小2乗法**(さいしょうじじょうほう)によって，次のように決定できる。

回帰直線

(i)

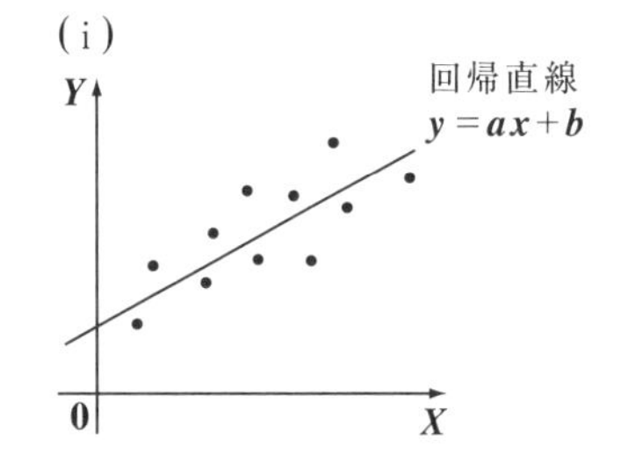

回帰直線

n個の**2**変数データ$(x_k,\ y_k)$ $(k=1,2,\cdots,n)$の回帰直線は，点$(\mu_X,\ \mu_Y)$を通り，傾き$a=\dfrac{\sigma_{XY}}{\sigma_X{}^2}$の直線である。

$$y=a(x-\mu_X)+\mu_Y\ \cdots\cdots(*1)$$

$$\left(a=\frac{\sigma_{XY}}{\sigma_X{}^2}\right)$$

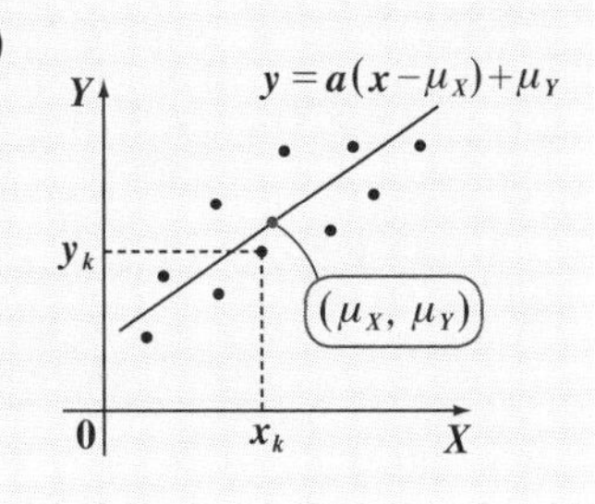

分散の計算（I）

演習問題 49 CHECK 1 CHECK 2 CHECK 3

n 個の数値データ $X = x_1, x_2, \cdots, x_n$ について，平均値 μ_X と分散 $\sigma_X{}^2$ の定義式を以下に示す。

$$\mu_X = \frac{1}{n}\sum_{k=1}^{n} x_k = \frac{1}{n}(x_1 + x_2 + \cdots + x_n) \cdots\cdots (*1)$$

$$\sigma_X{}^2 = \frac{1}{n}\sum_{k=1}^{n}(x_k - \mu_X)^2 = \frac{1}{n}\{(x_1-\mu_X)^2 + (x_2-\mu_X)^2 + \cdots + (x_n-\mu_X)^2\} \cdots\cdots (*2)$$

このとき，次の問いに答えよ。

(1) $\sigma_X{}^2$ が，$\sigma_X{}^2 = \frac{1}{n}\sum_{k=1}^{n} x_k{}^2 - \mu_X{}^2$ ……(*2)′ で表されることを示せ。

(2) $n = 9$ 個の数値データの平均値 $\mu_X = 6$，分散 $\sigma_X{}^2 = 14$ である。
これらのデータに，10 個目のデータとして，$x_{10} = 6$ を加えたとき，新たな $n' = 10$ 個のデータの分散 $\sigma_X{}'^2$ を求めよ。

ヒント！ (1) では，(*2) の右辺を変形して，(*2)′ を導けばいいんだね。(2) では，$\mu_X = \frac{1}{9}\sum_{k=1}^{9} x_k$ と $\sigma_X{}^2 = \frac{1}{9}\sum_{k=1}^{9} x_k{}^2 - \mu_X{}^2$ を利用して，x_{10} を加えた計 10 個のデータの分散 $\sigma_X{}'^2$ を求める。式変形をうまくやることがポイントだね。

解答＆解説

(1) n 個の数値データ $X = x_k$ $(k = 1, 2, \cdots, n)$ の分散 $\sigma_X{}^2$ の公式 (*2) を変形して，

$$\sigma_X{}^2 = \frac{1}{n}\sum_{k=1}^{n}(x_k - \mu_X)^2 = \frac{1}{n}\sum_{k=1}^{n}(x_k{}^2 - 2\mu_X x_k + \mu_X{}^2)$$

$$= \frac{1}{n}\left(\sum_{k=1}^{n} x_k{}^2 - 2\mu_X \underbrace{\sum_{k=1}^{n} x_k}_{n\mu_X\ ((*1)より)} + \underbrace{\sum_{k=1}^{n}\mu_X{}^2}_{n\mu_X{}^2\ (\because \mu_X は定数)}\right)$$

$$= \frac{1}{n}\left(\sum_{k=1}^{n} x_k{}^2 \underbrace{- 2\mu_X \cdot n\mu_X + n\mu_X{}^2}_{-2n\mu_X{}^2 + n\mu_X{}^2 = -n\mu_X{}^2}\right) = \frac{1}{n}\left(\sum_{k=1}^{n} x_k{}^2 - n\mu_X{}^2\right)$$

$$\therefore \sigma_X{}^2 = \frac{1}{n}\sum_{k=1}^{n} x_k{}^2 - \mu_X{}^2 \cdots\cdots (*2)'$$ が導ける。 ……………………(終)

(2) $n=9$ 個のデータ $X=x_1,\ x_2,\ \cdots,\ x_9$ について，この平均値 $\mu_X=6$，分散 $\sigma_X{}^2=14$ である。ここで，公式 $(*1)$ より，

$$\mu_X=\frac{1}{9}\sum_{k=1}^{9}x_k=\boxed{\frac{1}{9}(x_1+x_2+\cdots+x_9)=6}\ \cdots\cdots①$$

$$\therefore\ x_1+x_2+\cdots+x_9=54\ \cdots\cdots②$$

次に，公式 $(*2)'$ と①より，

$$\sigma_X{}^2=\frac{1}{9}\sum_{k=1}^{n}x_k{}^2-\underbrace{\mu_X{}^2}_{6^2}=\boxed{\frac{1}{9}(x_1{}^2+x_2{}^2+\cdots+x_9{}^2)-36=14}$$

$$\therefore\ x_1{}^2+x_2{}^2+\cdots+x_9{}^2=50\times 9=450\ \cdots\cdots③$$ である。

次に，この 9 個のデータに $x_{10}=6$ を加えた $n'=10$ 個のデータ $X=x_1,\ x_2,\ \cdots,\ x_9,\ x_{10}$ について，この平均値を $\mu_X{}'$，分散を $\sigma_X{}'^2$ とおくと，公式 $(*1)$ より，

$$\mu_X{}'=\frac{1}{10}\sum_{k=1}^{10}x_k=\frac{1}{10}(\underbrace{x_1+x_2+\cdots+x_9}_{54\ (②より)}+\underbrace{x_{10}}_{6})=\frac{1}{10}\times 60$$

$\therefore\ \mu_X{}'=6\ \cdots\cdots④$ である。次に，$\sigma_X{}'^2$ も，公式 $(*2)'$ より，

$$\sigma_X{}'^2=\frac{1}{10}\sum_{k=1}^{10}x_k{}^2-\underbrace{\mu_X{}'^2}_{6^2\ (④より)}=\frac{1}{10}(\underbrace{x_1{}^2+x_2{}^2+\cdots+x_9{}^2}_{450\ (③より)}+\underbrace{x_{10}{}^2}_{6^2})-36$$

$$=\frac{1}{10}(450+36)-36=\frac{486}{10}-36=\frac{243-180}{5}$$

$\therefore$ 求める 10 個のデータの分散 $\sigma_X{}'^2$ は，

$\sigma_X{}'^2=\dfrac{63}{5}$ である。 ……………………………………(答)

分散の計算 (II)

演習問題 50 CHECK 1 CHECK 2 CHECK 3

右の表は，あるクラスの生徒 **40** 人について，数学の試験の成績を男女別に調べた結果である。
このとき，このクラス全体でのこの試験の平均点 μ と分散 σ^2，および標準偏差 σ を求めよ。

試験結果の表

	人数	平均点	標準偏差
男子	**24**人	**60**点	**20**
女子	**16**人	**70**点	**10**

ヒント! **24** 人の男子の得点データを $x_1, x_2, \cdots, x_{24}$ とおき，**16** 人の女子の得点データを $x_{25}, x_{26}, \cdots, x_{40}$ とおいて，**40** 人のクラス全体としての平均点 μ と分散 σ^2 を，公式：$\mu = \frac{1}{40}\sum_{k=1}^{40} x_k$，$\sigma^2 = \frac{1}{40}\sum_{k=1}^{40} x_k^2 - \mu^2$ から求めればいい。

解答&解説

24人の男子生徒の**24**個の得点データを $X = x_1, x_2, \cdots, x_{24}$ とおき，
この平均値を μ_1，分散を σ_1^2 とおくと，試験結果の表より，

$$\mu_1 = \frac{1}{24}\sum_{k=1}^{24} x_k = \boxed{\frac{1}{24}(x_1 + x_2 + \cdots + x_{24}) = 60} \cdots\cdots ①$$

$$\therefore x_1 + x_2 + \cdots + x_{24} = 60 \times 24 = 1440 \cdots\cdots ②$$ となる。また，

$$\sigma_1^2 = \frac{1}{24}\sum_{k=1}^{24} x_k^2 - \underbrace{\mu_1^2}_{60^2\ (①より)} = \boxed{\frac{1}{24}(x_1^2 + x_2^2 + \cdots + x_{24}^2) - 3600 = 20^2}$$

$$\therefore x_1^2 + x_2^2 + \cdots + x_{24}^2 = 24 \times (400 + 3600) = 96000 \cdots\cdots ③$$ となる。

次に，**16**人の女子生徒の**16**個の得点データを $X = x_{25}, x_{26}, \cdots, x_{40}$ とおき，
この平均値を μ_2，分散を σ_2^2 とおくと，試験結果の表より，

$$\mu_2 = \frac{1}{16}\sum_{k=25}^{40} x_k = \boxed{\frac{1}{16}(x_{25} + x_{26} + \cdots + x_{40}) = 70} \cdots\cdots ④$$

$$\therefore x_{25} + x_{26} + \cdots + x_{40} = 70 \times 16 = 1120 \cdots\cdots ⑤$$ となる。また，

$$\sigma_2{}^2 = \frac{1}{16}\sum_{k=25}^{40} x_k{}^2 - \underbrace{\mu_2{}^2}_{70^2\ (④より)} = \boxed{\frac{1}{16}(x_{25}{}^2 + x_{26}{}^2 + \cdots + x_{40}{}^2) - 4900 = 10^2}$$

$\therefore\ x_{25}{}^2 + x_{26}{}^2 + \cdots + x_{40}{}^2 = 5000 \times 16 = 80000$ ……⑥ となる。

以上より，男女併せた40人のクラス全体の試験の平均点をμ，分散をσ^2，そして標準偏差をσとおくと，

$$\mu = \frac{1}{40}\sum_{k=1}^{40} x_k = \frac{1}{40}(\underbrace{x_1 + x_2 + \cdots + x_{24}}_{1440\ (②より)} + \underbrace{x_{25} + x_{26} + \cdots + x_{40}}_{1120\ (⑤より)})$$

$$= \frac{1440 + 1120}{40} = \frac{2560}{40} = \frac{256}{4} = 64$$

$\therefore$平均点 $\mu = 64$ ……⑦ である。 ……………………………………………(答)

$$\sigma^2 = \frac{1}{40}\sum_{k=1}^{40} x_k{}^2 - \underbrace{\mu^2}_{64^2\ (⑦より)}$$

$$= \frac{1}{40}(\underbrace{x_1{}^2 + x_2{}^2 + \cdots + x_{24}{}^2}_{96000\ (③より)} + \underbrace{x_{25}{}^2 + x_{26}{}^2 + \cdots + x_{40}{}^2}_{80000\ (⑥より)}) - \underbrace{4096}_{64^2 = 2^{12}}$$

$$= \frac{96000 + 80000}{40} - 4096 = \frac{17600}{4} - 4096 = 4400 - 4096$$

$\therefore$分散 $\sigma^2 = 304$ ……⑧ である。 ……………………………………………(答)

⑧より，

標準偏差 $\sigma = \sqrt{\underbrace{304}_{4^2 \times 19}} = 4\sqrt{19}$ である。 ……………………………………(答)

1変数データの処理（Ⅰ）

演習問題 51　CHECK 1　CHECK 2　CHECK 3

次のような15個の数値データがある。

8, 4, 10, 9, 7, 7, 3, 14, 6, 15, 5, 4, 9, 7, 12

(1) このデータの中央値（メディアン）m_e を求めよ。

(2) このデータの平均値 μ_X と分散 $\sigma_X{}^2$ と標準偏差 σ_X を求めよ。

ヒント！ (1) 15個のデータを小さい順に並べたものを $X = x_1, x_2, \cdots, x_{15}$ とおくと，まん中の x_8 が中央値になる。(2) では，平均値 μ_X と分散 $\sigma_X{}^2$ の公式：$\mu_X = \frac{1}{15}\sum_{k=1}^{15} x_k$ と $\sigma_X{}^2 = \frac{1}{15}\sum_{k=1}^{15}(x_k - \mu_X)^2$ を使って求める。その際，表を作って求めると，計算ミスが少なくなると思う。

解答＆解説

(1) 15個のデータを小さい順に並べ替えたものを，$X = x_1, x_2, \cdots, x_{15}$ とおくと，

$$X = x_1, x_2, x_3, x_4, x_5, x_6, x_7, x_8, x_9, x_{10}, x_{11}, x_{12}, x_{13}, x_{14}, x_{15}$$
$$= \underbrace{3, 4, 4, 5, 6, 7, 7}_{7\text{個のデータ}}, 7, \underbrace{8, 9, 9, 10, 12, 14, 15}_{7\text{個のデータ}}$$

↑ メディアン（中央値）

となる。よって，この数値データの中央値（メディアン）m_e は，

$m_e = x_8 = 7$ である。……………………………………(答)

(2) データ X の平均値 $\mu_X = \overline{X}$ は，

$$\mu_X = \overline{X} = \frac{1}{15}\sum_{k=1}^{15} x_k = \frac{1}{15}(3+4+4+5+\cdots+15) = \frac{120}{15}$$

$\therefore \mu_X = 8$ である。……………………………………(答)

仮平均として，たとえば，$\mu_X{}' = 9$ とおくと，偏差 $x_k - \mu_X{}'$ の平均を $\mu_X{}'$ にたして，本当の平均 μ_X を求めてもよい。

$$\mu_X = 9 + \frac{1}{15}(\cancel{-6}\ \cancel{-5} - 5 - 4 \cancel{-3} - 2 - 2 - 2 \cancel{-1} + 0 + 0 \cancel{+1} \cancel{+3} \cancel{+5} \cancel{+6})$$

（9：$\mu_X{}'$，-6：$x_1 - \mu_X{}'$，-5：$x_2 - \mu_X{}'$，6：$x_{15} - \mu_X{}'$）

$= 9 - 1 = 8$ と求められる。

よって，右の表を作り，各データx_kとμ_Xとの偏差平方$(x_k-\mu_X)^2$の和を求め，その平均をとったものが，分散$\sigma_X{}^2$になるので，

$$\sigma_X{}^2=\frac{1}{15}\sum_{k=1}^{15}(x_k-\mu_X)^2$$

$$=\frac{1}{15}\{(x_1-\mu_X)^2+(x_2-\mu_X)^2+\cdots+(x_{15}-\mu_X)^2\}$$

$$=\frac{1}{15}\{(-5)^2+(-4)^2+\cdots\cdots\cdots\cdots+7^2\}$$

$$=\frac{180}{15}$$

$\therefore\sigma_X{}^2=12$ である。…………(答)

さらに，このデータの標準偏差σ_Xは，

$\sigma_X=\sqrt{\sigma_X{}^2}=\sqrt{12}=2\sqrt{3}$

である。……………………………(答)

表

データ No.	データ X	偏差 $x_k-\mu_X$	偏差平方 $(x_k-\mu_X)^2$
1	3	−5	25
2	4	−4	16
3	4	−4	16
4	5	−3	9
5	6	−2	4
6	7	−1	1
7	7	−1	1
8	7	−1	1
9	8	0	0
10	9	1	1
11	9	1	1
12	10	2	4
13	12	4	16
14	14	6	36
15	15	7	49
合計	120	0	180
平均	8		12

平均値μ_X　　分散$\sigma_X{}^2$

1変数データの処理(II)

演習問題 52　CHECK 1　CHECK 2　CHECK 3

次のような **16** 個の数値データがある。

20, 26, 27, 16, 27, 12, 21, 21, 31, 17, 24, 22, 19, 14, 27, 28

(1) このデータの中央値(メディアン)m_e を求めよ。

(2) このデータの平均値 μ_X と分散 $\sigma_X{}^2$ と標準偏差 σ_X を求めよ。

ヒント！ **(1)** **16** 個のデータを小さい順に並べて，$X = x_1, x_2, x_3, \cdots, x_{16}$ とおくと，メディアン $m_e = \dfrac{x_8 + x_9}{2}$ となる。**(2)** では，このデータの平均値 μ_X と分散 $\sigma_X{}^2$ を，公式：$\mu_X = \dfrac{1}{16}\sum_{k=1}^{16} x_k$，$\sigma_X{}^2 = \dfrac{1}{16}\sum_{k=1}^{16}(x_k - \mu_X)^2$ から，表も利用して求める。

解答＆解説

(1) **16** 個のデータを小さい順に並べたものを，$X = x_1, x_2, \cdots, x_{16}$ とおくと，

$$X = x_1, x_2, x_3, x_4, x_5, x_6, x_7, x_8, x_9, x_{10}, x_{11}, x_{12}, x_{13}, x_{14}, x_{15}, x_{16}$$
$$= \underbrace{12, 14, 16, 17, 19, 20, 21}_{7\text{個のデータ}}, \underbrace{21, 22}_{\text{メディアン } m_e = \frac{x_8 + x_9}{2}}, \underbrace{24, 26, 27, 27, 27, 28, 31}_{7\text{個のデータ}}$$

となる。よって，このデータの中央値(メディアン)m_e は，

$m_e = \dfrac{x_8 + x_9}{2} = \dfrac{21 + 22}{2} = \dfrac{43}{2}(= 21.5)$ である。……………………(答)

(2) データ X の平均値 $\mu_X = \overline{X}$ は，

$$\mu_X = \overline{X} = \frac{1}{16}(12 + 14 + 16 + \cdots + 28 + 31) = \frac{352}{16}$$

$\therefore \mu_X = 22$ である。……………………………………………(答)

> 仮平均を，たとえば，$\mu_X{}' = 20$ とおくと，平均値 μ_X は，
>
> $\mu_X = \underset{\mu_X{}'}{20} + \dfrac{1}{16}(-8 - 6 - 4 - 3 - 1 + 0 + 1 + 1 + 2 + 4 + 6 + 7 + 7 + 7 + 8 + 11)$
>
> $= 20 + \dfrac{32}{16} = 20 + 2 = 22$ と求めてもよい。

よって，右の表を作り，各データ x_k と μ_X との偏差平方 $(x_k-\mu_X)^2$ の和を求め，その平均をとったものが，分散 $\sigma_x{}^2$ になるので，

$$\sigma_X{}^2=\frac{1}{16}\sum_{k=1}^{16}(x_k-\mu_X)^2$$

$$=\frac{1}{16}\{(x_1-\mu_X)^2+(x_2-\mu_X)^2+\cdots+(x_{16}-\mu_X)^2\}$$

$$=\frac{1}{16}\{(-10)^2+(-8)^2+\cdots\cdots\cdots\cdots\cdots+9^2\}$$

$$=\frac{452}{16}$$

$$\therefore\ \sigma_X{}^2=\frac{452}{16}=\frac{113}{4}$$

$(=28.25)$ である。………(答)

また，このデータの標準偏差 σ_X は，

$$\sigma_X=\sqrt{\sigma_X{}^2}=\sqrt{\frac{113}{4}}=\frac{\sqrt{113}}{2}$$

$(\fallingdotseq 5.315)$ である。………(答)

表

データ No.	データ X	偏差 $x_k-\mu_X$	偏差平方 $(x_k-\mu_X)^2$
1	12	−10	100
2	14	−8	64
3	16	−6	36
4	17	−5	25
5	19	−3	9
6	20	−2	4
7	21	−1	1
8	21	−1	1
9	22	0	0
10	24	2	4
11	26	4	16
12	27	5	25
13	27	5	25
14	27	5	25
15	28	6	36
16	31	9	81
合計	352		452
平均	22		28.25

平均値 μ_X　　分散 $\sigma_X{}^2$

分散の応用（Ⅰ）

演習問題 53 CHECK 1 CHECK 2 CHECK 3

次のような **4** つの数値データ

α，**4**，**5**，**9** があり，このデータの分散 $\sigma_X{}^2$ は，$\sigma_X{}^2=\dfrac{13}{2}$ である。

このとき，α の値と，このデータの平均値 μ_X を求めよ。

ヒント！ $\mu_X=\dfrac{1}{4}(\alpha+4+5+9)=\dfrac{\alpha}{4}+\dfrac{9}{2}$ より，$\sigma_X{}^2=\dfrac{1}{4}\{(\alpha-\mu_X)^2+(4-\mu_X)^2+(5-\mu_X)^2+(9-\mu_X)^2\}=\dfrac{13}{2}$ となる。これから，α の **2** 次方程式を導き，α の値を求めればいいんだね。計算はメンドウだけれど，正確に計算しよう！

解答＆解説

4 個の数値データを変量 X とおくと，

$X=x_1,\ x_2,\ x_3,\ x_4$

$\quad=\alpha,\ 4,\ 5,\ 9$ となる。

よって，X の平均値 μ_X は，

$$\mu_X=\frac{1}{4}\sum_{k=1}^{4}x_k=\frac{1}{4}(\alpha+4+5+9)=\frac{\alpha}{4}+\frac{9}{2}\ \cdots\cdots①$$ となる。

この①を用いて，X の分散 $\sigma_X{}^2$ を表すと，$\sigma_X{}^2=\dfrac{13}{2}$ より，

$$\sigma_X{}^2=\frac{1}{4}\sum_{k=1}^{4}(x_k-\mu_X)^2=\frac{1}{4}\{(\alpha-\mu_X)^2+(4-\mu_X)^2+(5-\mu_X)^2+(9-\mu_X)^2\}$$

（各 $\mu_X=\left(\dfrac{\alpha}{4}+\dfrac{9}{2}\right)$）

$$=\frac{1}{4}\left\{\left(\frac{3}{4}\alpha-\frac{9}{2}\right)^2+\left(-\frac{\alpha}{4}-\frac{1}{2}\right)^2+\left(-\frac{\alpha}{4}+\frac{1}{2}\right)^2+\left(-\frac{\alpha}{4}+\frac{9}{2}\right)^2\right\}=\frac{13}{2}$$

$$\frac{9}{16}\alpha^2-\frac{27}{4}\alpha+\frac{81}{4}+\frac{1}{16}\alpha^2+\frac{1}{4}\alpha+\frac{1}{4}+\frac{1}{16}\alpha^2-\frac{1}{4}\alpha+\frac{1}{4}+\frac{1}{16}\alpha^2-\frac{9}{4}\alpha+\frac{81}{4}$$

$$=\frac{9+1+1+1}{16}\alpha^2-\frac{27+9}{4}\alpha+\frac{2\times81+2}{4}$$

$$=\frac{3}{4}\alpha^2-9\alpha+41$$

よって，$\frac{1}{4}\left(\frac{3}{4}\alpha^2-9\alpha+41\right)=\frac{13}{2}$ より，$\frac{3}{4}\alpha^2-9\alpha+41=26$

$\frac{3}{4}\alpha^2-9\alpha+15=0$　　$3\alpha^2-36\alpha+60=0$

$\alpha^2-12\alpha+20=0$　　$(\alpha-2)(\alpha-10)=0$

$\therefore \alpha=2$ または 10 である。………………………………………………(答)

(i) $\alpha=2$ のとき，

$X=2,\ 4,\ 5,\ 9$ より，

X の平均値 μ_X は，

$\mu_X=\frac{1}{4}(2+4+5+9)$

$=\frac{20}{4}=5$ である。………(答)

表（$\alpha=2$ のとき）

No.	X	$x_k-\mu_X$	$(x_k-\mu_X)^2$
1	2	-3	9
2	4	-1	1
3	5	0	0
4	9	4	16
合計	20	0	26
平均	5 (μ_X)		$\frac{13}{2}$ ($\sigma_X{}^2$)

(ii) $\alpha=10$ のとき，

$X=10,\ 4,\ 5,\ 9$ であり，

X の平均値 μ_X は，

$\mu_X=\frac{1}{4}(10+4+5+9)$

$=\frac{28}{4}=7$ である。………(答)

表（$\alpha=10$ のとき）

No.	X	$x_k-\mu_X$	$(x_k-\mu_X)^2$
1	10	3	9
2	4	-3	9
3	5	-2	4
4	9	2	4
合計	28	0	26
平均	7 (μ_X)		$\frac{13}{2}$ ($\sigma_X{}^2$)

分散の応用（Ⅱ）

演習問題 54 CHECK 1 CHECK 2 CHECK 3

次のような **5** つの数値データ

α, **2**, **3**, **5**, **6** があり，このデータの分散 $\sigma_X{}^2$ は，$\sigma_X{}^2 = 2$ である。

このとき，α の値と，このデータの平均値 μ_X を求めよ。

ヒント！ $\mu_X = \frac{1}{5}(\alpha+2+3+5+6) = \frac{\alpha}{5} + \frac{16}{5}$ より，$\sigma_X{}^2 = \frac{1}{5}\{(\alpha-\mu_X)^2 + (2-\mu_X)^2 + \cdots + (6-\mu_X)^2\} = 2$ となる。これから，α の **2** 次方程式が導けるので，これを解いて，α の値を求め，平均値 μ_X を求めればいいんだね。頑張ろう！

解答＆解説

5 個の数値データを変量 X とおくと，

$X = x_1, x_2, x_3, x_4, x_5$

$= \alpha, 2, 3, 5, 6$ となる。

よって，X の平均値 μ_X は，

$$\mu_X = \frac{1}{5}\sum_{k=1}^{5} x_k = \frac{1}{5}(\alpha+2+3+5+6) = \frac{1}{5}(\alpha+16)$$

$$\therefore \mu_X = \frac{1}{5}\alpha + \frac{16}{5} \quad \cdots\cdots ① \text{ となる。}$$

この①を用いて，X の分散 $\sigma_X{}^2$ を表すと，$\sigma_X{}^2 = 2$ より，

$$\sigma_X{}^2 = \frac{1}{5}\sum_{k=1}^{5}(x_k - \mu_X)^2$$

$$= \frac{1}{5}\{(\alpha-\underbrace{\mu_X}_{\left(\frac{1}{5}\alpha+\frac{16}{5}\right)})^2 + (2-\underbrace{\mu_X}_{\left(\frac{1}{5}\alpha+\frac{16}{5}\right)})^2 + (3-\underbrace{\mu_X}_{\left(\frac{1}{5}\alpha+\frac{16}{5}\right)})^2 + (5-\underbrace{\mu_X}_{\left(\frac{1}{5}\alpha+\frac{16}{5}\right)})^2 + (6-\underbrace{\mu_X}_{\left(\frac{1}{5}\alpha+\frac{16}{5}\right)})^2\}$$

$$= \frac{1}{5}\left\{\left(\frac{4}{5}\alpha - \frac{16}{5}\right)^2 + \left(-\frac{1}{5}\alpha - \frac{6}{5}\right)^2 + \left(-\frac{1}{5}\alpha - \frac{1}{5}\right)^2 + \left(-\frac{1}{5}\alpha + \frac{9}{5}\right)^2 + \left(-\frac{1}{5}\alpha + \frac{14}{5}\right)^2\right\}$$

これから，

$$\sigma_X{}^2 = \frac{1}{5} \times \frac{1}{25}\left\{\underbrace{(4\alpha-16)^2+(\alpha+6)^2+(\alpha+1)^2+(\alpha-9)^2+(\alpha-14)^2}\right\} = \underline{\underline{2}}$$

$$16\alpha^2-128\alpha+256+\alpha^2+12\alpha+36+\alpha^2+2\alpha+1+\alpha^2-18\alpha+81+\alpha^2-28\alpha+196$$
$$=20\alpha^2-160\alpha+570=5(4\alpha^2-32\alpha+114)$$

よって，

$$\frac{1}{\cancel{5}\times 25}\times\cancel{5}(4\alpha^2-32\alpha+114)=2 \qquad 4\alpha^2-32\alpha+114=2\times 25$$

$$4\alpha^2-32\alpha+64=0 \qquad \alpha^2-8\alpha+16=0$$

$(\alpha-4)^2=0$　　$\therefore \alpha=4$（重解）である。……………………………………………（答）

よって，

$X=4,\ 2,\ 3,\ 5,\ 6$ より，

X の平均値 μ_X は，

$$\mu_X=\frac{1}{5}(4+2+3+5+6)$$

$$=\frac{20}{5}=4 \text{ である。}$$ ………（答）

表

No.	X	$x_k-\mu_X$	$(x_k-\mu_X)^2$
1	4	0	0
2	2	−2	4
3	3	−1	1
4	5	1	1
5	6	2	4
合計	20	0	10
平均	4 (μ_X)		2 ($\sigma_X{}^2$)

演習問題 55 CHECK 1 CHECK 2 CHECK 3

次の **8** 組の **2** 変数データがある。

(11, 1), (9, 5), (3, 12), (4, 10), (5, 8), (8, 6), (6, 3), (10, 3)

ここで，**2** 変数 X, Y を

$$\begin{cases} X = 11,\ 9,\ 3,\ 4,\ 5,\ 8,\ 6,\ 10 \\ Y = 1,\ 5,\ 12,\ 10,\ 8,\ 6,\ 3,\ 3 \end{cases}$$ とおく。

(1) XY 座標平面上に，このデータの散布図を描け。

(2) X と Y の平均値 μ_X, μ_Y，標準偏差 σ_X, σ_Y を求め，さらに，共分散 σ_{XY} と相関係数 ρ_{XY} を求めよ。

(3) このデータの回帰直線を求めよ。

ヒント！ **(1)** の散布図から，X と Y に負の相関があることが分かるはずだ。**(2)** では，表を利用することにより，μ_X, μ_Y, σ_X, σ_Y，および σ_{XY} と ρ_{XY} を求めよう。**(3)** では，このデータを **1** つの直線で表す回帰直線を公式：$y = a(x - \mu_X) + \mu_Y$ $\left(a = \frac{\sigma_{XY}}{\sigma_X{}^2}\right)$ を使って求める。この一連の解法の流れをマスターしよう！

解答＆解説

(1) **8** 組の **2** 変数データ

$(X, Y) = $ **(11, 1), (9, 5), (3, 12), (4, 10), (5, 8), (8, 6), (6, 3), (10, 3)** の散布図を右に示す。……………………(答)

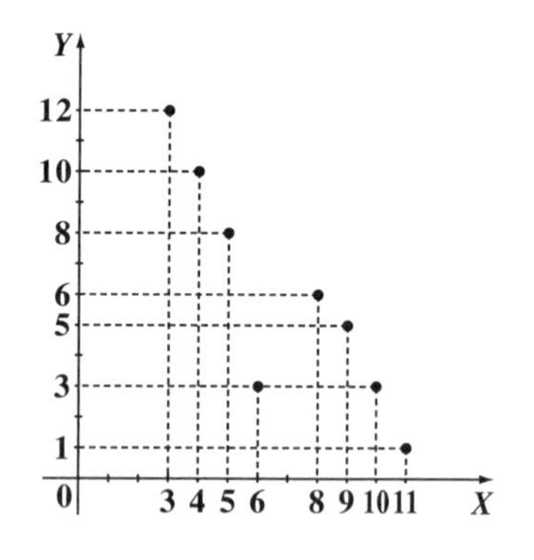

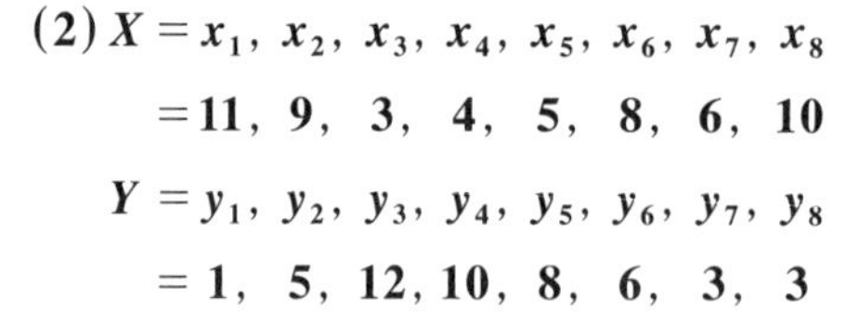

(2) $X = x_1,\ x_2,\ x_3,\ x_4,\ x_5,\ x_6,\ x_7,\ x_8$

$= 11,\ 9,\ 3,\ 4,\ 5,\ 8,\ 6,\ 10$

$Y = y_1,\ y_2,\ y_3,\ y_4,\ y_5,\ y_6,\ y_7,\ y_8$

$= 1,\ 5,\ 12,\ 10,\ 8,\ 6,\ 3,\ 3$

とおいて，X と Y の平均値 μ_X, μ_Y，および分散 $\sigma_X{}^2$, $\sigma_Y{}^2$ と標準偏差 σ_X, σ_Y を求め，さらに，X と Y の共分散 σ_{XY} と相関係数 ρ_{XY} を，次の表を利用して，求める。

表

データ No.	データ X	偏差 $x_k-\mu_X$	偏差平方 $(x_k-\mu_X)^2$	データ Y	偏差 $y_k-\mu_Y$	偏差平方 $(y_k-\mu_Y)^2$	$(x_k-\mu_X)(y_k-\mu_Y)$
1	11	4	16	1	-5	25	$-20\,(=4\times(-5))$
2	9	2	4	5	-1	1	$-2\,(=2\times(-1))$
3	3	-4	16	12	6	36	$-24\,(=-4\times6)$
4	4	-3	9	10	4	16	$-12\,(=-3\times4)$
5	5	-2	4	8	2	4	$-4\,(=-2\times2)$
6	8	1	1	6	0	0	$0\,(=1\times0)$
7	6	-1	1	3	-3	9	$3\,(=-1\times(-3))$
8	10	3	9	3	-3	9	$-9\,(=3\times(-3))$
合計	56	0	60	48	0	100	-68
平均	7 ($=\mu_X$)		$\frac{15}{2}$ ($=\sigma_X{}^2$)	6 ($=\mu_Y$)		$\frac{25}{2}$ ($=\sigma_Y{}^2$)	$-\frac{17}{2}$ ($=\sigma_{XY}$)

以上より，

$\mu_X=\frac{1}{8}\sum_{k=1}^{8}x_k=7$，$\mu_Y=\frac{1}{8}\sum_{k=1}^{8}y_k=6$ であり，…………………………(答)

$\sigma_X{}^2=\frac{1}{8}\sum_{k=1}^{8}(x_k-\mu_X)^2=\frac{15}{2}$，$\sigma_Y{}^2=\frac{1}{8}\sum_{k=1}^{8}(y_k-\mu_Y)^2=\frac{25}{2}$ であり，

$\sigma_X=\sqrt{\frac{15}{2}}=\frac{\sqrt{30}}{2}$，$\sigma_Y=\sqrt{\frac{25}{2}}=\frac{5\sqrt{2}}{2}$ である。…………………………(答)

また，共分散 σ_{XY} と相関係数 ρ_{XY} は，

$\sigma_{XY}=\frac{1}{8}\sum_{k=1}^{8}(x_k-\mu_X)(y_k-\mu_Y)=-\frac{17}{2}$ であり，…………………………(答)

$$\rho_{XY}=\frac{\sigma_{XY}}{\sigma_X\sigma_Y}=\frac{-\frac{17}{2}}{\sqrt{\frac{15}{2}}\cdot\sqrt{\frac{25}{2}}}=-\frac{17}{5\sqrt{15}}=-\frac{17\sqrt{15}}{75}\ (\fallingdotseq -0.8779)$$ である。

………(答)

これから，かなり強い負の相関があることが分かる。

(3) **(2)** の結果より，

$\mu_X = 7$，$\mu_Y = 6$，$\sigma_{XY} = -\frac{17}{2}$，$\sigma_X{}^2 = \frac{15}{2}$ である。

よって，この2変数データX, Yの回帰直線は，

$$y = a(x - \mu_X) + \mu_Y$$

a：$\frac{\sigma_{XY}}{\sigma_X{}^2}$

$$= \frac{\sigma_{XY}}{\sigma_X{}^2}(x - \mu_X) + \mu_Y$$

$$= \frac{-\frac{17}{2}}{\frac{15}{2}}(x - 7) + 6$$

$$= -\frac{17}{15}(x - 7) + 6 \text{ より，}$$

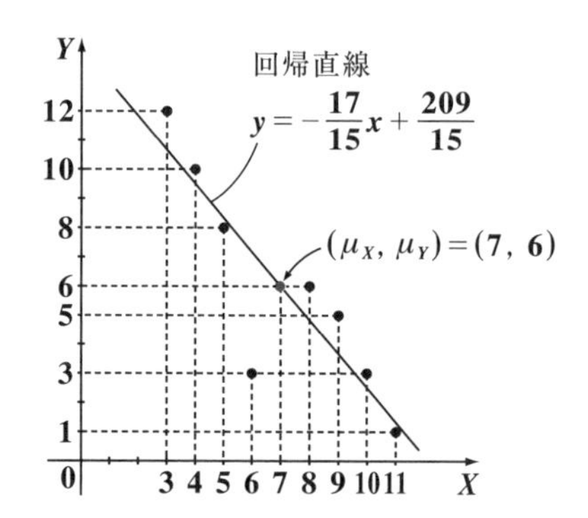

$\therefore y = -\frac{17}{15}x + \frac{209}{15}$ である。 ……………………………………(答)

XとYの回帰直線は，点$(\mu_X, \mu_Y) = (7, 6)$を通る，傾き $a = \frac{\sigma_{XY}}{\sigma_X{}^2} = -\frac{17}{15}$ の直線である。このグラフを上に示す。

演習問題 56	CHECK 1	CHECK 2	CHECK 3

次の **8** 組の **2** 変数データがある。

(3, 4), (6, 5), (8, 9), (10, 13), (5, 6), (8, 7), (7, 6), (9, 14)

ここで, **2** 変数 X, Y を

$$\begin{cases} X = 3,\ 6,\ 8,\ 10,\ 5,\ 8,\ 7,\ 9 \\ Y = 4,\ 5,\ 9,\ 13,\ 6,\ 7,\ 6,\ 14 \end{cases}$$ とおく。

(1) XY 座標平面上に, このデータの散布図を描け。

(2) X と Y の平均 μ_X, μ_Y, 標準偏差 σ_X, σ_Y を求め, さらに,
共分散 σ_{XY} と相関係数 ρ_{XY} を求めよ。

(3) このデータの回帰直線を求めよ。

ヒント! **(1)**の散布図から, XとYに正の相関があることが分かるはずだ。**(2)**では, 共分散σ_{XY}を求めるための表を作ることにより, μ_X, μ_Y, $\sigma_X{}^2$, $\sigma_Y{}^2$がすべて求まる。**(3)**の回帰直線は公式 : $y = a(x-\mu_X)+\mu_Y \quad \left(a = \dfrac{\sigma_{XY}}{\sigma_X{}^2}\right)$ を利用しよう。

解答&解説

(1) **8** 組の **2** 変数データ

$(X, Y) = (3, 4), (6, 5), (8, 9),$
$(10, 13), (5, 6), (8, 7),$
$(7, 6), (9, 14)$ の

散布図を右に示す。…………(答)

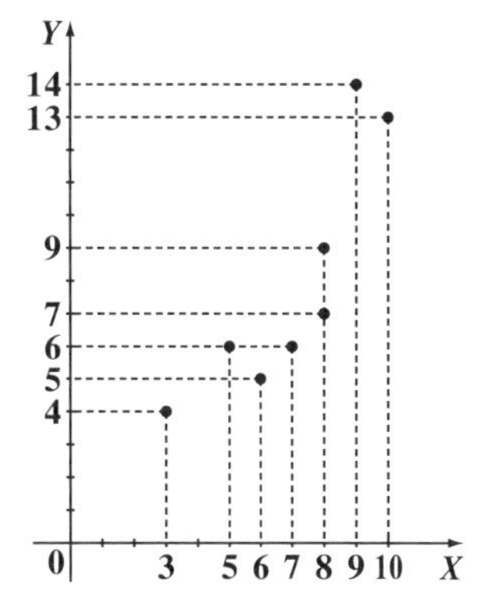

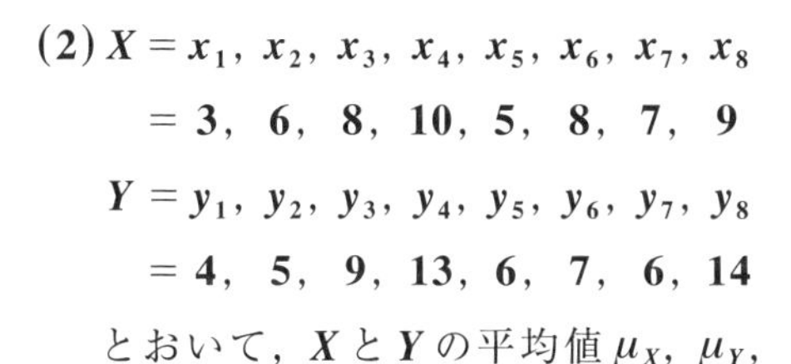

(2) $X = x_1, x_2, x_3, x_4, x_5, x_6, x_7, x_8$
$= 3,\ 6,\ 8,\ 10,\ 5,\ 8,\ 7,\ 9$

$Y = y_1, y_2, y_3, y_4, y_5, y_6, y_7, y_8$
$= 4,\ 5,\ 9,\ 13,\ 6,\ 7,\ 6,\ 14$

とおいて, X と Y の平均値 μ_X, μ_Y,

および分散 $\sigma_X{}^2$, $\sigma_Y{}^2$ と標準偏差 σ_X, σ_Y を求め, さらに, X と Y の共分散 σ_{XY} と相関係数 ρ_{XY} を, 次の表を利用して求める。

表

データNo.	データ X	偏差 $x_k-\mu_X$	偏差平方 $(x_k-\mu_X)^2$	データ Y	偏差 $y_k-\mu_Y$	偏差平方 $(y_k-\mu_Y)^2$	$(x_k-\mu_X)(y_k-\mu_Y)$
1	3	-4	16	4	-4	16	$16(=-4\times(-4))$
2	6	-1	1	5	-3	9	$3(=-1\times(-3))$
3	8	1	1	9	1	1	$1(=1\times1)$
4	10	3	9	13	5	25	$15(=3\times5)$
5	5	-2	4	6	-2	4	$4(=-2\times(-2))$
6	8	1	1	7	-1	1	$-1(=1\times(-1))$
7	7	0	0	6	-2	4	$0(=0\times(-2))$
8	9	2	4	14	6	36	$12(=2\times6)$
合計	56	0	36	64	0	96	50
平均	$7 = \mu_X$		$\frac{9}{2} = \sigma_X{}^2$	$8 = \mu_Y$		$12 = \sigma_Y{}^2$	$\frac{25}{4} = \sigma_{XY}$

以上より,

$\mu_X=\frac{1}{8}\sum_{k=1}^{8}x_k=7$, $\mu_Y=\frac{1}{8}\sum_{k=1}^{8}y_k=8$ であり, ……………………………(答)

$\sigma_X{}^2=\frac{1}{8}\sum_{k=1}^{8}(x_k-\mu_X)^2=\frac{9}{2}$, $\sigma_Y{}^2=\frac{1}{8}\sum_{k=1}^{8}(y_k-\mu_Y)^2=12$ であり,

$\sigma_X=\sqrt{\frac{9}{2}}=\frac{3\sqrt{2}}{2}$, $\sigma_Y=\sqrt{12}=2\sqrt{3}$ である。 ……………………………(答)

また, 共分散 σ_{XY} と相関係数 ρ_{XY} は,

$\sigma_{XY}=\frac{1}{8}\sum_{k=1}^{8}(x_k-\mu_X)(y_k-\mu_Y)=\frac{25}{4}$ であり, ……………………………(答)

$\rho_{XY}=\frac{\sigma_{XY}}{\sigma_X\sigma_Y}=\frac{\frac{25}{4}}{\frac{3\sqrt{2}}{2}\times2\sqrt{3}}=\frac{25}{12\sqrt{6}}=\frac{25\sqrt{6}}{72}$ $(\fallingdotseq 0.8505)$ である。

………(答)

これから, かなり強い正の相関があることが分かる。

(3) **(2)** の結果より，

$\mu_X = 7$, $\mu_Y = 8$, $\sigma_{XY} = \dfrac{25}{4}$, $\sigma_X{}^2 = \dfrac{9}{2}$ である。

よって，この2変数データX, Yの回帰直線は，

$$y = a(x - \mu_X) + \mu_Y \quad \left(a = \frac{\sigma_{XY}}{\sigma_X{}^2}\right)$$

$$= \frac{\sigma_{XY}}{\sigma_X{}^2}(x - \mu_X) + \mu_Y$$

$$= \frac{\frac{25}{4}}{\frac{9}{2}}(x - 7) + 8$$

$$= \frac{25}{18}(x - 7) + 8$$

$$= \frac{25}{18}x - \frac{25 \times 7}{18} + 8$$

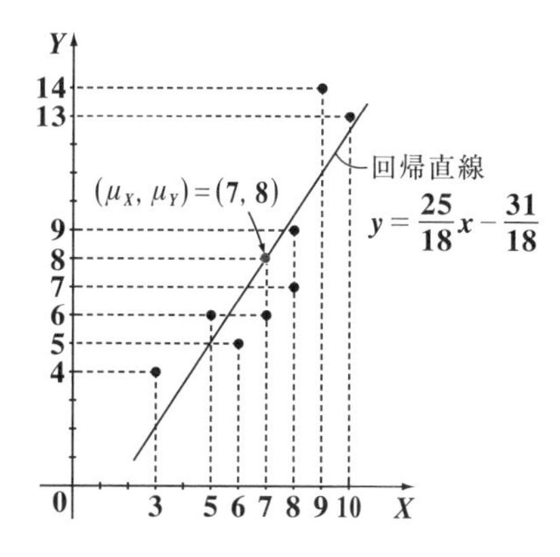

$\therefore y = \dfrac{25}{18}x - \dfrac{31}{18}$ である。……………………………………(答)

（XとYの回帰直線は，点$(\mu_X, \mu_Y) = (7, 8)$を通り，傾き$a = \dfrac{\sigma_{XY}}{\sigma_X{}^2} = \dfrac{25}{18}$の直線である。このグラフを上に示す。）

演習問題 57 CHECK 1 CHECK 2 CHECK 3

次の **10** 組の **2** 変数データがある。

$(4,\ 6),\ \left(5,\ \frac{13}{2}\right),\ \left(7,\ \frac{15}{2}\right),\ \left(9,\ \frac{17}{2}\right),\ (2,\ 5),$

$(6,\ 7),\ \left(3,\ \frac{11}{2}\right),\ \left(13,\ \frac{21}{2}\right),\ (0,\ 4),\ \left(11,\ \frac{19}{2}\right)$

ここで，**2** 変数 X, Y を

$$\begin{cases} X = 4,\ 5,\ 7,\ 9,\ 2,\ 6,\ 3,\ 13,\ 0,\ 11 \\ Y = 6,\ \frac{13}{2},\ \frac{15}{2},\ \frac{17}{2},\ 5,\ 7,\ \frac{11}{2},\ \frac{21}{2},\ 4,\ \frac{19}{2} \end{cases}$$ とおく。

(1) XY 座標平面上に，このデータの散布図を描け。

(2) X と Y の平均値 μ_X, μ_Y，標準偏差 σ_X, σ_Y を求め，さらに，共分散 σ_{XY} と相関係数 ρ_{XY} を求めよ。

(3) このデータの回帰直線を求めよ。

ヒント！ **(1)** の散布図から，これらのデータが正の傾きの **1** 直線上に並ぶ特殊な場合であることが分かるはずだ。**(2)** では，μ_X, $\sigma_X{}^2$, μ_Y, $\sigma_Y{}^2$, σ_{XY} を求める表を作り，相関係数 $\rho_{XY}=1$ となることを確認しよう。**(3)** では，すべてのデータの点が回帰直線上に存在することが分かるはずだ。

解答＆解説

(1) **10** 組の **2** 変数データ

$(X,\ Y) = (4,\ 6),\ \left(5,\ \frac{13}{2}\right),\ \left(7,\ \frac{15}{2}\right),\ \left(9,\ \frac{17}{2}\right),\ (2,\ 5),\ (6,\ 7),\ \left(3,\ \frac{11}{2}\right),\ \left(13,\ \frac{21}{2}\right),\ (0,\ 4),\ \left(11,\ \frac{19}{2}\right)$ の散布図を右に示す。 ……………………………(答)

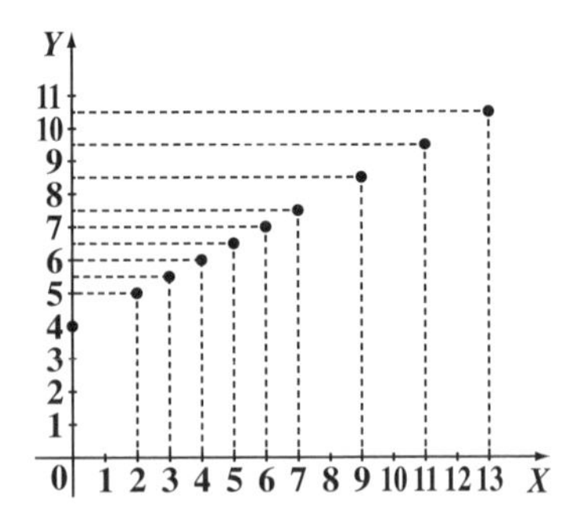

(2) $X = x_1,\ x_2,\ x_3,\ x_4,\ x_5,\ x_6,\ x_7,\ x_8,\ x_9,\ x_{10}$

$= 4,\ 5,\ 7,\ 9,\ 2,\ 6,\ 3,\ 13,\ 0,\ 11$

$Y = y_1,\ y_2,\ y_3,\ y_4,\ y_5,\ y_6,\ y_7,\ y_8,\ y_9,\ y_{10}$

$= 6,\ \frac{13}{2},\ \frac{15}{2},\ \frac{17}{2},\ 5,\ 7,\ \frac{11}{2},\ \frac{21}{2},\ 4,\ \frac{19}{2}$ とおいて，

X と Y の平均値 μ_X，μ_Y，と標準偏差 σ_X，σ_Y を求め，さらに，X と Y の共分散 σ_{XY} と相関係数 ρ_{XY} を次の表を利用して求める。

表

データ No.	データ X	偏差 $x_k-\mu_X$	偏差平方 $(x_k-\mu_X)^2$	データ Y	偏差 $y_k-\mu_Y$	偏差平方 $(y_k-\mu_Y)^2$	$(x_k-\mu_X)(y_k-\mu_Y)$
1	4	-2	4	6	-1	1	$2\,(=-2\times(-1))$
2	5	-1	1	$\frac{13}{2}$	$-\frac{1}{2}$	$\frac{1}{4}$	$\frac{1}{2}\left(=-1\times\left(-\frac{1}{2}\right)\right)$
3	7	1	1	$\frac{15}{2}$	$\frac{1}{2}$	$\frac{1}{4}$	$\frac{1}{2}\left(=1\times\frac{1}{2}\right)$
4	9	3	9	$\frac{17}{2}$	$\frac{3}{2}$	$\frac{9}{4}$	$\frac{9}{2}\left(=3\times\frac{3}{2}\right)$
5	2	-4	16	5	-2	4	$8\,(=-4\times(-2))$
6	6	0	0	7	0	0	$0\,(=0\times0)$
7	3	-3	9	$\frac{11}{2}$	$-\frac{3}{2}$	$\frac{9}{4}$	$\frac{9}{2}\left(=-3\times\left(-\frac{3}{2}\right)\right)$
8	13	7	49	$\frac{21}{2}$	$\frac{7}{2}$	$\frac{49}{4}$	$\frac{49}{2}\left(=7\times\frac{7}{2}\right)$
9	0	-6	36	4	-3	9	$18\,(=-6\times(-3))$
10	11	5	25	$\frac{19}{2}$	$\frac{5}{2}$	$\frac{25}{4}$	$\frac{25}{2}\left(=5\times\frac{5}{2}\right)$
合計	60	0	150	70	0	$\frac{75}{2}$	75
平均	6 $(=\mu_X)$		15 $(=\sigma_X^2)$	7 $(=\mu_Y)$		$\frac{15}{4}$ $(=\sigma_Y^2)$	$\frac{15}{2}$ $(=\sigma_{XY})$

以上より，

$\mu_X = \frac{1}{10}\sum_{k=1}^{10} x_k = 6$，$\mu_Y = \frac{1}{10}\sum_{k=1}^{10} y_k = 7$ であり，……………………………(答)

$\sigma_X{}^2 = \frac{1}{10}\sum_{k=1}^{10}(x_k - \mu_X)^2 = 15$，$\sigma_Y{}^2 = \frac{1}{10}\sum_{k=1}^{10}(y_k - \mu_Y)^2 = \frac{15}{4}$ であり，

$\sigma_X = \sqrt{\sigma_X{}^2} = \sqrt{15}$，$\sigma_Y = \sqrt{\sigma_Y{}^2} = \sqrt{\frac{15}{4}} = \frac{\sqrt{15}}{2}$ である。……………………(答)

また，共分散 σ_{XY} と相関係数 ρ_{XY} は，

$\sigma_{XY} = \frac{1}{10}\sum_{k=1}^{10}(x_k - \mu_X)(y_k - \mu_Y) = \frac{15}{2}$ であり，……………………………(答)

$$\rho_{XY} = \frac{\sigma_{XY}}{\sigma_X \sigma_Y} = \frac{\frac{15}{2}}{\sqrt{15}\cdot\frac{\sqrt{15}}{2}} = \frac{15}{15} = 1$$ である。……………………………(答)

(3) (2)の結果より，

$\mu_X = 6$，$\mu_Y = 7$，

$\sigma_{XY} = \frac{15}{2}$，$\sigma_X{}^2 = 15$

である。

よって，この2変数データの回帰直線は，

$y = a(x - \mu_X) + \mu_Y$

$\left(a = \frac{\sigma_{XY}}{\sigma_X{}^2}\right)$

$$= \frac{\frac{15}{2}}{15}(x-6)+7$$

$= \frac{1}{2}(x-6)+7$　　$\therefore y = \frac{1}{2}x + 4$ である。……………………………(答)

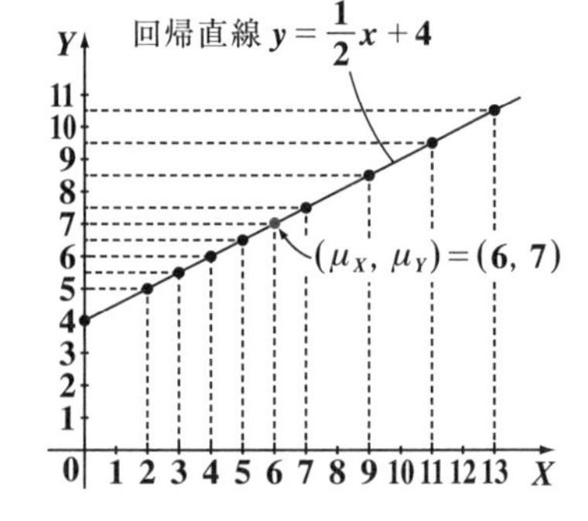

XとYの回帰直線は，点$(\mu_X,\ \mu_Y)=(6,\ 7)$を通り，傾き$a=\dfrac{\sigma_{XY}}{{\sigma_X}^2}=\dfrac{1}{2}$の直線である。今回は，相関係数$\rho_{XY}=1$（$\rho_{XY}$の最大値）の特殊な場合なので，2変数データの点はすべて，この回帰直線上に存在する。

参考

一般に$\rho_{XY}=\pm 1$のときと，回帰直線の間には次の関係があるので頭に入れておこう。

(i) $\rho_{XY}=1$のとき，2変数データを表すすべての点は，正の傾きaをもった（傾きaは正であれば，$\frac{1}{2}$でも1でも3でも，何でも構わない。）回帰直線$y=a(x-\mu_X)+\mu_Y$上に存在する。

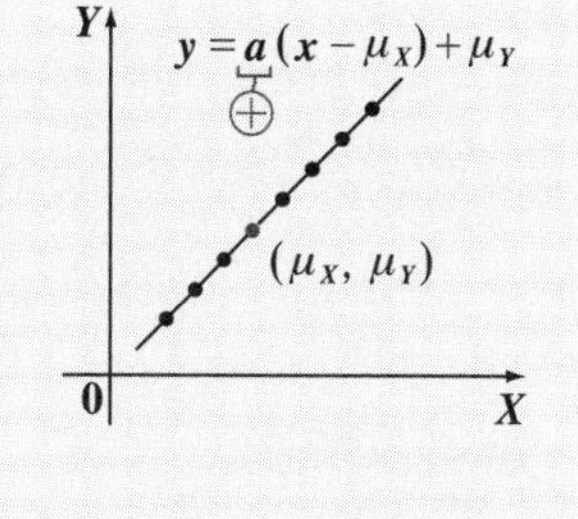

(ii) $\rho_{XY}=-1$のとき，2変数データを表すすべての点は，負の傾きaをもった（傾きaは負であれば，$-\frac{1}{2}$でも-1でも-3でも，何でも構わない。）回帰直線$y=a(x-\mu_X)+\mu_Y$上に存在する。

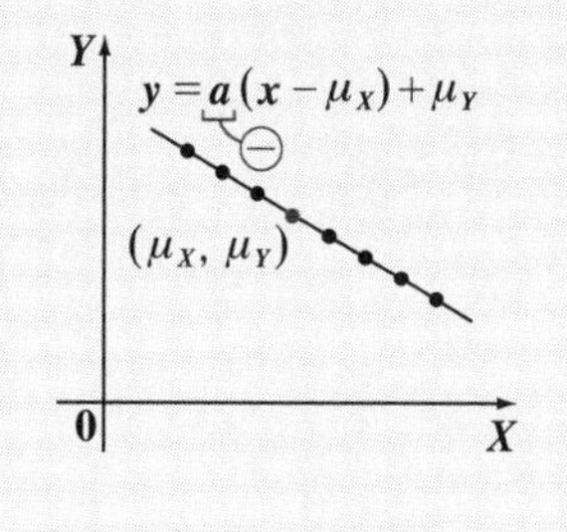

演習問題 58

CHECK 1　CHECK 2　CHECK 3

3組の2変数データ (2, 6), (5, 9), (α, 3) がある。ここで，

2変数データを $\begin{cases} X = 2, \ 5, \ \alpha \\ Y = 6, \ 9, \ 3 \end{cases}$ とおく。

X と Y の共分散 $\sigma_{XY} = -3$ のとき，次の問いに答えよ。

(1) α の値を求めよ。

(2) X の平均値 μ_X と，分散 $\sigma_X{}^2$ を求めて，この2変数データの回帰直線の方程式を求めよ。

ヒント！ (1) 共分散の公式：$\sigma_{XY} = \frac{1}{3}\sum_{k=1}^{3}(x_k - \mu_X)(y_k - \mu_Y) = -3$ から，α の値を求める。(2) α の値が分かれば，後は表を利用して，μ_X, μ_Y, $\sigma_X{}^2$ を求め，回帰直線の公式：$y = \frac{\sigma_{XY}}{\sigma_X{}^2}(x - \mu_X) + \mu_Y$ に代入すればいいんだね。頑張ろう！

解答＆解説

(1) 3組の2変数データ (2, 6), (5, 9), (α, 3) について，

$$\begin{cases} X = x_1, \ x_2, \ x_3 = 2, \ 5, \ \alpha \\ Y = y_1, \ y_2, \ y_3 = 6, \ 9, \ 3 \end{cases}$$ とおくと，

X と Y の平均値 μ_X と μ_Y は，

$$\mu_X = \frac{1}{3}\sum_{k=1}^{3} x_k = \frac{1}{3}(2+5+\alpha) = \frac{\alpha}{3} + \frac{7}{3} \quad \cdots\cdots ①$$

$$\mu_Y = \frac{1}{3}\sum_{k=1}^{3} y_k = \frac{1}{3}(6+9+3) = \frac{18}{3} = 6 \quad \cdots\cdots ②$$ となる。

ここで，共分散 $\sigma_{XY} = -3$ より，

$$\sigma_{XY} = -3 = \frac{1}{3}\sum_{k=1}^{3}(x_k - \mu_X)(y_k - \mu_Y)$$

$$= \frac{1}{3}\left\{\left(2 - \frac{\alpha}{3} - \frac{7}{3}\right)\cdot\underbrace{(6-6)}_{0} + \underbrace{\left(5 - \frac{\alpha}{3} - \frac{7}{3}\right)\cdot(9-6) + \left(\alpha - \frac{\alpha}{3} - \frac{7}{3}\right)\cdot(3-6)}_{3\cdot\left(-\frac{\alpha}{3}+\frac{8}{3}\right) - 3\cdot\left(\frac{2}{3}\alpha - \frac{7}{3}\right) = -3\alpha + 15}\right\}$$

よって，$-3=\frac{1}{3}(-3\alpha+15)$ より，$-3=-\alpha+5$

$\therefore \alpha=8$ である。……………………………………………………(答)

(2) $\alpha=8$ より，下の表を利用して μ_X，$\sigma_X{}^2$ の値を求めると，

表

データ No.	データ X	偏差 $x_k-\mu_X$	偏差平方 $(x_k-\mu_X)^2$	データ Y	偏差 $y_k-\mu_Y$	偏差平方 $(y_k-\mu_Y)^2$	$(x_k-\mu_X)(y_k-\mu_Y)$
1	2	−3	9	6	0	0	0 (=−3×0)
2	5	0	0	9	3	9	0 (=0×3)
3	8	3	9	3	−3	9	−9 (=3×(−3))
合計	15	0	18	18	0	18	−9
平均	5 ($=\mu_X$)		6 ($=\sigma_X{}^2$)	6 ($=\mu_Y$)		6 ($=\sigma_Y{}^2$)	−3 ($=\sigma_{XY}$)

以上より，$\mu_X=5$，$\sigma_X{}^2=6$ である。…………………………………………(答)

また，$\mu_Y=6$，$\sigma_{XY}=-3$ より，
この 2 変数データの回帰直線の方程式を求めると，

$$y=\frac{\sigma_{XY}}{\sigma_X{}^2}(x-\mu_X)+\mu_Y$$

$$=\frac{-3}{6}(x-5)+6$$

$$=-\frac{1}{2}x+\frac{5}{2}+6$$

$\therefore y=-\frac{1}{2}x+\frac{17}{2}$ である。

………(答)

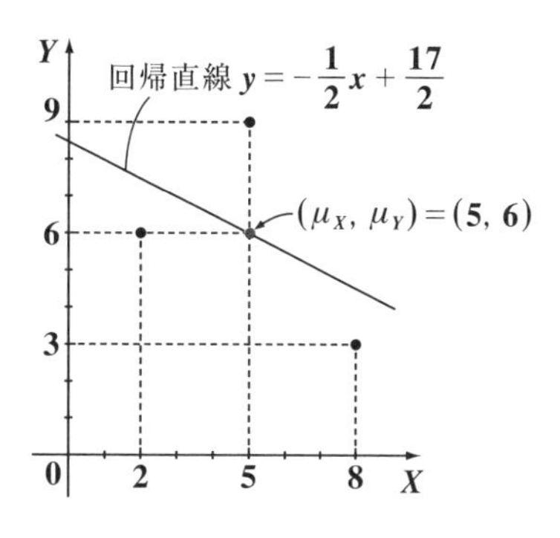

共分散と回帰直線（II）

演習問題 59　CHECK 1　CHECK 2　CHECK 3

4 組の 2 変数データ $(\alpha,\ 2)$, $(8,\ 7)$, $(6,\ 8)$, $(10,\ 7)$ がある。ここで，

2 変数データを $\begin{cases} X = \alpha,\ 8,\ 6,\ 10 \\ Y = 2,\ 7,\ 8,\ 7 \end{cases}$ とおく。

X と Y の共分散 $\sigma_{XY} = \dfrac{7}{2}$ のとき，次の問いに答えよ。

(1) α の値を求めよ。

(2) X の平均値 μ_X と，分散 $\sigma_X{}^2$ を求めて，この 2 変数データの回帰直線の方程式を求めよ。

ヒント！ (1) 共分散 $\sigma_{XY} = \dfrac{1}{4}\displaystyle\sum_{k=1}^{4}(x_k - \mu_X)(y_k - \mu_Y) = \dfrac{7}{2}$ から，α の値を求める。(2) では，表を利用して，μ_X, μ_Y, $\sigma_X{}^2$ を求めて，回帰直線の方程式を求めよう。

解答＆解説

(1) 4 組の 2 変数データ $(\alpha,\ 2)$, $(8,\ 7)$, $(6,\ 8)$, $(10,\ 7)$ について，

$$\begin{cases} X = x_1,\ x_2,\ x_3,\ x_4 = \alpha,\ 8,\ 6,\ 10 \\ Y = y_1,\ y_2,\ y_3,\ y_4 = 2,\ 7,\ 8,\ 7 \end{cases}$$ とおくと，

X と Y の平均値 μ_X と μ_Y は，

$$\mu_X = \frac{1}{4}\sum_{k=1}^{4}x_k = \frac{1}{4}(\alpha + 8 + 6 + 10) = \frac{\alpha}{4} + 6 \quad \cdots\cdots①$$

$$\mu_Y = \frac{1}{4}\sum_{k=1}^{4}y_k = \frac{1}{4}(2 + 7 + 8 + 7) = \frac{24}{4} = 6 \quad \cdots\cdots②$$ となる。

ここで，共分散 $\sigma_{XY} = \dfrac{7}{2}$ より，

$$\sigma_{XY} = \frac{7}{2} = \frac{1}{4}\sum_{k=1}^{4}(x_k - \mu_X)(y_k - \mu_Y)$$

$$= \frac{1}{4}\left\{\left(\alpha - \frac{\alpha}{4} - 6\right)\cdot(2-6) + \left(8 - \frac{\alpha}{4} - 6\right)\cdot(7-6) + \left(6 - \frac{\alpha}{4} - 6\right)\cdot(8-6) + \left(10 - \frac{\alpha}{4} - 6\right)\cdot(7-6)\right\}$$

$$-4\left(\frac{3}{4}\alpha - 6\right) + 2 - \frac{\alpha}{4} + 2\left(-\frac{\alpha}{4}\right) - \frac{\alpha}{4} + 4 = -4\alpha + 30$$

よって，$\frac{7}{2}=\frac{1}{4}(-4\alpha+30)$ より，$\frac{7}{2}=-\alpha+\frac{15}{2}$

$\therefore \alpha=\frac{15}{2}-\frac{7}{2}=\frac{8}{2}=4$ である。……………………………(答)

(2) $\alpha=4$ より，下の表を利用して μ_X と $\sigma_X{}^2$ の値を求めると，

表

データ No.	データ X	偏差 $x_k-\mu_X$	偏差平方 $(x_k-\mu_X)^2$	データ Y	偏差 $y_k-\mu_Y$	偏差平方 $(y_k-\mu_Y)^2$	$(x_k-\mu_X)(y_k-\mu_Y)$
1	4	−3	9	2	−4	16	12 $(=-3\times(-4))$
2	8	1	1	7	1	1	1 $(=1\times1)$
3	6	−1	1	8	2	4	−2 $(=-1\times2)$
4	10	3	9	7	1	1	3 $(=3\times1)$
合計	28	0	20	24	0	22	14
平均	7 $=\mu_X$		5 $=\sigma_X{}^2$	6 $=\mu_Y$		$\frac{11}{2}=\sigma_Y{}^2$	$\frac{7}{2}=\sigma_{XY}$

以上より，$\mu_X=7$，$\sigma_X{}^2=5$ である。……………………………(答)

また，$\sigma_{XY}=\frac{7}{2}$，$\mu_Y=6$ より，この2変数データの回帰直線の方程式を求めると，

$$y=\frac{\sigma_{XY}}{\sigma_X{}^2}(x-\mu_X)+\mu_Y$$

$$=\frac{\frac{7}{2}}{5}(x-7)+6$$

$$=\frac{7}{10}(x-7)+6$$

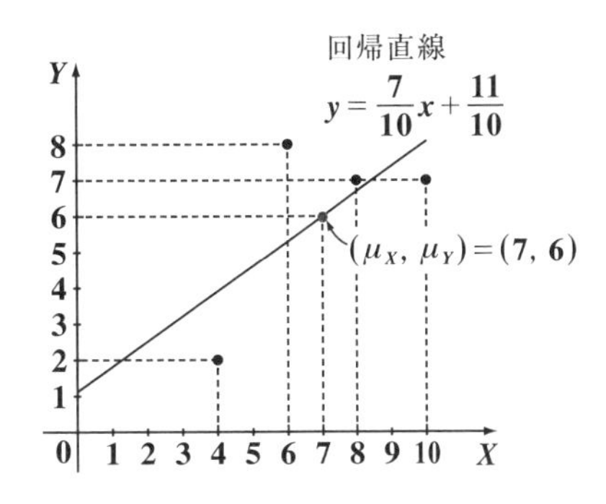

$\therefore y=\frac{7}{10}x+\frac{11}{10}$ である。……………………………(答)

講 義 Lecture 4 推測統計

§1. 点推定

母集団のデータの個数が膨大であるとき，この巨大な母集団からn個の**標本(サンプル)**を無作為に抽出して，この標本を分析することにより，母集団の分布を推定する統計的手法を**推測統計**という。

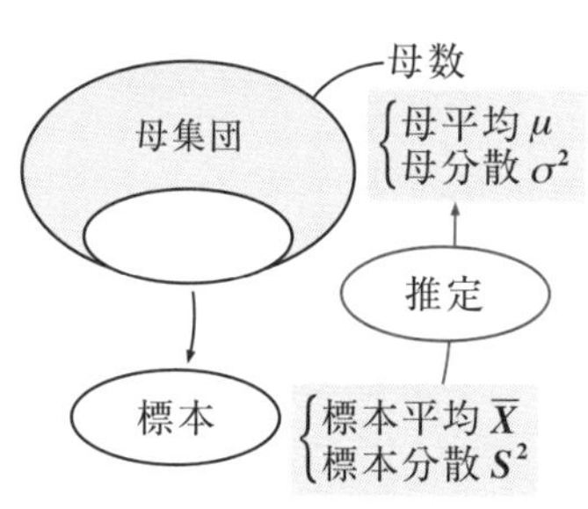

特に，右図に示すように，母集団の分布を特徴づける**母数**(**母平均**μ，**母分散**σ^2)の値を，取り出した**標本平均**$\overline{X}$や**標本分散**S^2で推測することを**点推定**という。

ここで，母集団から標本を無作為に抽出する手法として，

(i) 要素を**1**個取り出しては元に戻し，また新たに**1**個を取り出すことを繰り返す“**復元抽出**”と，

(ii) 取り出した要素を元に戻すことなしに，次々と要素を取り出す“**非復元抽出**”の，**2**通りがある。

しかし，母集団の大きさNが標本の大きさnに対して，十分に大きければ，非復元抽出であっても，復元抽出とみなして構わない。

母数θ(定数)の推定量$\tilde{\theta}$は，$\tilde{\theta}=F(X_1,\ \cdots,\ X_n)$と表され，$X_1,\ X_2,\ \cdots,\ X_n$は当然確率変数として変化するので，当然$\tilde{\theta}$もある分布に従って変化する。しかし，$\tilde{\theta}$の期待値$E[\tilde{\theta}]$が，母数$\theta$と等しいとき，すなわち $E[\tilde{\theta}]=\theta$ が成り立つとき，この$\tilde{\theta}$をθの“**不偏推定量**”と呼ぶ。

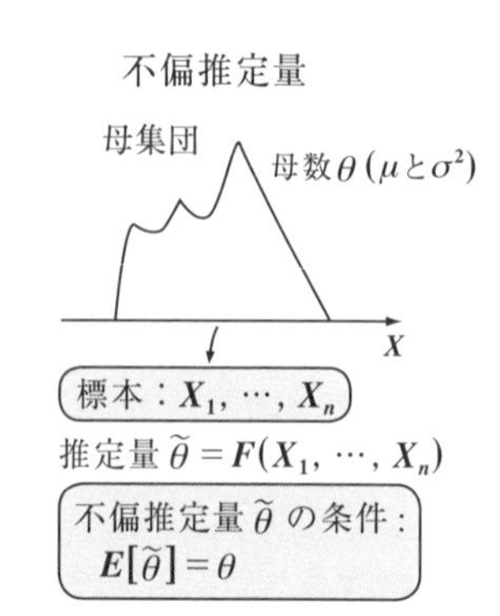

これ以外の母数の推定量として，**最尤推定量**を利用することもある。

μ と σ^2 の不偏推定量

母平均 μ と母分散 σ^2 をもつ巨大な母集団から任意に抽出した n 個の標本 X_1, X_2, …, X_n に対して，次のように不偏推定量が求められる。

(i) 母平均 μ の不偏推定量：

$$\overline{X} = \frac{1}{n}\sum_{k=1}^{n} X_k = \frac{1}{n}(X_1+X_2+\cdots+X_n) \quad \cdots\cdots(*1)$$

$\theta = \mu$ で $\tilde{\theta} = \overline{X}$ のこと $E[\overline{X}] = \mu$ をみたす。

これを“標本平均(ひょうほんへいきん)”という。

(ii) 母分散 σ^2 の不偏推定量：

$$S^2 = \frac{1}{n-1}\sum_{k=1}^{n}(X_k-\overline{X})^2$$

$$= \frac{1}{n-1}\{(X_1-\overline{X})^2+(X_2-\overline{X})^2+\cdots+(X_n-\overline{X})^2\} \quad \cdots\cdots(*2)$$

$\theta = \sigma^2$ で $\tilde{\theta} = S^2$ のこと $E[S^2] = \sigma^2$ をみたす。

これを“標本分散(ひょうほんぶんさん)”または“不偏分散(ふへんぶんさん)”という。

最尤推定量についても示しておくと，

(i) 母平均 μ の最尤推定量は，$(*1)$と同じで，$\overline{X} = \frac{1}{n}\sum_{k=1}^{n} X_k$ である。しかし，

(ii) 母分散 σ^2 の最尤推定量は，$(*2)$と異なり

$S^2 = \frac{1}{n}\sum_{k=1}^{n}(X_k-\overline{X})^2 \quad \cdots\cdots(*2)'$ となることに注意する。

§ 2. 区間推定

確率変数としての標本平均 $\overline{X}$ の期待値，分散，標本偏差の公式を示す。

標本平均 $\overline{X}$ の期待値，分散，標準偏差

母平均 μ，母分散 σ^2 の大きさ N の母集団から，大きさ n の標本 X_1, X_2, …, X_n を無作為に抽出したとき，

標本平均 $\overline{X} = \dfrac{X_1+X_2+\cdots+X_n}{n}$ の平均 $E[\overline{X}]$，分散 $V[\overline{X}]$，標準偏差 $D[\overline{X}]$ は，次のようになる。

$$E[\overline{X}] = \mu[\overline{X}] = \mu, \quad V[\overline{X}] = \sigma^2[\overline{X}] = \frac{\sigma^2}{n}, \quad D[\overline{X}] = \sigma[\overline{X}] = \frac{\sigma}{\sqrt{n}}$$

まず，母標準偏差 σ が既知のときの，母平均 μ の区間推定の公式を示す。

母平均 μ の区間推定(Ⅰ)

母標準偏差 σ が既知のとき，

(Ⅰ) 母平均 μ の **95%** 信頼区間は，次のようになる。

$$\overline{X}-1.96\frac{\sigma}{\sqrt{n}} \leqq \mu \leqq \overline{X}+1.96\frac{\sigma}{\sqrt{n}} \quad \cdots\cdots(*1)$$

(Ⅱ) 母平均 μ の **99%** 信頼区間は，次のようになる。

$$\overline{X}-2.58\frac{\sigma}{\sqrt{n}} \leqq \mu \leqq \overline{X}+2.58\frac{\sigma}{\sqrt{n}} \quad \cdots\cdots(*2)$$

（ただし，母集団が正規分布 $N(\mu,\ \sigma^2)$ に従うときは，n は大小いずれでも構わない。しかし，母集団が正規分布以外のある分布に従う場合は，n は十分に大きな値であるものとする。）

次に，母標準偏差 σ が未知で，標本の大きさ n が十分に大きいとき，母平均 μ の区間推定の公式を示す。

母平均 μ の区間推定(Ⅱ)

母標準偏差 σ（母分散 σ^2）が未知のときでも，標本の大きさ n が十分大きければ，σ の代わりに標本標準偏差 $S=\sqrt{\frac{1}{n-1}\sum_{k=1}^{n}(X_k-\overline{X})^2}$ を用いることにより，

(Ⅰ) 母平均 μ の **95%** 信頼区間は，次のようになる。

$$\overline{X}-1.96\frac{S}{\sqrt{n}} \leqq \mu \leqq \overline{X}+1.96\frac{S}{\sqrt{n}} \quad \cdots\cdots(*1)'$$

(Ⅱ) 母平均 μ の **99%** 信頼区間は，次のようになる。

$$\overline{X}-2.58\frac{S}{\sqrt{n}} \leqq \mu \leqq \overline{X}+2.58\frac{S}{\sqrt{n}} \quad \cdots\cdots(*2)'$$

また，母標準偏差σが未知で，標本の大きさnが十分に大きくないとき，母集団が正規分布$N(\mu,\ \sigma^2)$に従うものとする。このとき，この母集団から抽出したn個の標本を基に，標本平均$\overline{X}$，標本分散（不偏推定量）S^2を求めると，次のような“**自由度**$(n-1)$**の**t**分布**”の分布表を利用することにより，μの区間推定を行うことができる。

母平均μの区間推定(Ⅲ)

正規分布$N(\mu,\ \sigma^2)$（σ^2は未知）に従う母集団から無作為に抽出したn個の標本$X_1,\ X_2,\ \cdots,\ X_n$を使って，新たな確率変数Uを

$U=\dfrac{\overline{X}-\mu}{\sqrt{\dfrac{S^2}{n}}}$ と定義すると，Uは自由度$(n-1)$のt分布に従う。

（実際の計算では，$\overline{X},\ S^2,\ n$はすべて既知）

$\left(\text{ただし，}\ \overline{X}=\dfrac{1}{n}\displaystyle\sum_{k=1}^{n}X_k,\ \ S^2=\dfrac{1}{n-1}\sum_{k=1}^{n}(X_k-\overline{X})^2\right)$

（標本分散S^2は，不偏推定量で求める。）

さらに，標本の大きさnが十分に大きいとき，標本比率$\overline{p}$を用いた**母比率**pの区間推定の公式を下に示す。

母比率pの区間推定

標本の大きさnが十分に大きいとき，

(Ⅰ) 母比率pの95%信頼区間は，次のようになる。

$$\overline{p}-1.96\sqrt{\frac{\overline{p}(1-\overline{p})}{n}}\leqq p\leqq\overline{p}+1.96\sqrt{\frac{\overline{p}(1-\overline{p})}{n}}$$

(Ⅱ) 母比率pの99%信頼区間は，次のようになる。

$$\overline{p}-2.58\sqrt{\frac{\overline{p}(1-\overline{p})}{n}}\leqq p\leqq\overline{p}+2.58\sqrt{\frac{\overline{p}(1-\overline{p})}{n}}$$

（ただし，p：母比率，$\overline{p}$：標本比率，n：標本の大きさ）

不偏推定量(Ⅰ)

演習問題 60 CHECK 1 CHECK 2 CHECK 3

母平均 μ と母分散 σ^2 をもつ巨大な母集団から無作為に抽出した n 個の標本 $X_1, X_2, X_3, \cdots, X_n$ を用いて,

・母平均 μ の不偏推定量は, $\overline{X} = \frac{1}{n}\sum_{k=1}^{n} X_k$ ……………………$(*)$ であり,

・母分散 σ^2 の不偏推定量は, $S^2 = \frac{1}{n-1}\sum_{k=1}^{n}(X_k - \overline{X})^2$ ……$(*)'$ である。

この $\overline{X}$ と S^2 が,不偏推定量であるための条件,すなわち,
(i) $E[\overline{X}] = \mu$ ……$(*1)$, (ii) $E[S^2] = \sigma^2$ ……$(*2)$ をみたすことを示せ。

ヒント! $E[X_k] = \mu,\ V[X_k] = \sigma^2\ (k = 1, 2, 3, \cdots, n)$ を利用して, $E[\overline{X}] = \mu \cdots (*1)$ と, $E[S^2] = \sigma^2 \cdots (*2)$ が成り立つことを示せばいいんだね。$(*2)$ の証明は結構大変だけれど,試験ではよく狙われるテーマなので,シッカリ練習しておこう!

解答&解説

標本 $X = X_1, X_2, X_3, \cdots, X_n$ は,同一の母平均 μ,母分散 σ^2 をもつ母集団から無作為に抽出されているので,

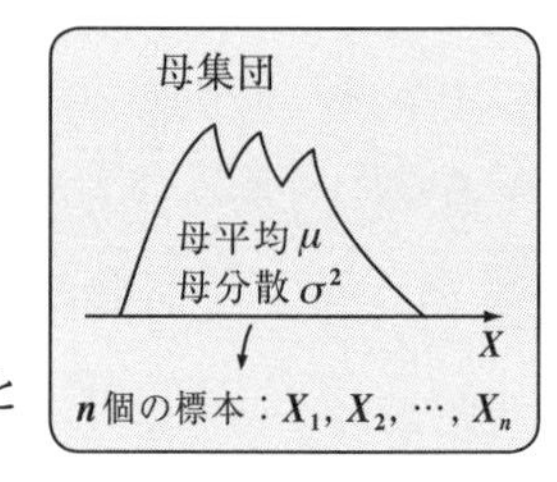

・$E[X_1] = E[X_2] = E[X_3] = \cdots = E[X_n] = \mu$ ……① と

・$V[X_1] = V[X_2] = V[X_3] = \cdots = V[X_n] = \sigma^2$ ……② が成り立つ。

(i) まず, $E[\overline{X}] = \mu$ ……$(*1)$ が成り立つことを示す。

$\overline{X} = \frac{1}{n}(X_1 + X_2 + X_3 + \cdots + X_n)$ より,

$$((*1)\text{の左辺}) = E[\overline{X}] = E\left[\frac{1}{n}(X_1 + X_2 + X_3 + \cdots + X_n)\right]$$

$$= \frac{1}{n}E[X_1 + X_2 + X_3 + \cdots + X_n]$$

公式: $E[aX] = aE[X]$, $E[X+Y] = E[X] + E[Y]$

$$= \frac{1}{n}(\underbrace{E[X_1]}_{\mu} + \underbrace{E[X_2]}_{\mu} + \underbrace{E[X_3]}_{\mu} + \cdots + \underbrace{E[X_n]}_{\mu\ (①より)})$$ より,

$$((*1)\text{の左辺})=\frac{1}{n}(\underbrace{\mu+\mu+\mu+\cdots+\mu}_{n\text{個の}\mu\text{の和}})=\frac{1}{n}\times n\mu=\mu=((*1)\text{の右辺})$$

$\therefore E[\overline{X}]=\mu$ ……$(*1)$ は成り立つ。……………………………(終)

(ii) 次に，$E[S^2]=\sigma^2$ ……$(*2)$ が成り立つことを示す。

$S^2=\dfrac{1}{n-1}\displaystyle\sum_{k=1}^{n}(X_k-\overline{X})^2$ を $(*2)$ の左辺に代入して，

$$((*2)\text{の左辺})=E[S^2]=E\left[\frac{1}{n-1}\sum_{k=1}^{n}(X_k-\overline{X})^2\right]$$

（$\frac{1}{n-1}$：定数，$(X_k-\overline{X})^2$ は $\{(X_k-\mu)-(\overline{X}-\mu)\}^2$ とする。）

$$=\frac{1}{n-1}E\left[\sum_{k=1}^{n}\{(X_k-\mu)-(\overline{X}-\mu)\}^2\right]$$

公式：
$E[aX]=aE[X]$
$(a$：定数$)$

（$\{(X_k-\mu)-(\overline{X}-\mu)\}^2=\{(X_k-\mu)^2-2(\overline{X}-\mu)\cdot(X_k-\mu)+(\overline{X}-\mu)^2\}$）

$$=\frac{1}{n-1}E\left[\sum_{k=1}^{n}\{(X_k-\mu)^2-2(\overline{X}-\mu)(X_k-\mu)+(\overline{X}-\mu)^2\}\right]$$

（$2(\overline{X}-\mu)$，$(\overline{X}-\mu)^2$：Σ計算から見ると，これらは定数扱い。）

$$=\frac{1}{n-1}E\left[\sum_{k=1}^{n}(X_k-\mu)^2-2(\overline{X}-\mu)\sum_{k=1}^{n}(X_k-\mu)+(\overline{X}-\mu)^2\sum_{k=1}^{n}1\right]$$

（$\displaystyle\sum_{k=1}^{n}1=n$）

（$\displaystyle\sum_{k=1}^{n}(X_k-\mu)=\sum_{k=1}^{n}X_k-\mu\sum_{k=1}^{n}1=n\overline{X}-\mu\cdot n=n(\overline{X}-\mu)$，ここで $\displaystyle\sum_{k=1}^{n}X_k=n\overline{X}$ は $\overline{X}=\frac{1}{n}\sum_{k=1}^{n}X_k$ より，$\displaystyle\sum_{k=1}^{n}1=n$）

$$=\frac{1}{n-1}E\left[\sum_{k=1}^{n}(X_k-\mu)^2-2(\overline{X}-\mu)\cdot n(\overline{X}-\mu)+(\overline{X}-\mu)^2\cdot n\right]$$

（$-2n(\overline{X}-\mu)^2+n(\overline{X}-\mu)^2=-n(\overline{X}-\mu)^2$）

$$=\frac{1}{n-1}E\left[\sum_{k=1}^{n}(X_k-\mu)^2-n(\overline{X}-\mu)^2\right]$$

（n：Eから見て定数）

公式：
$E[aX+bY]$
$=aE[X]+bE[Y]$

$$=\frac{1}{n-1}\left\{E\left[\sum_{k=1}^{n}(X_k-\mu)^2\right]-nE[(\overline{X}-\mu)^2]\right\}$$

よって，

$$((*2)\text{の左辺}) = \frac{1}{n-1}\Big\{\underbrace{E\Big[\sum_{k=1}^{n}(X_k-\mu)^2\Big]}_{㋐} - n\underbrace{E\big[(\overline{X}-\mu)^2\big]}_{㋑}\Big\} \quad \cdots\cdots③ \text{ となる。}$$

(ii) $S^2 = \frac{1}{n-1}\sum_{k=1}^{n}(X_k-\overline{X})^2 \cdots(*)'$

$E[S^2] = \sigma^2 \quad \cdots\cdots\cdots\cdots\cdots\cdots(*2)$

ここで，

公式：$E[X+Y] = E[X] + E[Y]$

㋐ $E\Big[\sum_{k=1}^{n}(X_k-\mu)^2\Big] = E\big[(X_1-\mu)^2+(X_2-\mu)^2+\cdots+(X_n-\mu)^2\big]$

$$= \underbrace{E[(X_1-\mu)^2]}_{V[X_1]=\sigma^2} + \underbrace{E[(X_2-\mu)^2]}_{V[X_2]=\sigma^2} + \cdots + \underbrace{E[(X_n-\mu)^2]}_{V[X_n]=\sigma^2}$$

$V[X_1] = V[X_2] = \cdots = V[X_n] = \sigma^2 \cdots\cdots②$ より

$$= \underbrace{\sigma^2+\sigma^2+\cdots+\sigma^2}_{n\text{個の}\sigma^2\text{の和}} = n\sigma^2 \quad \cdots\cdots④ \text{ となる。次に，}$$

㋑ $E\big[(\overline{X}-\mu)^2\big] = V[\overline{X}]$

$$= V\Big[\frac{1}{n}(X_1+X_2+\cdots+X_n)\Big]$$

$$= V\Big[\frac{1}{n}X_1+\frac{1}{n}X_2+\cdots+\frac{1}{n}X_n\Big]$$

公式：
X と Y が独立のとき，
$V[aX+bY]$
$= a^2V[X] + b^2V[Y]$

$$= \frac{1}{n^2}\underbrace{V[X_1]}_{\sigma^2} + \frac{1}{n^2}\underbrace{V[X_2]}_{\sigma^2} + \cdots + \frac{1}{n^2}\underbrace{V[X_n]}_{\sigma^2\ (②\text{より})}$$

$$= \frac{1}{n^2}(\underbrace{\sigma^2+\sigma^2+\cdots+\sigma^2}_{n\text{個の}\sigma^2\text{の和}}) = \frac{1}{n^2}\times n\sigma^2 = \frac{1}{n}\sigma^2 \quad \cdots\cdots⑤ \text{ となる。}$$

以上㋐，㋑より，④，⑤を③に代入すると，

$$((*2)\text{の左辺}) = \frac{1}{n-1}\Big(\underbrace{n\sigma^2}_{㋐} - n\cdot\underbrace{\frac{1}{n}\sigma^2}_{㋑}\Big) = \frac{n-1}{n-1}\sigma^2 = \sigma^2 = ((*2)\text{の右辺})$$

となって，$E[S^2] = \sigma^2 \cdots\cdots(*2)$ は成り立つ。 ……………………………(終)

不偏推定量(Ⅱ)

演習問題 61 CHECK 1 CHECK 2 CHECK 3

50 万人の小学 5 年生の中から 6 人を無作為に抽出して，その身長を計測した結果を，変量 X として次に示す。(ただし，単位は cm)

$X = 141,\ 151,\ 142,\ 144,\ 153,\ 139$

これから，母集団である 50 万人の小学生の身長の平均値 μ と分散 σ^2 の不偏推定量として，(i) 標本平均 $\overline{X}$ と (ii) 標本分散 S^2 を求めよ。

ヒント！ (i) 母平均 μ の不偏推定量の標本平均は，$\overline{X} = \frac{1}{6}\sum_{k=1}^{6} X_k$ で求め，(ii) 母分散 σ^2 の不偏推定量の標本分散は，$S^2 = \frac{1}{6-1}\sum_{k=1}^{6}(X_k - \overline{X})^2$ から求めよう。

解答＆解説

6 個の標本を X とおいて，

$X = X_1,\ X_2,\ X_3,\ X_4,\ X_5,\ X_6 = 141,\ 151,\ 142,\ 144,\ 153,\ 139$

とおく，

ここで，50 万人の小学生の身長を母集団として，この母平均 μ と母分散 σ^2 の不偏推定量として，(i) 標本平均 $\overline{X}$ と (ii) 標本分散 S^2 を求める。

(i) $\overline{X} = \frac{1}{6}\sum_{k=1}^{6} X_k = \frac{1}{6}(141+151+142+144+153+139)$

$= \frac{870}{6} = 145\,(\mathrm{cm})$ である。 ……………………(答)

(ii) $S^2 = \frac{1}{6-1}\sum_{k=1}^{6}(X_k - \overline{X})^2$

$= \frac{1}{5}\{(141-145)^2 + (151-145)^2 + \cdots + (139-145)^2\}$

$= \frac{1}{5}\{(-4)^2 + 6^2 + (-3)^2 + (-1)^2 + 8^2 + (-6)^2\}$

$= \frac{162}{5} = 32.4$ である。 ……………………(答)

不偏推定量・最尤推定量 (Ⅰ)

演習問題 62　CHECK 1　CHECK 2　CHECK 3

母平均 μ，母分散 σ^2 をもつ 100 万個の数値データを母集団とする。この母集団から 10 個の標本を無作為に抽出した結果を以下に示す。

20，18，17，29，25，28，21，31，33，18

次の問いに答えよ。

(1) 母平均 μ，母分散 σ^2 のそれぞれの不偏推定量 $\overline{X}$ と S^2 を求めよ。

(2) 母平均 μ，母分散 σ^2 のそれぞれの最尤推定量 $\overline{X}$ と S^2 を求めよ。

ヒント！ 母平均 μ，母分散 σ^2 の巨大な母集団から無作為に n 個のデータ $X = X_1, X_2, \cdots, X_n$ を標本として抽出したとき，この標本を基に母数 (μ と σ^2) を点推定する場合，次の 2 通りがある。

(Ⅰ) 不偏推定

(ⅰ) μ の不偏推定量 $\overline{X} = \dfrac{1}{n}\sum_{k=1}^{n} X_k$

(ⅱ) σ^2 の不偏推定量 $S^2 = \dfrac{1}{n-1}\sum_{k=1}^{n}(X_k - \overline{X})^2$

(Ⅱ) 最尤推定

(ⅰ) μ の最尤推定量 $\overline{X} = \dfrac{1}{n}\sum_{k=1}^{n} X_k$

(ⅱ) σ^2 の最尤推定量 $S^2 = \dfrac{1}{n}\sum_{k=1}^{n}(X_k - \overline{X})^2$

・μ については，不偏推定量と最尤推定量は同じであるが，
・σ^2 については，不偏推定量と最尤推定量が異なる。

解答＆解説

10 個の標本データを X とおいて，

$X = X_1, X_2, X_3, X_4, X_5, X_6, X_7, X_8, X_9, X_{10}$

$= 20, 18, 17, 29, 25, 28, 21, 31, 33, 18$　とする。

(1) ・母平均 μ の不偏推定量 $\overline{X}$ は，

$$\overline{X} = \frac{1}{10}\sum_{k=1}^{10} X_k = \frac{1}{10}(20+18+17+\cdots+18)$$

$$= \frac{240}{10} = 24$$ である。……①　……………………(答)

・母分散 σ^2 の不偏推定量 S^2 は，

$$S^2 = \frac{1}{10-1}\sum_{k=1}^{10}(X_k - \overline{X})^2 = \frac{1}{9}\{(X_1 - \overline{X})^2 + (X_2 - \overline{X})^2 + \cdots + (X_{10} - \overline{X})^2\}$$

$$= \frac{1}{9}\{(20-24)^2 + (18-24)^2 + (17-24)^2 + \cdots + (18-24)^2\}$$

$$= \frac{1}{9}\{(-4)^2 + (-6)^2 + (-7)^2 + 5^2 + 1^2 + 4^2 + (-3)^2 + 7^2 + 9^2 + (-6)^2\}$$

$= \dfrac{318}{9} = \dfrac{106}{3}$ $(\fallingdotseq 35.33)$ である。……………………………………(答)

(2) ・母平均 μ の最尤推定量 $\overline{X}$ は，

(1)の①の結果と等しい。よって，

$\overline{X} = 24$ である。……………………………………………………………(答)

・母分散 σ^2 の最尤推定量 S^2 は，

$$S^2 = \frac{1}{10}\sum_{k=1}^{10}(X_k - \overline{X})^2$$

$$= \frac{1}{10}\{(-4)^2 + (-6)^2 + (-7)^2 + 5^2 + 1^2 + 4^2 + (-3)^2 + 7^2 + 9^2 + (-6)^2\}$$

$= \dfrac{318}{10} = \dfrac{159}{5}$ $(= 31.8)$ である。……………………………………(答)

不偏推定量・最尤推定量(Ⅱ)

演習問題 63	CHECK 1	CHECK 2	CHECK 3

母平均μ，母分散σ^2をもつ**200**万個の数値データを母集団とする。
この母集団から**12**個の標本を無作為に抽出した結果を以下に示す。
13，15，9，7，14，11，8，10，12，9，17，7
次の問いに答えよ。

(1) 母平均μ，母分散σ^2のそれぞれの不偏推定量$\overline{X}$とS^2を求めよ。
(2) 母平均μ，母分散σ^2のそれぞれの最尤推定量$\overline{X}$とS^2を求めよ。

ヒント！ 母平均μの不偏推定量と最尤推定量は同じで，$\overline{X}=\dfrac{1}{n}\sum_{k=1}^{n}X_k$だね。しかし，母分散$\sigma^2$については，不偏推定量は$S^2=\dfrac{1}{n-1}\sum_{k=1}^{n}(X_k-\overline{X})^2$であり，最尤推定量は$S^2=\dfrac{1}{n}\sum_{k=1}^{n}(X_k-\overline{X})^2$であることに気を付けよう。今回は，便利な表も利用しよう。

解答＆解説

12個の標本データをXとおいて，

$X=X_1,\ X_2,\ X_3,\ X_4,\ X_5,\ X_6,\ X_7,\ X_8,\ X_9,\ X_{10},\ X_{11},\ X_{12}$
$\ =13,\ 15,\ 9,\ 7,\ 14,\ 11,\ 8,\ 10,\ 12,\ 9,\ 17,\ 7$ とする。

(1) ・母平均μの不偏推定量$\overline{X}$は，

仮平均を**10**とおくと，

$$\overline{X}=\frac{1}{12}\sum_{k=1}^{12}X_k$$

$$=10+\frac{1}{12}(3+5-1-3+4+1-2+0+2-1+7-3)$$

仮平均**10**に対する偏差(X_k-10)の平均

$$=10+\frac{12}{12}=11 \quad \cdots\cdots①$$ である。……………………(答)

・母分散σ^2の不偏推定量S^2は，

$S^2=\dfrac{1}{12-1}\sum_{k=1}^{12}(X_k-\overline{X})^2$ より，

$$S^2 = \frac{1}{11}\{(13-11)^2+(15-11)^2+\cdots$$
$$\cdots+(7-11)^2\}$$
$$=\frac{1}{11}(4+16+4+\cdots+16)$$
$$=\frac{116}{11}\ (\fallingdotseq 10.545)$$ である。……(答)

(2) ・母平均 μ の最尤推定量 $\overline{X}$ は，
(1)の①と等しい。よって，
$\overline{X}=11$ である。 ……………………(答)

・母分散 σ^2 の最尤推定量 S^2 は，

$$S^2 = \frac{1}{12}\sum_{k=1}^{12}(X_k-\overline{X})^2$$
$$=\frac{1}{12}(4+16+4+\cdots+16)$$
$$=\frac{116}{12}=\frac{29}{3}\ (\fallingdotseq 9.667)$$

である。……………………………(答)

表

データ No.	データ X	偏差 $X_k-\overline{X}$	偏差平方 $(X_k-\overline{X})^2$
1	13	2	4
2	15	4	16
3	9	−2	4
4	7	−4	16
5	14	3	9
6	11	0	0
7	8	−3	9
8	10	−1	1
9	12	1	1
10	9	−2	4
11	17	6	36
12	7	−4	16
合計	132	0	116
不偏	11		$\frac{116}{11}$
最尤	11		$\frac{29}{3}$

$\overline{X}$の期待値・分散(Ⅰ)

演習問題 64 CHECK 1 CHECK 2 CHECK 3

母平均μ，母分散σ^2の巨大な母集団から，大きさnの標本X_1，X_2，…，X_nを無作為に抽出したとき，標本平均$\overline{X}=\dfrac{1}{n}\sum_{k=1}^{n}X_k$を変数と考えて，この$\overline{X}$の平均$E[\overline{X}]$，分散$V[\overline{X}]$，標準偏差$D[\overline{X}]$を$\mu$，$\sigma$，$n$で表せ。

ヒント！ 各標本X_kを変数と考えると，これらは，母集団と同じ分布に従うので，$E[X_k]=\mu$，$V[X_k]=\sigma^2$ $(k=1, 2, \cdots, n)$となる。これを利用して，$\overline{X}$の平均$E[\overline{X}]$，分散$V[\overline{X}]$，標準偏差$D[\overline{X}]$を求めることができるんだね。

解答＆解説

標本X_k $(k=1,\ 2,\ \cdots,\ n)$は，母集団の分布に従うので，

$E[X_k]=\mu$ ……①，$V[X_k]=\sigma^2$ ……② となる。

（具体的には，$E[X_1]=E[X_2]=\cdots=E[X_n]=\mu$，$V[X_1]=V[X_2]=\cdots=V[X_n]=\sigma^2$）

また，X_1，X_2，…，X_nは，互いに独立な変数とみなせる。

よって，$\overline{X}=\dfrac{1}{n}\sum_{k=1}^{n}X_k=\dfrac{1}{n}(X_1+X_2+\cdots+X_n)$の平均$E[\overline{X}]$，分散$V[\overline{X}]$，標準偏差$D[\overline{X}]$を求めると，

・$E[\overline{X}]=E\left[\dfrac{1}{n}(X_1+X_2+\cdots+X_n)\right]=\dfrac{1}{n}\{E[X_1]+E[X_2]+\cdots+E[X_n]\}$

（$\dfrac{1}{n}$：定数，$E[X_1]=\mu$，$E[X_2]=\mu$，…，$E[X_n]=\mu$（①より），n個のμの和）

$=\dfrac{1}{n}\times n\mu=\mu$ となる。 ……………………（答）

・$V[\overline{X}]=V\left[\dfrac{1}{n}X_1+\dfrac{1}{n}X_2+\cdots+\dfrac{1}{n}X_n\right]=\dfrac{1}{n^2}V[X_1]+\dfrac{1}{n^2}V[X_2]+\cdots+\dfrac{1}{n^2}V[X_n]$

（$V[X_1]=\sigma^2$，$V[X_2]=\sigma^2$，…，$V[X_n]=\sigma^2$（②より），n個のσ^2の和）

$=\dfrac{1}{n^2}\times n\sigma^2=\dfrac{\sigma^2}{n}$ となる。 ……………………（答）

・$D[\overline{X}]=\sqrt{V[\overline{X}]}=\sqrt{\dfrac{\sigma^2}{n}}=\dfrac{\sigma}{\sqrt{n}}$ となる。 ……………………（答）

$\overline{X}$の期待値・分散(Ⅱ)

演習問題 65 CHECK 1 CHECK 2 CHECK 3

母平均$\mu = 93$，母分散$\sigma^2 = 60$の巨大な母集団から，大きさ$n = 45$の標本X_1，X_2，…，X_{45}を無作為に抽出したとき，標本平均$\overline{X}$について，次の問いに答えよ。

(1) $\overline{X}$の平均$E[\overline{X}] = \mu[\overline{X}]$，分散$V[\overline{X}] = \sigma^2[\overline{X}]$，標準偏差$D[\overline{X}] = \sigma[\overline{X}]$を求めよ。

(2) $\overline{X}$の標準化変数Zを求めよ。

ヒント！ 標本平均$\overline{X}$の平均を$\mu[\overline{X}]$，分散を$\sigma^2[\overline{X}]$，標準偏差を$\sigma[\overline{X}]$とも表すんだね。よって，(1)は，演習問題64の結果から，$\mu[\overline{X}] = \mu$，$\sigma^2[\overline{X}] = \dfrac{\sigma^2}{n}$，$\sigma[\overline{X}] = \dfrac{\sigma}{\sqrt{n}}$となる。(2)の$\overline{X}$の標準化変数$Z$は，$Z = \dfrac{\overline{X} - \mu[\overline{X}]}{\sigma[\overline{X}]}$から求めればいい。

解答＆解説

(1) 母平均$\mu = 93$，母分散$\sigma^2 = 60$，標本の大きさ$n = 45$より，
標本平均$\overline{X}$の平均$\mu[\overline{X}]$，分散$\sigma^2[\overline{X}]$，標準偏差$\sigma[\overline{X}]$を求めると，

・平均 $\mu[\overline{X}] = \mu = 93$ ……………① …………(答)

・分散 $\sigma^2[\overline{X}] = \dfrac{\sigma^2}{n} = \dfrac{60}{45} = \dfrac{4}{3}$ ……………(答)

・標準偏差 $\sigma[\overline{X}] = \dfrac{\sigma}{\sqrt{n}} = \sqrt{\dfrac{4}{3}} = \dfrac{2}{\sqrt{3}} = \dfrac{2\sqrt{3}}{3}$ ……② …………(答)

(2) 標本平均$\overline{X}$の標準化変数をZとおくと，Zは，①，②より，次のようになる。

$$Z = \frac{\overline{X} - \mu[\overline{X}]}{\sigma[\overline{X}]} = \frac{\overline{X} - \mu}{\frac{\sigma}{\sqrt{n}}} = \frac{\overline{X} - 93}{\sqrt{\frac{4}{3}}}$$

$$= \frac{\overline{X} - 93}{\frac{2}{\sqrt{3}}} = \frac{\sqrt{3}(\overline{X} - 93)}{2} = \frac{\sqrt{3}\,\overline{X} - 93\sqrt{3}}{2}$$ ……………(答)

μの区間推定 (σ：既知) (Ⅰ)

演習問題 66　CHECK 1　CHECK 2　CHECK 3

母平均μが未知で，母分散σ^2が既知の母集団から，大きさnの標本を無作為に抽出して，その標本平均を$\overline{X}$とおく。ここで，次の2つの場合，すなわち，

(ⅰ) 母集団が正規分布$N(\mu,\ \sigma^2)$に従う場合，または，

(ⅱ) 母集団がある分布に従うが，nが十分に大きい場合，

次の2つのμの信頼区間の公式が成り立つことを示せ。

(ただし，標準正規分布$N(0,\ 1)$に従う標準化変数Zの確率として，

$P(-1.96 \leqq Z \leqq 1.96) = 0.95$ ……① と

$P(-2.58 \leqq Z \leqq 2.58) = 0.99$ ……② を用いてよい。)

(Ⅰ) 母平均μの95%信頼区間は，

$$\overline{X} - 1.96\frac{\sigma}{\sqrt{n}} \leqq \mu \leqq \overline{X} + 1.96\frac{\sigma}{\sqrt{n}} \quad \cdots\cdots(*1)$$ である。

(Ⅱ) 母平均μの99%信頼区間は，

$$\overline{X} - 2.58\frac{\sigma}{\sqrt{n}} \leqq \mu \leqq \overline{X} + 2.58\frac{\sigma}{\sqrt{n}} \quad \cdots\cdots(*2)$$ である。

ヒント！ (ⅰ)母集団が正規分布$N(\mu,\sigma^2)$に従うときは，nの大きさに関わらず，また，(ⅱ)母集団が正規分布以外の母平均μ，母分散σ^2のある分布に従うときは，nが十分に大きければ，標本平均$\overline{X}$は正規分布$N\left(\mu,\ \frac{\sigma^2}{n}\right)$に従う。これを標準正規分布に従うように変数を変換して，μの各信頼区間を求めればいいんだね。

解答＆解説

(ⅰ) 母集団が正規分布$N(\mu,\ \sigma^2)$に従うか，または(ⅱ)母集団が正規分布以外の母平均μ，母分散σ^2の分布に従うときは，標本数nが十分に大きければ，標本平均$\overline{X} = \frac{1}{n}\sum_{k=1}^{n} X_k$は，正規分布$N\left(\mu,\ \frac{\sigma^2}{n}\right)$に従う。よって，$\overline{X}$の標準化変数$Z = \frac{\overline{X} - \mu}{\frac{\sigma}{\sqrt{n}}}$は，標準正規分布$N(0,\ 1)$に従う。したがって，

(Ⅰ) 母平均μの**95%**信頼区間について,

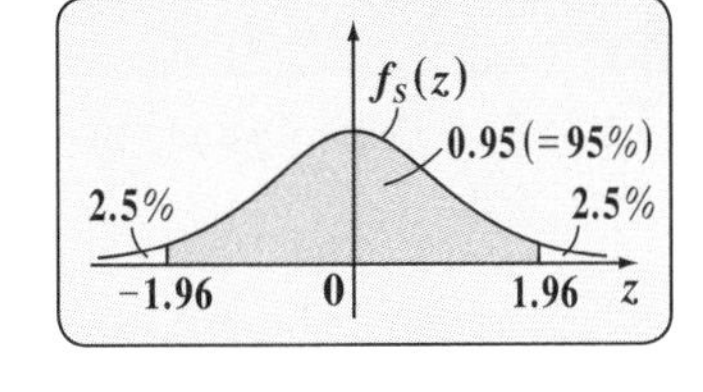

$P(-1.96 \leqq Z \leqq 1.96) = \underline{0.95}$ ……① より,
95%

( )内を変形すると,

$$-1.96 \leqq \frac{\overline{X}-\mu}{\frac{\sigma}{\sqrt{n}}} \leqq 1.96$$

$-1.96\frac{\sigma}{\sqrt{n}} \leqq \overline{X}-\mu \leqq 1.96\frac{\sigma}{\sqrt{n}}$ より,これをさらに変形して,

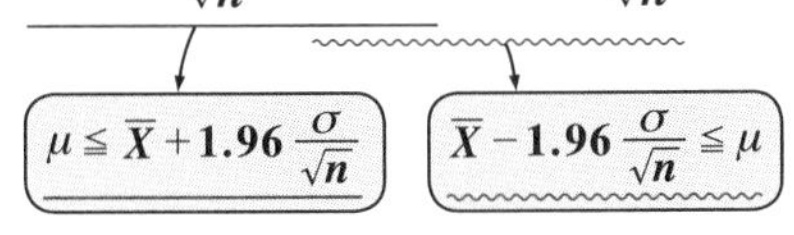

母平均μの**95%**信頼区間は,

$\overline{X}-1.96\frac{\sigma}{\sqrt{n}} \leqq \mu \leqq \overline{X}+1.96\frac{\sigma}{\sqrt{n}}$ ……(*1) となる。……………………(終)

(Ⅱ) 母平均μの**99%**信頼区間について,

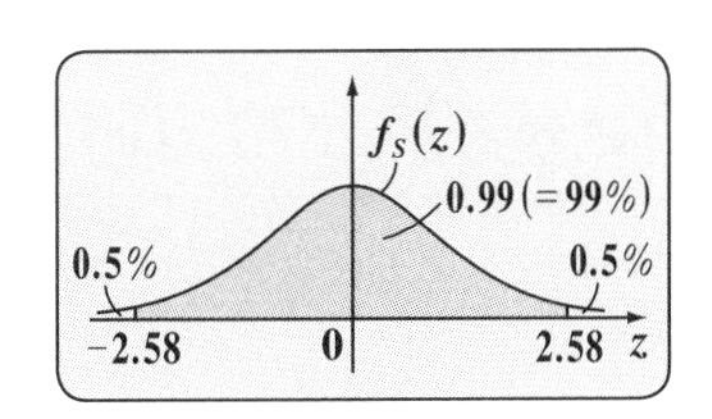

$P(-2.58 \leqq Z \leqq 2.58) = \underline{0.99}$ ……② より,
99%

( )内を変形すると,

$$-2.58 \leqq \frac{\overline{X}-\mu}{\frac{\sigma}{\sqrt{n}}} \leqq 2.58$$

$-2.58\frac{\sigma}{\sqrt{n}} \leqq \overline{X}-\mu \leqq 2.58\frac{\sigma}{\sqrt{n}}$ より,これをさらに変形して,

$\mu \leqq \overline{X}+2.58\frac{\sigma}{\sqrt{n}}$ 　 $\overline{X}-2.58\frac{\sigma}{\sqrt{n}} \leqq \mu$

母平均μの**99%**信頼区間は,

$\overline{X}-2.58\frac{\sigma}{\sqrt{n}} \leqq \mu \leqq \overline{X}+2.58\frac{\sigma}{\sqrt{n}}$ ……(*2) となる。……………………(終)

μの区間推定(σ：既知)(Ⅱ)

演習問題 67　CHECK 1　CHECK 2　CHECK 3

正規分布 $N(\mu,\ 36)$ に従う巨大な母集団から 9 個の標本を無作為に抽出した結果，$X = 7,\ 6,\ 9,\ 9,\ 11,\ 8,\ 10,\ 8,\ 13$ であった。このとき，

(i) 母平均 μ の 95% 信頼区間を求めよ。

(ii) 母平均 μ の 99% 信頼区間を求めよ。

ヒント！ 母集団が正規分布 $N(\mu,\ 36)$ に従うので，$n=9$ は大きくはないが，(i) μ の 95% 信頼区間は，$\overline{X}-1.96\frac{\sigma}{\sqrt{n}} \leqq \mu \leqq \overline{X}+1.96\frac{\sigma}{\sqrt{n}}$ で，また (ii) μ の 99% 信頼区間は，$\overline{X}-2.58\frac{\sigma}{\sqrt{n}} \leqq \mu \leqq \overline{X}+2.58\frac{\sigma}{\sqrt{n}}$ で計算することができる。

解答＆解説

母集団は正規分布 $N(\mu,\ 36)$ に従うので，母分散 $\sigma^2 = 36$ (母標準偏差 $\sigma = \sqrt{36} = 6$) は既知である。標本の大きさ $n = 9$ であり，また，標本平均 $\overline{X}$ は，

$$\overline{X} = 10 + \frac{1}{9}(-3-4-1-1+1-2+0-2+3) = 10 - \frac{9}{9} = 9$$

である。よって，

(仮平均：10)

(仮平均 10 との偏差の平均：$\frac{1}{9}(-3-4-1-1+1-2+0-2+3)$)

(i) まず，母平均 μ の 95% 信頼区間は，

$$9 - 1.96 \times \frac{6}{\sqrt{9}} \leqq \mu \leqq 9 + 1.96 \times \frac{6}{\sqrt{9}}$$

($9-1.96\times2 = 5.08$)　($9+1.96\times2 = 12.92$)

(μ の 95% 信頼区間 $\overline{X}-1.96\frac{\sigma}{\sqrt{n}} \leqq \mu \leqq \overline{X}+1.96\frac{\sigma}{\sqrt{n}}$)

$\therefore\ 5.08 \leqq \mu \leqq 12.92$ である。……………………(答)

(ii) 次に，母平均 μ の 99% 信頼区間は，

$$9 - 2.58 \times \frac{6}{\sqrt{9}} \leqq \mu \leqq 9 + 2.58 \times \frac{6}{\sqrt{9}}$$

($9-2.58\times2 = 3.84$)　($9+2.58\times2 = 14.16$)

(μ の 99% 信頼区間 $\overline{X}-2.58\frac{\sigma}{\sqrt{n}} \leqq \mu \leqq \overline{X}+2.58\frac{\sigma}{\sqrt{n}}$)

$\therefore\ 3.84 \leqq \mu \leqq 14.16$ である。……………………(答)

μの区間推定(σ：既知)(Ⅲ)

演習問題 68 CHECK 1 CHECK 2 CHECK 3

全国で**50**万人の学生に行った英語のテストの得点結果を母集団とする。これから，無作為に**256**人分の得点データを標本抽出した結果，その標本平均は**76**点であった。ここで，母分散$\sigma^2 = 16$であるとき，小数第**3**位を四捨五入して，

(i) 母平均μの**95**%信頼区間を求めよ。

(ii) 母平均μの**99**%信頼区間を求めよ。

ヒント！ 母集団が従う分布は分かっていないが，母分散σ^2が既知で，標本の大きさ$n = 256$は十分に大きいと考えられるので，母平均μの(i) **95**%信頼区間と，(ii) **99**%信頼区間の公式を利用することができるんだね。

解答＆解説

標本の大きさ$n = 256$，標本平均$\overline{X} = 76$，母標準偏差$\sigma = \sqrt{\sigma^2} = \sqrt{16} = 4$(既知)より，次のように，各母平均$\mu$の信頼区間を求めることができる。

(i) 母平均μの**95**%信頼区間は，

$$76 - 1.96 \cdot \frac{4}{\sqrt{256}} \leqq \mu \leqq 76 + 1.96 \cdot \frac{4}{\sqrt{256}}$$

μの95%信頼区間
$\overline{X} - 1.96\frac{\sigma}{\sqrt{n}} \leqq \mu \leqq \overline{X} + 1.96\frac{\sigma}{\sqrt{n}}$

$76 - 1.96 \times \frac{4}{16} = 75.51$　　$76 + 1.96 \times \frac{4}{16} = 76.49$

$\therefore\ 75.51 \leqq \mu \leqq 76.49$ である。……………………………(答)

(ii) 母平均μの**99**%信頼区間は，

$$76 - 2.58 \cdot \frac{4}{\sqrt{256}} \leqq \mu \leqq 76 + 2.58 \cdot \frac{4}{\sqrt{256}}$$

μの99%信頼区間
$\overline{X} - 2.58\frac{\sigma}{\sqrt{n}} \leqq \mu \leqq \overline{X} + 2.58\frac{\sigma}{\sqrt{n}}$

$76 - 2.58 \times \frac{1}{4} = 75.355 \fallingdotseq 75.36$　　$76 + 2.58 \times \frac{1}{4} = 76.645 \fallingdotseq 76.65$

$\therefore\ 75.36 \leqq \mu \leqq 76.65$ である。……………………………(答)

μの区間推定 (σ：既知) (Ⅳ)

演習問題 69 CHECK 1 CHECK 2 CHECK 3

正規分布 $N(\mu,\ 60)$ に従う巨大な母集団から，12 個の標本を無作為に抽出した結果，

32，28，41，15，22，38，26，33，28，43，37，29 であった。

このとき，次の問いに答えよ。(1)，(2)では，小数第3位を四捨五入せよ。(また，標本の大きさは変化しても，$\overline{X}$ は変化しないものとする。)

(1) 母平均 μ の 95% 信頼区間を求めよ。

(2) 母平均 μ の 99% 信頼区間を求めよ。

(3) 母平均 μ の 99% 信頼区間の幅が 5 以下となるような最小の標本の大きさを求めよ。

ヒント！ 母集団が正規分布 $N(\mu,\ 60)$ に従うので，これから抽出した 12 個の標本の標本平均 $\overline{X}$ は正規分布 $N(\mu,\ 5)$ に従う。これから，(1)，(2) の母平均 μ のそれぞれの信頼区間を求めればいい。(3) では，標本の大きさが n' のとき，μ の 99% 信頼区間の幅は，$2\times 2.58\times\dfrac{\sigma}{\sqrt{n'}}$ となるので，これが 5 以下となるような n' の最小値を求めればいいんだね。頑張ろう！

解答＆解説

母集団は正規分布 $N(\mu,\ 60)$ に従うので，母分散 $\sigma^2=60$ (母標準偏差 $\sigma=\sqrt{60}=2\sqrt{15}$) は既知である。標本の大きさ $n=12$ であり，また，標本平均 $\overline{X}$ は，

$$\overline{X}=\underbrace{30}_{\text{仮平均}}+\underbrace{\frac{1}{12}(2-2+11-15-8+8-4+3-2+13+7-1)}_{\text{仮平均30との偏差の平均}}$$

$$=30+\frac{1}{12}\times 12=31$$ である。このとき，

(1) 母平均 μ の 95% 信頼区間は，

$$31-1.96\cdot\frac{2\sqrt{15}}{\sqrt{12}}\leqq\mu\leqq 31+1.96\cdot\frac{2\sqrt{15}}{\sqrt{12}}$$ より，

($31-1.96\sqrt{5}=26.617\cdots$)　($31+1.96\sqrt{5}=35.382\cdots$)

μ の 95% 信頼区間
$\overline{X}-1.96\dfrac{\sigma}{\sqrt{n}}\leqq\mu\leqq\overline{X}+1.96\dfrac{\sigma}{\sqrt{n}}$

$\therefore\ 26.62\leqq\mu\leqq 35.38$ である。……………………………(答)

> μ の 99% 信頼区間
> $\overline{X}-2.58\dfrac{\sigma}{\sqrt{n}} \leqq \mu \leqq \overline{X}+2.58\dfrac{\sigma}{\sqrt{n}}$

(2) 母平均 μ の 99% 信頼区間は，

$$\underbrace{31-2.58\cdot\frac{2\sqrt{15}}{\sqrt{12}}}_{31-2.58\sqrt{5}=25.230\cdots} \leqq \mu \leqq \underbrace{31+2.58\cdot\frac{2\sqrt{15}}{\sqrt{12}}}_{31+2.58\sqrt{5}=36.769\cdots} \text{ より，}$$

$\therefore 25.23 \leqq \mu \leqq 36.77$ である。……………………………………………(答)

(3) 標本の大きさが n' のときの μ の 99% 信頼区間は，

$$31-2.58\cdot\frac{2\sqrt{15}}{\sqrt{n'}} \leqq \mu \leqq 31+2.58\cdot\frac{2\sqrt{15}}{\sqrt{n'}} \quad\cdots\cdots①\ \text{となる。}$$

よって，この μ の 99% 信頼区間の幅は，①より，

$$31+2.58\cdot\frac{2\sqrt{15}}{\sqrt{n'}}-\left(31-2.58\cdot\frac{2\sqrt{15}}{\sqrt{n'}}\right)=2\times2.58\times\frac{2\sqrt{15}}{\sqrt{n'}}$$

$$=\frac{10.32\sqrt{15}}{\sqrt{n'}} \quad\cdots\cdots②\ \text{となる。}$$

したがって，この②が 5 以下となるとき，

$$\frac{10.32\sqrt{15}}{\sqrt{n'}} \leqq 5 \text{ より，}\quad \frac{10.32\sqrt{15}}{5} \leqq \sqrt{n'} \quad \text{この両辺を 2 乗して，}$$

$$\underbrace{\left(\frac{10.32\sqrt{15}}{5}\right)^2}_{63.901\cdots} \leqq n' \qquad \therefore 63.901 < n' \text{ となる。}$$

これから，μ の 99% 信頼区間の幅を 5 以下にする最小の標本の大きさ n' は，$n'=64$ である。……………………………………………(答)

μの区間推定(σ:既知)(V)

演習問題 70 CHECK 1 CHECK 2 CHECK 3

全国で**70**万人の学生に行った数学のテストの得点結果を母集団とする。これから，無作為に**225**人分の得点データを標本抽出した結果，その標本平均は**81**点であった。ここで，母分散$\sigma^2 = 50$であるとき，次の問いに答えよ。ただし，**(1)**, **(2)**では，小数第**3**位を四捨五入せよ。
(また，標本の大きさは変化しても，$\overline{X}$は変化しないものとする。)

(1) 母平均μの**95**%信頼区間を求めよ。

(2) 母平均μの**99**%信頼区間を求めよ。

(3) 母平均μの**95**%信頼区間の幅が**1**以下となるような最小の標本の大きさを求めよ。

ヒント！ 母集団が従う分布は正規分布とは限らないが，母分散σ^2が既知で，標本の大きさ$n = 225$は十分に大きいと考えられるので，公式を利用して，**(1)**μの**95**%信頼区間と**(2)**μの**99**%信頼区間を求めればいい。**(3)**では，標本の大きさがn'のとき，μの**95**%信頼区間の幅は，$2 \times 1.96 \times \dfrac{\sigma}{\sqrt{n'}}$となるので，これが**1**以下となるような最小の整数n'を求めればいいんだね。

解答＆解説

標本の大きさ$n = 225\ (= 15^2)$，標本平均$\overline{X} = 81$，母標準偏差$\sigma = \sqrt{\sigma^2} = \sqrt{50} = 5\sqrt{2}$ (既知)より，次のように，μの各信頼区間を求めることができる。

(1) 母平均μの**95**%信頼区間は，

$$81 - 1.96 \cdot \frac{5\sqrt{2}}{\sqrt{225}} \leqq \mu \leqq 81 + 1.96 \cdot \frac{5\sqrt{2}}{\sqrt{225}}$$

μの95%信頼区間
$\overline{X} - 1.96\dfrac{\sigma}{\sqrt{n}} \leqq \mu \leqq \overline{X} + 1.96\dfrac{\sigma}{\sqrt{n}}$

$81 - 1.96 \cdot \dfrac{5\sqrt{2}}{15} = 81 - 1.96 \cdot \dfrac{\sqrt{2}}{3} = 80.076\cdots$

$81 + 1.96 \cdot \dfrac{\sqrt{2}}{3} = 81.923\cdots$

$\therefore\ 80.08 \leqq \mu \leqq 81.92$ である。……………………………………………(答)

(2) 母平均 μ の **99**%信頼区間は，

$$81-2.58\cdot\frac{5\sqrt{2}}{\sqrt{225}} \leqq \mu \leqq 81+2.58\cdot\frac{5\sqrt{2}}{\sqrt{225}}$$

$81-2.58\cdot\frac{\sqrt{2}}{3}=79.783\cdots$　　$81+2.58\cdot\frac{\sqrt{2}}{3}=82.216\cdots$

$\therefore\ 79.78 \leqq \mu \leqq 82.22$ である。 ……………………………………………(答)

(3) 標本の大きさが n' のときの μ の **95**%信頼区間は，

$$81-1.96\cdot\frac{5\sqrt{2}}{\sqrt{n'}} \leqq \mu \leqq 81+1.96\cdot\frac{5\sqrt{2}}{\sqrt{n'}} \quad \cdots\cdots①\ となる。$$

よって，この μ の **95**%信頼区間の幅は，①より，

$$81+1.96\cdot\frac{5\sqrt{2}}{\sqrt{n'}}-\left(81-1.96\cdot\frac{5\sqrt{2}}{\sqrt{n'}}\right)=2\times1.96\times\frac{5\sqrt{2}}{\sqrt{n'}}$$

$$=\frac{19.6\sqrt{2}}{\sqrt{n'}} \quad \cdots\cdots②\ となる。$$

したがって，この②が **1** 以下となるとき，

$\frac{19.6\sqrt{2}}{\sqrt{n'}} \leqq 1$　　$19.6\sqrt{2} \leqq \sqrt{n'}$　この両辺を **2** 乗して，

$768.32 \leqq n'$ となる。

以上より，μ の **95**%信頼区間の幅を **1** 以下にする最小の標本の大きさ n' は，$n'=769$ である。 ……………………………………………(答)

μの区間推定(σ：未知)(Ⅰ)

演習問題 71 CHECK 1 CHECK 2 CHECK 3

全国で**100**万人の学生に行った漢字のテストの得点結果を母集団とする。これから，無作為に $n = 200$ 人分の得点データを抽出した結果，その標本平均 $\overline{X} = 88$，標本分散 $S^2 = 400$ であった。このとき，次の問いに答えよ。(1)では，小数第**3**位を四捨五入せよ。(また，標本の大きさが変化しても，$\overline{X}$ と S^2 の値は変化しないものとする。)

(1) 母平均 μ の(ⅰ)**95**%信頼区間と(ⅱ)**99**%信頼区間を求めよ。

(2) (1)の μ の**95**%信頼区間の幅を半分にするための標本の大きさ n' の値を求めよ。

(3) (1)の μ の**99**%信頼区間の幅が**8**以下となるような最小の標本の大きさ n'' を求めよ。

ヒント！ (1) 標本の大きさ $n = 200$ は十分に大きいと考えられるので，標本標準偏差 S を用いて，μ の(ⅰ)**95**%信頼区間と(ⅱ)**99**%信頼区間を求めればいい。(2)では，μ の**95**%信頼区間の幅が $2 \times 1.96 \times \frac{S}{\sqrt{n'}}$ となること，(3)では，μ の**99**%信頼区間の幅が $2 \times 2.58 \times \frac{S}{\sqrt{n''}}$ となることを利用して解いていこう。

解答＆解説

(1) 標本の大きさ $n = 200$，標本平均 $\overline{X} = 88$，標本標準偏差 $S = \sqrt{400} = 20$ であり，n は十分に大きいので，

> μ の**95**%信頼区間 (σ：未知)
> $\overline{X} - 1.96\frac{S}{\sqrt{n}} \leqq \mu \leqq \overline{X} + 1.96\frac{S}{\sqrt{n}}$

(ⅰ) 母平均 μ の**95**%信頼区間は，

$$88 - 1.96 \cdot \frac{20}{\sqrt{200}} \leqq \mu \leqq 88 + 1.96 \cdot \frac{20}{\sqrt{200}} \quad \text{より，}$$

$88 - 1.96\sqrt{2} = 85.228\cdots$　　$88 + 1.96\sqrt{2} = 90.771\cdots$

$\therefore 85.23 \leqq \mu \leqq 90.77$ である。……………………………………(答)

μの99%信頼区間 (σ:未知)
$\overline{X}-2.58\dfrac{S}{\sqrt{n}}\leqq\mu\leqq\overline{X}+2.58\dfrac{S}{\sqrt{n}}$

(ii) 母平均 μ の **99**%信頼区間は,

$$88-2.58\cdot\frac{20}{\sqrt{200}}\leqq\mu\leqq 88+2.58\cdot\frac{20}{\sqrt{200}}$$

$88-2.58\sqrt{2}=84.351\cdots$　　$88+2.58\sqrt{2}=91.648\cdots$

$\therefore 84.35\leqq\mu\leqq 91.65$ である。 ……………………………………(答)

(2) **(1)** の (i) より, μ の **95**%信頼区間の幅は,

$2\times1.96\cdot\dfrac{S}{\sqrt{n}}=2\times1.96\cdot\dfrac{20}{\sqrt{200}}$ ……① である。

この幅を半分にする標本の大きさを n' とおくと, ①より,

$2\times1.96\cdot\dfrac{20}{\sqrt{n'}}=\dfrac{1}{2}\times2\times1.96\cdot\dfrac{20}{\sqrt{200}}$　両辺の逆数をとって,

$\sqrt{n'}=2\sqrt{200}$　　両辺を **2** 乗して,

$n'=4\times200=800$ である。 ……………………………………………………(答)

(3) **(1)** の (ii) より, 標本の大きさが n'' であるときの μ の **99**%信頼区間の幅

は, $2\times2.58\cdot\dfrac{S}{\sqrt{n''}}=2\times2.58\cdot\dfrac{20}{\sqrt{n''}}$ ……② である。

この②の幅が **8** 以下となるとき,

$2\times2.58\cdot\dfrac{20}{\sqrt{n''}}\leqq 8$　より,

$12.9\leqq\sqrt{n''}$　　この両辺を **2** 乗して,

$166.41\leqq n''$　となる。

よって, μ の **99**%信頼区間の幅を **8** 以下にする最小の標本の大きさ

n'' は, $n''=167$ である。 ………………………………………………………(答)

μの区間推定(σ：未知)(Ⅱ)

演習問題 72 CHECK 1 CHECK 2 CHECK 3

50 万個の数値データからなる母集団がある。この母集団から無作為に $n = 144$ 個の標本データ $X = X_1,\ X_2,\ X_3,\ \cdots,\ X_{144}$ を抽出した結果，この標本平均 $\overline{X} = 50$，標本分散 $S^2 = 100$ であった。このとき，次の問いに答えよ。ただし，**(1)** は，小数第 **3** 位を四捨五入せよ。

(1) 母平均 μ の (i) **95**%信頼区間と (ii) **99**%信頼区間を求めよ。

(2) 標本分散 S^2 は，不偏分散である。このとき，標本データの **2** 乗和 $\displaystyle\sum_{k=1}^{144} X_k{}^2$ の値を求めよ。

ヒント！ **(1)** 標本の大きさ $n = 144$ は十分に大きいと考えられるので，標本標準偏差 $S = 10$ を用いて，μ の (i) **95**%信頼区間と (ii) **99**%信頼区間を求めればいいんだね。**(2)** では，標本分散 S^2 は不偏分散といっているので，公式：$S^2 = \dfrac{1}{n-1}\displaystyle\sum_{k=1}^{n}(X_k - \overline{X})^2$ を利用して，$\displaystyle\sum_{k=1}^{144} X_k{}^2$ を求めればいい。

解答＆解説

(1) 標本の大きさ $n = 144$，標本平均 $\overline{X} = 50$，標本標準偏差 $S = \sqrt{100} = 10$ であり，n は十分に大きいので，

(i) 母平均 μ の **95**%信頼区間は，

> μ の **95**%信頼区間 (σ：未知)
> $\overline{X} - 1.96\dfrac{S}{\sqrt{n}} \leqq \mu \leqq \overline{X} + 1.96\dfrac{S}{\sqrt{n}}$

$$50 - 1.96 \cdot \frac{10}{\sqrt{144}} \leqq \mu \leqq 50 + 1.96 \cdot \frac{10}{\sqrt{144}}$$ より，

$50 - 1.96 \cdot \dfrac{10}{12} = 48.366\cdots$　　$50 + 1.96 \cdot \dfrac{10}{12} = 51.633\cdots$

$\therefore\ 48.37 \leqq \mu \leqq 51.63$ である。 ……………………………………(答)

(ii) 母平均 μ の **99**%信頼区間は，

> μ の **99**%信頼区間 (σ：未知)
> $\overline{X} - 2.58\dfrac{S}{\sqrt{n}} \leqq \mu \leqq \overline{X} + 2.58\dfrac{S}{\sqrt{n}}$

$$50 - 2.58 \cdot \frac{10}{\sqrt{144}} \leqq \mu \leqq 50 + 2.58 \cdot \frac{10}{\sqrt{144}}$$ より，

$50 - 2.58 \cdot \dfrac{10}{12} = 47.85$　　$50 + 2.58 \cdot \dfrac{10}{12} = 52.15$

$\therefore\ 47.85 \leqq \mu \leqq 52.15$ である。 ……………………………………(答)

(2) 一般に，標本 X_1, X_2, $\cdots$, X_n について，

標本平均 $\overline{X}=\dfrac{1}{n}\sum_{k=1}^{n}X_k$ ……………………①

標本分散 $S^2=\dfrac{1}{n-1}\sum_{k=1}^{n}(X_k-\overline{X})^2$ ……② ←不偏分散の公式

②を変形すると，

$$S^2=\frac{1}{n-1}\sum_{k=1}^{n}\left(X_k^{\ 2}-2\overline{X}\cdot X_k+\overline{X}^2\right)$$

$$=\frac{1}{n-1}\Bigl(\sum_{k=1}^{n}X_k^{\ 2}-2\overline{X}\cdot\underbrace{\sum_{k=1}^{n}X_k}_{n\overline{X}\ (①より)}+\underbrace{\sum_{k=1}^{n}\overline{X}^2}_{n\overline{X}^2}\Bigr)$$

$$=\frac{1}{n-1}\left(\sum_{k=1}^{n}X_k^{\ 2}-2n\overline{X}^2+n\overline{X}^2\right)$$

$\therefore\ S^2=\dfrac{1}{n-1}\left(\sum_{k=1}^{n}X_k^{\ 2}-n\overline{X}^2\right)$ ……③ となる。

この③より，$\sum_{k=1}^{n}X_k^{\ 2}=(n-1)\cdot S^2+n\overline{X}^2$ ……④ となる。

よって，この④に $n=144$，$S^2=100$，$\overline{X}=50$ を代入すると，

$$\sum_{k=1}^{144}X_k^{\ 2}=(144-1)\cdot100+144\times50^2$$

$$=50(286+7200)=50\times7486$$

$=374300$ である。…………………………………………………(答)

μ の区間推定 (t 分布の利用) (Ⅰ)

演習問題 73　CHECK 1　CHECK 2　CHECK 3

正規分布 $N(\mu,\ \sigma^2)$ に従う母集団から 9 個の標本を無作為に抽出した結果，
$10,\ 9,\ 12,\ 7,\ 6,\ 9,\ 8,\ 9,\ 11$ であった。
このとき，右の t 分布表を使って，次の問いに答えよ。

自由度 $n=8$ の t 分布表

$\alpha=\int_u^\infty t_n(u)\,du$

n \ α	0.025	0.005
8	2.306	3.355

(1) 不偏推定量の標本平均 $\overline{X}$ と標本分散 S^2 を求めよ。

(2) 母平均 μ の (ⅰ) 95% 信頼区間と (ⅱ) 99% 信頼区間を求めよ。
(ただし，小数第 3 位を四捨五入して求めよ。)

ヒント！ (1) $\overline{X}=\dfrac{1}{9}\sum_{k=1}^{9}X_k,\ S^2=\dfrac{1}{9-1}\sum_{k=1}^{9}(X_k-\overline{X})^2$ を計算して，$\overline{X}$ と S^2 を求めよう。
(2) では，σ^2 は未知で，標本の大きさ $n=9$ が十分に大きいとは言えない。よって，$\overline{X}$ を使って，新たな確率変数 U を $U=\dfrac{\overline{X}-\mu}{\sqrt{\dfrac{S^2}{n}}}$ と定義すると，U は自由度 $8(=9-1)$ の t 分布に従う。よって，これから μ の 2 つの信頼区間を求めることができるんだね。

解答＆解説

(1) 9 個の標本データを $X=X_1,\ X_2,\ \cdots,\ X_9=10,\ 9,\ \cdots,\ 11$ とおくと，
不偏推定量の標本平均 $\overline{X}$ と標本分散 S^2 は，

$$\overline{X}=\frac{1}{9}\sum_{k=1}^{9}X_k=\frac{1}{9}(10+9+12+\cdots+11)=\frac{81}{9}=9 \quad \text{となり，}$$

$$S^2=\frac{1}{9-1}\sum_{k=1}^{9}(X_k-\overline{X})^2=\frac{1}{8}\{(10-9)^2+(9-9)^2+\cdots+(11-9)^2\}$$

$$=\frac{1}{8}(1+0+9+4+9+0+1+0+4)=\frac{28}{8}=\frac{7}{2} \quad \text{となる。}$$

$\therefore\ \overline{X}=9,\ \ S^2=\dfrac{7}{2}\ (=3.5)$ である。……………………………………(答)

(2) $\overline{X}=9$, $S^2=\frac{7}{2}$ であり，$\overline{X}$ を確率変数として，これを基に変数 U を

$U=\frac{\overline{X}-\mu}{\sqrt{\frac{S^2}{n}}}$ と定義すると，変数 U は自由度 $8(=9-1)$ の t 分布に従う。

t 分布表

n \ α	0.025	0.005
8	2.306	3.355

(i) μ の 95% 信頼区間は，

t 分布表を用いると，

$$P(-2.306 \leqq u \leqq 2.306)=0.95$$

$$u=\frac{\overline{X}-\mu}{\sqrt{\frac{S^2}{n}}}=\frac{9-\mu}{\sqrt{\frac{3.5}{9}}}=\frac{3\sqrt{2}}{\sqrt{7}}(9-\mu)$$

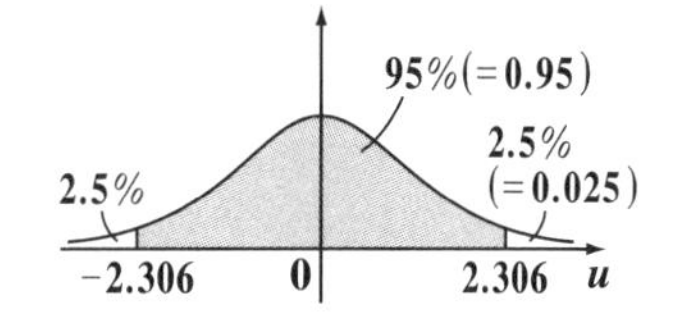

$$-2.306 \leqq \frac{3\sqrt{2}}{\sqrt{7}}(9-\mu) \leqq 2.306 \text{ より，}$$

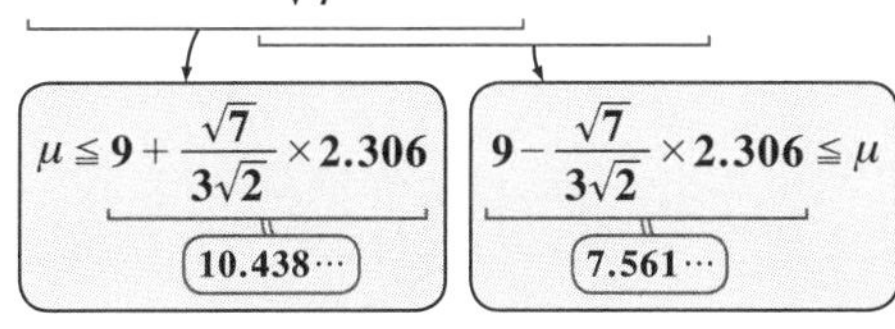

$\therefore$ **$7.56 \leqq \mu \leqq 10.44$** である。……………………………………(答)

(ii) μ の 99% 信頼区間は，t 分布表を用いると，同様に，

$$P(-3.355 \leqq u \leqq 3.355)=0.99$$

$$u=\frac{3\sqrt{2}}{\sqrt{7}}(9-\mu)$$

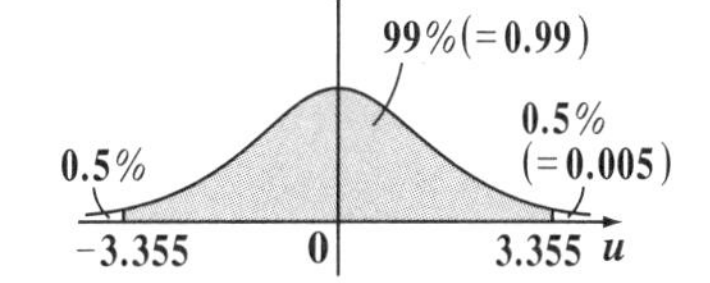

$$-3.355 \leqq \frac{3\sqrt{2}}{\sqrt{7}}(9-\mu) \leqq 3.355$$

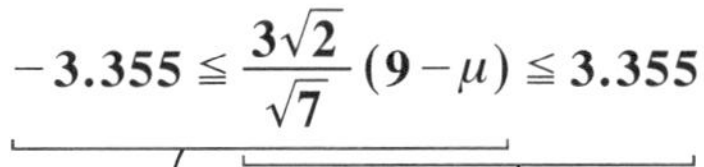

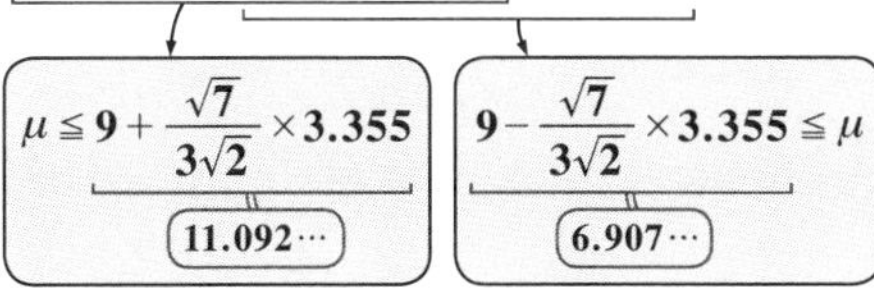

$\therefore$ **$6.91 \leqq \mu \leqq 11.09$** である。……………………………………(答)

μの区間推定（t分布の利用）（Ⅱ）

演習問題 74　CHECK 1　CHECK 2　CHECK 3

正規分布 $N(\mu,\ \sigma^2)$ に従う母集団から **10** 個の標本を無作為に抽出した結果，

21，18，22，15，17，19，16，23，17，22

であった。このとき，右の t 分布表を使って，次の問いに答えよ。

自由度 $n=9$ の t 分布（$t_9(u)$）の表

$\alpha=\int_u^{\infty} t_n(u)du$

n ＼ α	0.025	0.005
9	2.262	3.250

(1) 不偏推定量の標本平均 $\overline{X}$ と標本分散 S^2 を求めよ。

(2) $\overline{X}$ を使って，新たな確率変数 U を $U=\dfrac{\overline{X}-\mu}{\sqrt{\dfrac{S^2}{n}}}$ $(n=10)$ で定義し，
これが確率密度 $t_9(u)$ に従うことから，μ の（ⅰ）**95**％信頼区間と（ⅱ）**99**％信頼区間を求めよ。
（ただし，小数第 **3** 位を四捨五入して求めよ。）

ヒント！ (1) **10** 個の標本から，不偏推定量の $\overline{X}$ と S^2 を公式通りに求めよう。(2) では，σ^2 が未定で，n も十分に大きくないので，新たな変数 U を定義して，自由度 **9** の t 分布の表から，$P(-2.262 \leqq u \leqq 2.262)=0.95\,(=95\%)$，また $P(-3.250 \leqq u \leqq 3.250)=0.99\,(=99\%)$ となることを利用すればいい。

解答＆解説

(1) **10** 個の標本データを $X=X_1,\ X_2,\ \cdots,\ X_{10}=21,\ 18,\ \cdots,\ 22$ とおくと，
不偏推定量の標本平均 $\overline{X}$ と標本分散 S^2 は，

$$\overline{X}=\underbrace{20}_{\text{仮平均}}+\underbrace{\frac{1}{10}(1-2+2-5-3-1-4+3-3+2)}_{\text{仮平均20からの偏差の平均}}=20-\frac{10}{10}=19$$ となり，

$$S^2=\frac{1}{10-1}\sum_{k=1}^{10}(X_k-\overline{X})^2=\frac{1}{9}\{2^2+(-1)^2+3^2+\cdots+3^2\}$$

$$=\frac{1}{9}(4+1+9+16+4+0+9+16+4+9)=\frac{72}{9}=8$$ となる。

$\therefore\ \overline{X}=19,\ S^2=8$ である。……………………………………(答)

(2) $\overline{X}=19,\ S^2=8$ より，$\overline{X}$ を確率変数として，これを基に変数 U を $U=\dfrac{\overline{X}-\mu}{\sqrt{\dfrac{S^2}{n}}}$

と定義すると，変数 U は，自由度 $9(=10-1)$ の t 分布に従う。

t 分布表

n ＼ α	0.025	0.005
9	2.262	3.250

(i) μ の 95％信頼区間は，

右の t 分布表を用いると，

$$P(-2.262 \leqq u \leqq 2.262) = 0.95$$

$$u = \frac{\overline{X}-\mu}{\sqrt{\frac{S^2}{n}}} = \frac{19-\mu}{\sqrt{\frac{8}{10}}} = \frac{\sqrt{5}}{2}(19-\mu)$$

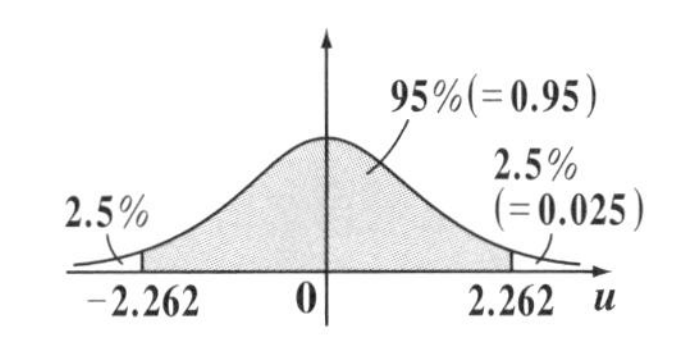

$$-2.262 \leqq \frac{\sqrt{5}}{2}(19-\mu) \leqq 2.262 \text{ より，}$$

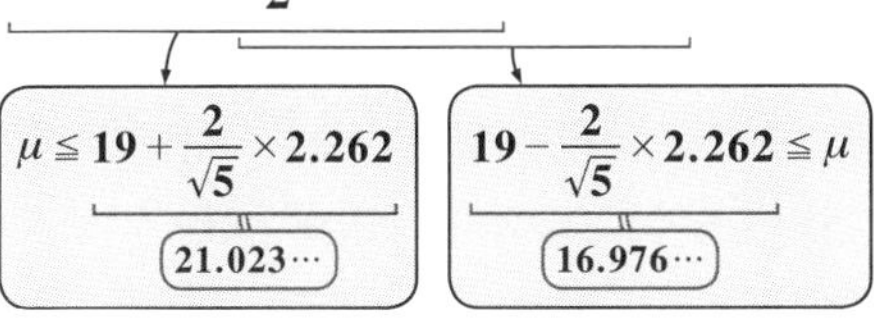

$$\mu \leqq 19 + \frac{2}{\sqrt{5}} \times 2.262 = 21.023\cdots \qquad 19 - \frac{2}{\sqrt{5}} \times 2.262 = 16.976\cdots \leqq \mu$$

$\therefore\ 16.98 \leqq \mu \leqq 21.02$ である。……………………………………(答)

(ii) μ の 99％信頼区間は，t 分布表を用いると，同様に，

$$P(-3.250 \leqq u \leqq 3.250) = 0.99$$

$$u = \frac{\sqrt{5}}{2}(19-\mu)$$

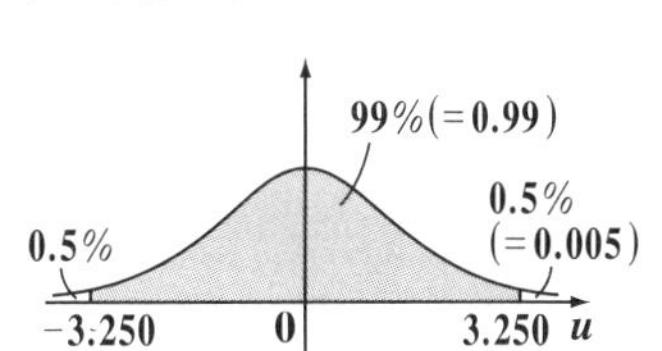

$$-3.250 \leqq \frac{\sqrt{5}}{2}(19-\mu) \leqq 3.250 \text{ より，}$$

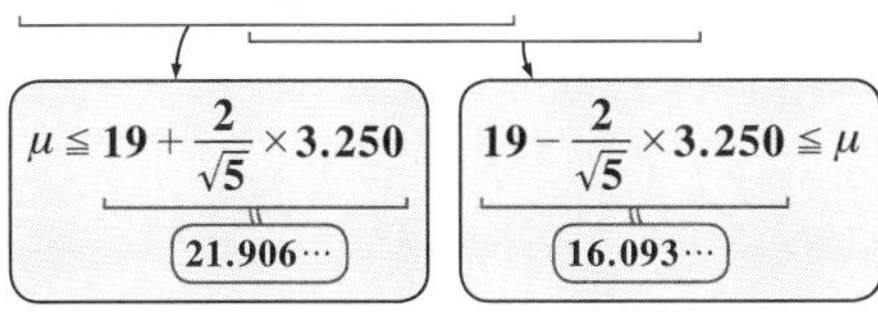

$$\mu \leqq 19 + \frac{2}{\sqrt{5}} \times 3.250 = 21.906\cdots \qquad 19 - \frac{2}{\sqrt{5}} \times 3.250 = 16.093\cdots \leqq \mu$$

$\therefore\ 16.09 \leqq \mu \leqq 21.91$ である。……………………………………(答)

μの区間推定（t分布の利用）（Ⅲ）

演習問題 75	CHECK 1	CHECK 2	CHECK 3

正規分布 $N(\mu,\ \sigma^2)$ に従う母集団から **16** 個の標本を無作為に抽出した結果，

6，9，7，10，4，8，9，4，9，7，4，7，11，5，9，3 であった。このとき，右の t 分布表を使って，次の問いに答えよ。

自由度 $n=15$ の t 分布 $(t_{15}(u))$ の表

$\alpha=\int_u^{\infty} t_n(u)\,du$

n ＼ α	0.025	0.005
15	2.131	2.947

(1) 不偏推定量の標本平均 $\overline{X}$ と標本分散 S^2 を求めよ。

(2) $\overline{X}$ を使って，新たな確率変数 U を $U=\dfrac{\overline{X}-\mu}{\sqrt{\dfrac{S^2}{n}}}$ $(n=16)$ で定義し，

これが確率密度 $t_{15}(u)$ に従うことから，μ の (i) **95**％信頼区間と (ii) **99**％信頼区間を求めよ。

（ただし，小数第 **3** 位を四捨五入して求めよ。）

ヒント！ (1) 16 個の標本データから，不偏推定量の $\overline{X}$ と S^2 を公式通りに求めよう。(2) では，σ^2 が未知で，n も十分に大きいとは言えない。よって，$\overline{X}$ から新たに変数 U を定義して，これが自由度 **15** の t 分布に従うことを利用して，母平均 μ の各信頼区間を求めていこう。

解答＆解説

(1) **16** 個の標本データを $X=X_1,\ X_2,\ \cdots,\ X_{16}=6,\ 9,\ \cdots,\ 3$ とおくと，

不偏推定量の標本平均 $\overline{X}$ と標本分散 S^2 は，

$$\overline{X}=\frac{1}{16}\sum_{k=1}^{16}X_k=\frac{1}{16}(6+9+7+\cdots+3)=\frac{112}{16}=7 \quad \text{となり，}$$

$$S^2=\frac{1}{16-1}\sum_{k=1}^{16}(X_k-\overline{X})^2=\frac{1}{15}\{(-1)^2+2^2+0^2+\cdots+(-4)^2\}$$

$$=\frac{1}{15}(1+4+0+9+9+\cdots+16)=\frac{90}{15}=6 \quad \text{となる。}$$

$\therefore \overline{X}=7,\ S^2=6$ である。 ……………………………（答）

(2) 母集団は，母分散 σ^2 が未知の正規分布に従い，かつこれから抽出した標本の大きさ $n=16$ も十分に大きいとは言えない。

ここで，$\overline{X}=7,\ S^2=6$ より，$\overline{X}$ を確率変数として，これを基に新たな

確率変数 U を $U=\dfrac{\overline{X}-\mu}{\sqrt{\dfrac{S^2}{n}}}$ で定義すると，変数 U は自由度 $15(=16-1)$ の t 分布に従う。

(i) μ の 95% 信頼区間は，
　右の t 分布表を用いると，

t 分布表

n \ α	0.025	0.005
15	2.131	2.947

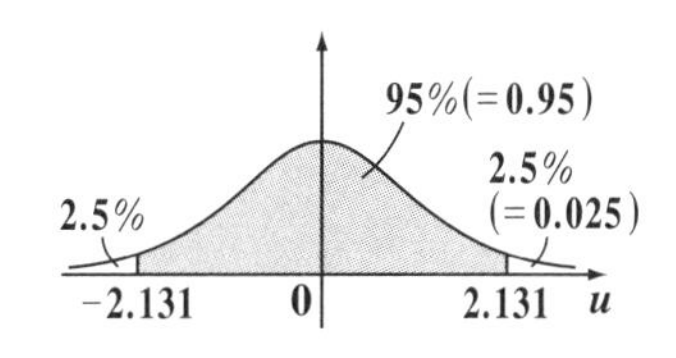

$$P(-2.131\leqq u\leqq 2.131)=0.95$$

$$\frac{\overline{X}-\mu}{\sqrt{\dfrac{S^2}{n}}}=\frac{7-\mu}{\sqrt{\dfrac{6}{16}}}=\frac{4}{\sqrt{6}}(7-\mu)$$

$$-2.131\leqq\frac{4}{\sqrt{6}}(7-\mu)\leqq 2.131$$

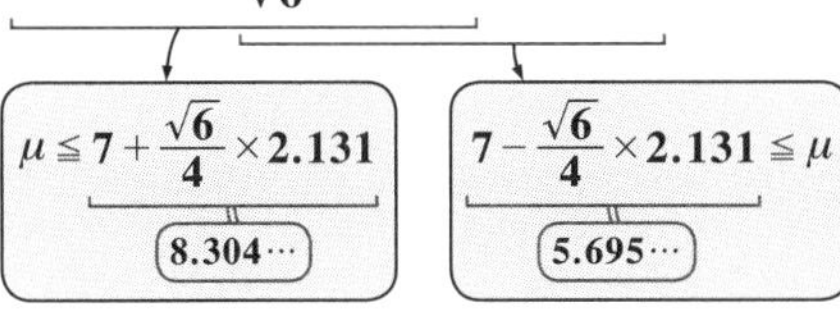

$\therefore\ 5.70\leqq\mu\leqq 8.30$ である。……………………………………………(答)

(ii) μ の 99% 信頼区間は，t 分布表を用いると，同様に，

$$P(-2.947\leqq u\leqq 2.947)=0.99$$

$$\frac{4}{\sqrt{6}}(7-\mu)$$

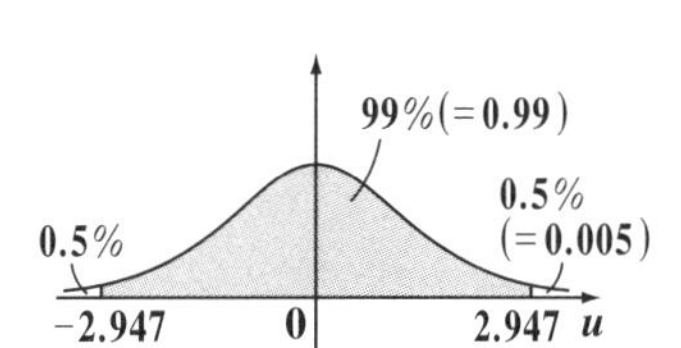

$$-2.947\leqq\frac{4}{\sqrt{6}}(7-\mu)\leqq 2.947 \text{ より，}$$

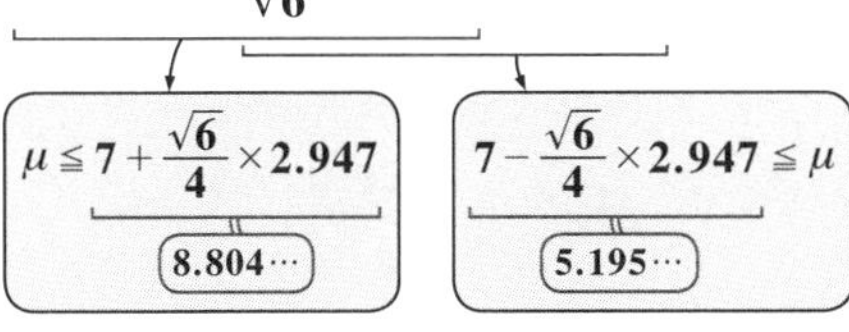

$\therefore\ 5.20\leqq\mu\leqq 8.80$ である。……………………………………………(答)

母比率 p の区間推定 (Ⅰ)

演習問題 76　　CHECK 1　　CHECK 2　　CHECK 3

巨大な母集団のある性質についての母比率を p とおく。この母集団から十分大きな大きさ n の標本を無作為に抽出し，この標本の標本比率を $\overline{p}$ とおく。このとき，母比率 p の (ⅰ) 95％信頼区間と (ⅱ) 99％信頼区間がそれぞれ $(*1)$，$(*2)$ で表されることを示せ。

（ただし，標準正規分布 $N(0,\ 1)$ に従う標準化変数 Z の確率として，
$P(-1.96 \leqq Z \leqq 1.96) = 0.95$ ……① と
$P(-2.58 \leqq Z \leqq 2.58) = 0.99$ ……② を用いてよい。）

(ⅰ) 母比率 p の 95％信頼区間は，

$$\overline{p} - 1.96\sqrt{\frac{\overline{p}(1-\overline{p})}{n}} \leqq p \leqq \overline{p} + 1.96\sqrt{\frac{\overline{p}(1-\overline{p})}{n}} \quad \cdots\cdots(*1)$$ である。

(ⅱ) 母比率 p の 99％信頼区間は，

$$\overline{p} - 2.58\sqrt{\frac{\overline{p}(1-\overline{p})}{n}} \leqq p \leqq \overline{p} + 2.58\sqrt{\frac{\overline{p}(1-\overline{p})}{n}} \quad \cdots\cdots(*2)$$ である。

ヒント！ 反復試行の確率の考え方と同様に，n 個の標本中，r 個だけがある性質をもつ確率を P_r とおき，この r を確率変数 $X = r\ (0 \leqq r \leqq n)$ と考えると，X は二項分布 $B(n,\ p)$ に従う。さらに，n が十分に大きいときは，近似的に正規分布 $N(np,\ n\overline{p}(1-\overline{p}))$ に従う。これを利用して，p の信頼区間の公式を導こう。

解答＆解説

巨大な母集団において，ある性質 A をもつものの比率を母比率と呼び，これを p とおく。この母集団から，十分に大きな大きさ n の標本を無作為に抽出したとき，n 個中 r 個だけ，性質 A をもつ確率を P_r とおくと，これは反復試行の確率と同様に，

$P_r = {}_nC_r\, p^r(1-p)^{n-r} \quad (r = 0,\ 1,\ 2,\ \cdots,\ n)$ となる。

よって，この r を確率変数 $X = r\ (r = 0,\ 1,\ 2,\ \cdots,\ n)$ とおくと，X は，二項分布 $B(n,\ p)$ に従う。ここで，この分布の平均値は np，分散は $np(1-p)$ である。

　そして，n は十分に大きな数なので，変数 X は近似的に正規分布

$N(\underbrace{np}_{\mu},\ \underbrace{np(1-p)}_{\sigma^2})$ に従う。ここで，さらに，n が十分に大きいので，分散 σ^2 は近似的に $\sigma^2 = np(1-p) \fallingdotseq n\overline{p}(1-\overline{p})$ とおくことができる。

したがって，変数 X は近似的に正規分布 $N(np,\ n\overline{p}(1-\overline{p}))$ に従う。よって，この変数 X の標準化変数 Z を $Z = \dfrac{X-np}{\sqrt{n\overline{p}(1-\overline{p})}}$ で定義すると，Z は標準正規分布 $N(0,\ 1)$ に従う。

これから，母比率 p の (i) 95％信頼区間と (ii) 99％信頼区間を次のように求めることができる。

(i) 母比率 p の 95％信頼区間について，

①より，$P(-1.96 \leqq Z \leqq 1.96) = 0.95$

$$Z = \frac{X-np}{\sqrt{n\overline{p}(1-\overline{p})}}$$

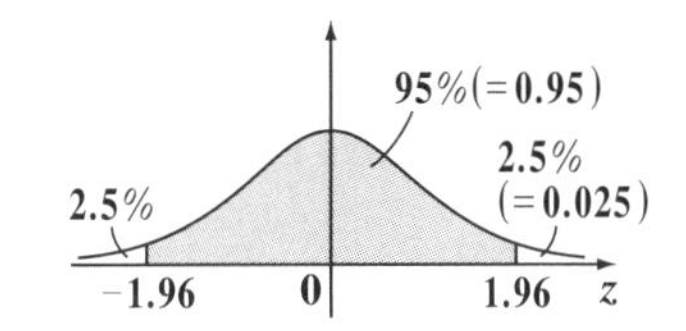

よって，

$$-1.96 \leqq \frac{X-np}{\sqrt{n\overline{p}(1-\overline{p})}} \leqq 1.96$$ より，これをさらに変形して，

$$-1.96\sqrt{n\overline{p}(1-\overline{p})} \leqq X-np$$
$$np \leqq X+1.96\sqrt{n\overline{p}(1-\overline{p})}$$
$$p \leqq \underbrace{\frac{X}{n}}_{\overline{p}}+1.96\sqrt{\frac{n\overline{p}(1-\overline{p})}{n^2}}$$
$$\therefore\ p \leqq \overline{p}+1.96\sqrt{\frac{\overline{p}(1-\overline{p})}{n}}$$

$$X-np \leqq 1.96\sqrt{n\overline{p}(1-\overline{p})}$$
$$X-1.96\sqrt{n\overline{p}(1-\overline{p})} \leqq np$$
$$\underbrace{\frac{X}{n}}_{\overline{p}}-1.96\sqrt{\frac{n\overline{p}(1-\overline{p})}{n^2}} \leqq p$$
$$\therefore\ \overline{p}-1.96\sqrt{\frac{\overline{p}(1-\overline{p})}{n}} \leqq p$$

$$\therefore\ \overline{p}-1.96\sqrt{\frac{\overline{p}(1-\overline{p})}{n}} \leqq p \leqq \overline{p}+1.96\sqrt{\frac{\overline{p}(1-\overline{p})}{n}} \quad \cdots\cdots(*1)$$ となる。

(ii) 母比率 p の 99％信頼区間について，

②より，$P(-2.58 \leqq Z \leqq 2.58) = 0.99$

$$Z = \frac{X-np}{\sqrt{n\overline{p}(1-\overline{p})}}$$

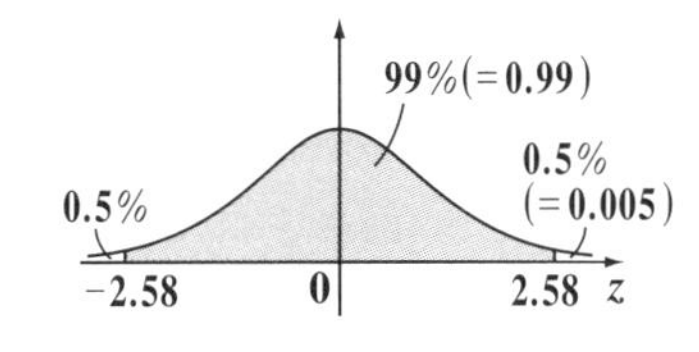

よって，

$-2.58 \leqq \dfrac{X-np}{\sqrt{n\overline{p}(1-\overline{p})}} \leqq 2.58$ より，これをさらに変形して，

$-2.58\sqrt{n\overline{p}(1-\overline{p})} \leqq X-np$

$np \leqq X+2.58\sqrt{n\overline{p}(1-\overline{p})}$

$p \leqq \dfrac{X}{n}+2.58\sqrt{\dfrac{n\overline{p}(1-\overline{p})}{n^2}}$ （$\dfrac{X}{n} = \overline{p}$）

$\therefore p \leqq \overline{p}+2.58\sqrt{\dfrac{\overline{p}(1-\overline{p})}{n}}$

$X-np \leqq 2.58\sqrt{n\overline{p}(1-\overline{p})}$

$X-2.58\sqrt{n\overline{p}(1-\overline{p})} \leqq np$

$\dfrac{X}{n}-2.58\sqrt{\dfrac{n\overline{p}(1-\overline{p})}{n^2}} \leqq p$ （$\dfrac{X}{n} = \overline{p}$）

$\therefore \overline{p}-2.58\sqrt{\dfrac{\overline{p}(1-\overline{p})}{n}} \leqq p$

$\therefore \overline{p}-2.58\sqrt{\dfrac{\overline{p}(1-\overline{p})}{n}} \leqq p \leqq \overline{p}+2.58\sqrt{\dfrac{\overline{p}(1-\overline{p})}{n}}$ ……(＊2) となる。

以上(ⅰ)(ⅱ)より，

(ⅰ) 母比率 p の 95% 信頼区間は，

$\overline{p}-1.96\sqrt{\dfrac{\overline{p}(1-\overline{p})}{n}} \leqq p \leqq \overline{p}+1.96\sqrt{\dfrac{\overline{p}(1-\overline{p})}{n}}$ ……(＊1) である。…(終)

(ⅱ) 母比率 p の 99% 信頼区間は，

$\overline{p}-2.58\sqrt{\dfrac{\overline{p}(1-\overline{p})}{n}} \leqq p \leqq \overline{p}+2.58\sqrt{\dfrac{\overline{p}(1-\overline{p})}{n}}$ ……(＊2) である。…(終)

母比率 p の区間推定(Ⅱ)

演習問題 77 CHECK 1 CHECK 2 CHECK 3

ある地方の **50** 万人の有権者の中から **360** 人を無作為に抽出して，**A** 政党の支持者の人数を調べたところ，**60** 人であった。この地方の **A** 政党の支持率 p の(ⅰ) **95**%信頼区間と(ⅱ) **99**%信頼区間を求めよ。(ただし，小数第 **4** 位を四捨五入して求めよ。)

ヒント！ 標本の大きさ $n=360$ は十分に大きな数と言えるので，標本比率 $\overline{p}$ を用いて，母比率 p の各信頼区間は，公式通りに求めればいいんだね。

解答＆解説

この地方の **A** 政党の支持率を母比率 p とおいて，この区間推定を行う。

標本の大きさ $n=360$，標本比率 $\overline{p}=\frac{60}{360}=\frac{1}{6}$ であり，n は十分に大きな数なので，母比率 p の(ⅰ) **95**%信頼区間と(ⅱ) **99**%信頼区間を公式に従って求めると，

p の 95%信頼区間

$$\overline{p}-1.96\sqrt{\frac{\overline{p}(1-\overline{p})}{n}}\leqq p\leqq\overline{p}+1.96\sqrt{\frac{\overline{p}(1-\overline{p})}{n}}$$

(ⅰ) 母比率 p の 95%信頼区間は，

$$\frac{1}{6}-1.96\sqrt{\frac{\frac{1}{6}\cdot\frac{5}{6}}{360}}\leqq p\leqq\frac{1}{6}+1.96\sqrt{\frac{\frac{1}{6}\cdot\frac{5}{6}}{360}}$$ より，

$$\frac{1}{6}-1.96\times\frac{\sqrt{5}}{36\sqrt{10}}=\frac{1}{6}-\frac{\sqrt{2}}{72}\times1.96=0.1281\cdots$$

$$\frac{1}{6}+\frac{\sqrt{2}}{72}\times1.96=0.2051\cdots$$

$\therefore\ 0.128\leqq p\leqq0.205$ である。……………………………(答)

p の 99%信頼区間

$$\overline{p}-2.58\sqrt{\frac{\overline{p}(1-\overline{p})}{n}}\leqq p\leqq\overline{p}+2.58\sqrt{\frac{\overline{p}(1-\overline{p})}{n}}$$

(ⅱ) 母比率 p の 99%信頼区間は，

$$\frac{1}{6}-2.58\sqrt{\frac{\frac{1}{6}\cdot\frac{5}{6}}{360}}\leqq p\leqq\frac{1}{6}+2.58\sqrt{\frac{\frac{1}{6}\cdot\frac{5}{6}}{360}}$$ より，

$$\frac{1}{6}-\frac{\sqrt{2}}{72}\times2.58=0.1159\cdots$$

$$\frac{1}{6}+\frac{\sqrt{2}}{72}\times2.58=0.2173\cdots$$

$\therefore\ 0.116\leqq p\leqq0.217$ である。……………………………(答)

母比率 p の区間推定 (Ⅲ)

演習問題 78 　CHECK 1　CHECK 2　CHECK 3

ある地域の **120** 万世帯の中から **225** 世帯を無作為に抽出して，自家用車を保有している世帯を調べたところ，**90** 世帯が保有していた。この地域の世帯の自家用車の保有率を p とおく。このとき，次の問いに答えよ。(ただし，**(1)**, **(2)** は小数第 **4** 位を四捨五入して求めよ。また，**(3)** では，標本の大きさは変わっても，自家用車の標本保有率は変化しないものとする。)

(1) 保有率 p の **95%** 信頼区間を求めよ。

(2) 保有率 p の **99%** 信頼区間を求めよ。

(3) 保有率 p の **95%** 信頼区間の幅が **0.1** 以下となるような最小の標本の大きさを求めよ。

ヒント！ 標本の大きさ $n=225$ は十分に大きいので，標本保有率を $\overline{p}$ とおくと，この地域の世帯の保有率 p の **(1)** 95% 信頼区間と **(2)** 99% 信頼区間は，次の公式：

(1) $\overline{p}-1.96\sqrt{\frac{\overline{p}(1-\overline{p})}{n}} \leqq p \leqq \overline{p}+1.96\sqrt{\frac{\overline{p}(1-\overline{p})}{n}}$ ……(*1)

(2) $\overline{p}-2.58\sqrt{\frac{\overline{p}(1-\overline{p})}{n}} \leqq p \leqq \overline{p}+2.58\sqrt{\frac{\overline{p}(1-\overline{p})}{n}}$ ……(*2) で求めればいい。

(3) では，標本の大きさが n' のとき，p の 95% 信頼区間の幅が，$2\times1.96\sqrt{\frac{\overline{p}(1-\overline{p})}{n'}}$ となるので，これが **0.1** 以下となる最小の整数の n' を求めればいいんだね。頑張ろう！

解答＆解説

この地域の全世帯の自家用車の保有率を p とおいて，この区間推定を行う。

標本の大きさ $n=225\,(=15^2)$，標本保有率 $\overline{p}=\frac{90}{225}=\frac{\cancel{15}\times6}{\cancel{15}\times15}=\frac{2}{5}$，また，

$1-\overline{p}=1-\frac{2}{5}=\frac{3}{5}$ であり，n は十分に大きな数なので，この保有率 p の各信頼区間は，公式通りに求めることができる。

(1) 保有率 p の 95％信頼区間は,

$$\frac{2}{5}-1.96\sqrt{\frac{\frac{2}{5}\cdot\frac{3}{5}}{225}}\leqq p\leqq\frac{2}{5}+1.96\sqrt{\frac{\frac{2}{5}\cdot\frac{3}{5}}{225}}$$

公式 (∗1) より

$$\underbrace{\frac{2}{5}-1.96\sqrt{\frac{6}{5^2\times15^2}}}_{\frac{2}{5}-1.96\times\frac{\sqrt{6}}{75}=0.3359\cdots}\leqq p\leqq\underbrace{\frac{2}{5}+1.96\sqrt{\frac{6}{5^2\times15^2}}}_{\frac{2}{5}+1.96\times\frac{\sqrt{6}}{75}=0.4640\cdots}$$ より,

$\therefore\ 0.336\leqq p\leqq0.464$ である。……………………………………(答)

(2) 保有率 p の 99％信頼区間は,

$$\underbrace{\frac{2}{5}-2.58\sqrt{\frac{\frac{2}{5}\cdot\frac{3}{5}}{225}}}_{\frac{2}{5}-2.58\times\frac{\sqrt{6}}{75}=0.3157\cdots}\leqq p\leqq\underbrace{\frac{2}{5}+2.58\sqrt{\frac{\frac{2}{5}\cdot\frac{3}{5}}{225}}}_{\frac{2}{5}+2.58\times\frac{\sqrt{6}}{75}=0.4842\cdots}$$ より,

公式 (∗2) より

$\therefore\ 0.316\leqq p\leqq0.484$ である。……………………………………(答)

(3) 標本の大きさが n' のときの保有率 p の 95％信頼区間の幅は,

$2\times1.96\sqrt{\dfrac{\overline{p}(1-\overline{p})}{n'}}$ である。ここで, 標本の大きさに関わらず標本保有率 $\overline{p}$ は一定で, $\overline{p}=\dfrac{2}{5}$ とおけるので, この幅が $0.1\ (=10\%)$ 以下となるための最小の標本の大きさ n' を求めると,

$$2\times1.96\cdot\sqrt{\frac{\frac{2}{5}\times\frac{3}{5}}{n'}}\leqq0.1$$ より, $$\underbrace{\frac{2\times1.96\times\sqrt{6}}{5\times0.1}}_{4\times1.96\sqrt{6}=19.203\cdots}\leqq\sqrt{n'}$$

この両辺を 2 乗して, $368.79\cdots\leqq n'$ となる。

よって, p の 95％信頼区間の幅を 0.1 以下にする最小の標本の大きさ n' は, $n'=369$ である。……………………………………(答)

母比率 p の区間推定 (Ⅳ)

演習問題 79 CHECK 1 CHECK 2 CHECK 3

ある地域の **150** 万世帯の中から **240** 世帯を無作為に抽出して，**A** 社の洗剤を使用している世帯を調べたところ，**90** 世帯が使っていた。この地域の世帯の **A** 社の洗剤の使用率を p とおく。このとき，次の問いに答えよ。(ただし，**(1)**, **(2)** は小数第 **4** 位を四捨五入して求めよ。また，**(3)** では，標本の大きさは変わっても，**A** 社の洗剤の標本使用率は変化しないものとする。)

(1) 使用率 p の **95%** 信頼区間を求めよ。

(2) 使用率 p の **99%** 信頼区間を求めよ。

(3) 使用率 p の **99%** 信頼区間の幅が **0.15** 以下となるような最小の標本の大きさを求めよ。

ヒント！ **(1)**, **(2)** では，標本の大きさ n，標本使用率 $\overline{p}$ を用いて，使用率 p の **(1)** **95%** 信頼区間と **(2)** **99%** 信頼区間の次の公式を用いて計算しよう。

$$(1)\ \overline{p}-1.96\sqrt{\frac{\overline{p}(1-\overline{p})}{n}} \leqq p \leqq \overline{p}+1.96\sqrt{\frac{\overline{p}(1-\overline{p})}{n}} \quad \cdots\cdots(*1)$$

$$(2)\ \overline{p}-2.58\sqrt{\frac{\overline{p}(1-\overline{p})}{n}} \leqq p \leqq \overline{p}+2.58\sqrt{\frac{\overline{p}(1-\overline{p})}{n}} \quad \cdots\cdots(*2)$$

(3) では，標本の大きさを n' とおくと，p の **99%** 信頼区間の幅が，$2\times 2.58\sqrt{\dfrac{\overline{p}(1-\overline{p})}{n'}}$ となるので，これが **0.15** 以下となるような最小の整数 n' を求めればいいんだね。

解答＆解説

この地域の全世帯の **A** 社の洗剤の使用率を p とおいて，この区間推定を行う。

標本の大きさ $n=240\ (=15\times 16)$，標本使用率 $\overline{p}=\dfrac{90}{240}=\dfrac{9}{24}=\dfrac{3}{8}$，また，

$1-\overline{p}=1-\dfrac{3}{8}=\dfrac{5}{8}$ であり，n は十分に大きな数なので，この使用率 p の各信頼区間は，公式通りに求めることができる。

(1) 使用率 p の 95%信頼区間は,

$$\frac{3}{8}-1.96\underbrace{\sqrt{\frac{\frac{3}{8}\cdot\frac{5}{8}}{240}}}_{\sqrt{\frac{15}{8^2\times16\times15}}=\frac{1}{8\times4}=\frac{1}{32}} \leqq p \leqq \frac{3}{8}+1.96\underbrace{\sqrt{\frac{\frac{3}{8}\cdot\frac{5}{8}}{240}}}_{\frac{1}{32}}$$

$$\underbrace{\frac{3}{8}-\frac{1.96}{32}}_{0.31375} \leqq p \leqq \underbrace{\frac{3}{8}+\frac{1.96}{32}}_{0.43625}$$

$\therefore\ 0.314 \leqq p \leqq 0.436$ である。……………………………………………(答)

(2) 使用率 p の 99%信頼区間は,

$$\underbrace{\frac{3}{8}-2.58\sqrt{\frac{\frac{3}{8}\cdot\frac{5}{8}}{240}}}_{\frac{3}{8}-\frac{2.58}{32}=0.294375} \leqq p \leqq \underbrace{\frac{3}{8}+2.58\sqrt{\frac{\frac{3}{8}\cdot\frac{5}{8}}{240}}}_{\frac{3}{8}+\frac{2.58}{32}=0.455625} \text{ より,}$$

$\therefore\ 0.294 \leqq p \leqq 0.456$ である。……………………………………………(答)

(3) 標本の大きさが n' のときの使用率 p の 99%信頼区間の幅は,

$2\times2.58\sqrt{\dfrac{\overline{p}(1-\overline{p})}{n'}}$ である。ここで,標本の大きさに関わらず標本使用率 $\overline{p}$ は一定で,$\overline{p}=\dfrac{3}{8}$ とおけるので,この幅が $0.15\,(=15\%)$ 以下となるための最小の標本の大きさ n' を求めると,

$$2\times2.58\cdot\sqrt{\frac{\frac{3}{8}\cdot\frac{5}{8}}{n'}} \leqq 0.15 \text{ より, } \underbrace{\frac{2\times2.58\sqrt{15}}{8\times0.15}}_{16.653\cdots} \leqq \sqrt{n'}$$

この両辺を 2 乗して,$277.35 \leqq n'$ となる。

よって,p の 99%信頼区間の幅を 0.15 以下にする最小の標本の大きさ n' は,$n'=278$ である。……………………………………………(答)

§1. 母平均の検定（けんてい）

母集団の母平均についてある“**仮説**（かせつ）”を立て，それを“**棄却**（ききゃく）”するか，どうか

（「捨てる」という意味）

を，統計的に“**検定**”(テスト)する。まず，この検定の定義を示し，その後，検定を行うための手順を示す。

仮説の検定

母集団の母平均μについて，
「仮説H_0：$\mu=\mu_0$」を立てる。
母集団から無作為に抽出した標本X_1, X_2, X_3, …, X_nを基に，この仮説を棄却するかどうかを統計的に判断することを，“**検定**”と呼ぶ。

(Ⅰ) まず，「仮説H_0：$\mu=\mu_0$」を立てる。
　(対立仮説H_1：$\mu\neq\mu_0$など)

(Ⅱ) “**有意水準**（ゆういすいじゅん）α”または“**危険率**（きけんりつ）α”を予め**0.05**(=**5**%)または**0.01**(=**1**%)などに定める。

(Ⅲ) 無作為抽出した標本X_1, X_2, …, X_nを基に“**検定統計量**（けんていとうけいりょう）”を作る。

（具体的には，$T=\dfrac{\overline{X}-\mu}{\frac{\sigma}{\sqrt{n}}}$や$T=\dfrac{\overline{X}-\mu}{\frac{S}{\sqrt{n}}}$など）

(Ⅳ) 検定統計量(新たな確率変数)が従う分布(具体的には，標準正規分布，t分布など)の数表から，有意水準αによる“**棄却域R**”を定める。

(Ⅴ) 標本の具体的な数値による検定統計量(新たな確率変数)Tの実現値tが，
　(i) 棄却域Rに入るとき，仮説H_0は棄却される。
　(ii) 棄却域Rに入らないとき，仮説H_0は棄却されない。

検定統計量の実現値 t が棄却域 R に入らなかったとき，「仮説 H_0：$\mu=\mu_0$」を「採用する」とは言わずに，「棄却されない」と言う理由は次の **2** つである。

理由(i) 有意水準 α は，一般に **0.05** や **0.01** に定められる。よって，これに対応する棄却域に入る確率は，**5**％や **1**％と非常に低く，逆に言えば，T の実現値 t が，棄却域に入らないのは当然のことで，むしろ，t が棄却域に入ったときだけ，仮説 H_0 を捨てる積極的な理由となるからである。

理由(ii) t が棄却域 R に入らなかったからといって，仮説 H_0 を積極的に採用することにならないもう **1** つの理由としては，t が棄却域に入らないような仮説は，H_0 以外にも無数に存在するからである。

以上より，t が棄却域に入らなかった場合には，「仮説 H_0 をまだ捨てる理由が見つからない」という程度に考えておけばいい。
このように，捨てることを前提にしているので，H_0 のことを“**帰無仮説**(きむかせつ)”という。（無に帰してしまう仮説）

次に，仮説 H_0：$\mu=\mu_0$ の対立仮説 H_1 について，
仮説 H_0：$\mu=\mu_0$ の対立仮説 H_1 には，次の **3** 通りが考えられる。

(i) $\mu \neq \mu_0$
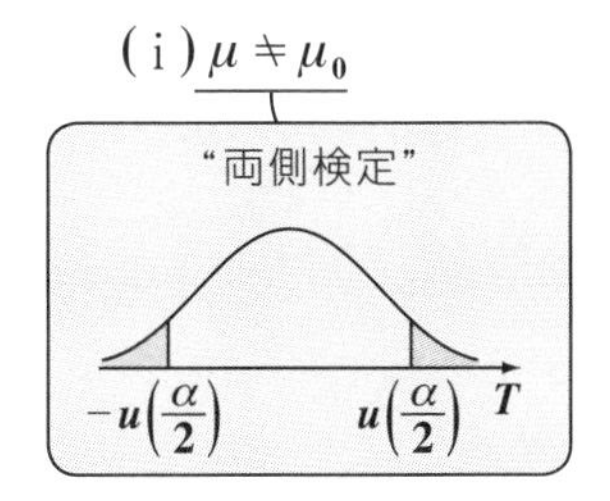

(ii) $\mu < \mu_0$
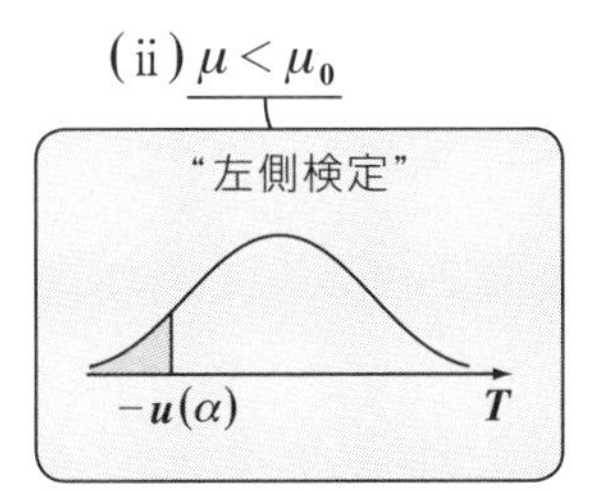

(iii) $\mu > \mu_0$
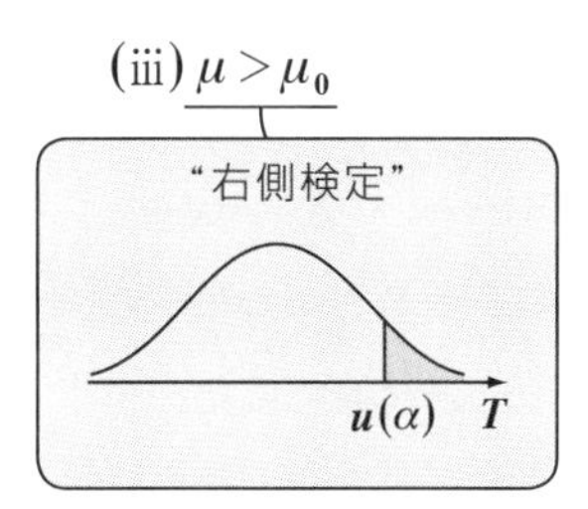

- 対立仮説(i) $\mu \neq \mu_0$ による検定を**両側検定**といい，
- 対立仮説(ii) $\mu < \mu_0$ による検定を**左側検定**といい，
- 対立仮説(iii) $\mu > \mu_0$ による検定を**右側検定**という。

そして，(ii)と(iii)を併せて，**片側検定**という。

母平均μの検定(σ^2：既知)(Ⅰ)

演習問題 80　CHECK 1　CHECK 2　CHECK 3

ある菓子メーカーの箱菓子の内容量が**100g**と表示されている。ある消費者団体がこの表示に偽りがないかを調べるために，無作為に**9**個のこの箱菓子を選び出して，その内容量を測定した結果，平均の内容量が**99.2g**であった。

標準正規分布表
$\alpha = \int_u^\infty f_s(z)dz$

u	α
1.96	0.025
1.645	0.05

この箱菓子全体の内容量は，正規分布$N(\mu,\ 1.96)$に従うものとする。
このとき，有意水準$\alpha = 0.05$として，
「仮説H_0：この箱菓子全体の平均の内容量$\mu = 100$(g)である。」を，
対立仮説(1)「H_1：$\mu \neq 100$である。」，および
(2)「H_1'：$\mu < 100$である。」の**2**つの場合について検定せよ。
(必要とあれば，上の標準正規分布表を利用してもよい。)

ヒント！ 母分散$\sigma^2 = 1.96$は既知なので，検定統計量Tを$T = \dfrac{\overline{X} - \mu_0}{\sqrt{\dfrac{\sigma^2}{n}}}$とおけば，これは標準正規分布$N(0,\ 1)$に従う。また，(1)は両側検定であり，(2)は片側(左側)検定であることに気を付けよう。

解答＆解説

$N(\mu,\ \underbrace{1.96}_{\sigma^2})$に従う母集団から，$n = 9$個を無作為に抽出して，標本$X = X_1$，$X_2$，…，$X_9$としたとき，この標本平均$\overline{X}$は，$\overline{X} = \dfrac{1}{9}\sum_{k=1}^{9} X_k$は，$\overline{X} = 99.2$(g)であった。

標本平均$\overline{X}$は，正規分布$\underbrace{N\left(\mu,\ \dfrac{1.96}{9}\right)}_{N\left(\mu,\ \frac{\sigma^2}{n}\right)}$に従うので，この標準化変数$T$を

検定統計量として，

$$T=\frac{\overline{X}-\mu_0}{\sqrt{\frac{\sigma^2}{n}}}=\frac{\overline{X}-100}{\sqrt{\frac{1.96}{9}}}=\frac{\overline{X}-100}{\sqrt{\frac{1.4^2}{3^2}}}=\frac{3}{1.4}(\overline{X}-100)=\frac{15}{7}(\overline{X}-100)$$

$\left(\frac{3}{\frac{7}{5}}=\frac{15}{7}\right)$

とおくと，T は，標準正規分布 $N(0,\ 1)$ に従う。

(1) 仮説 H_0：$\mu=100$

($対立仮説\ H_1：\mu\neq100$) ← 両側検定

有意水準 $\alpha=0.05\ (=5\%)$

標本数 $n=9$

検定統計量 $T=\frac{15}{7}(\overline{X}-100)$

標準正規分布表より，

$$u\left(\frac{\alpha}{2}\right)=u(0.025)=1.96$$

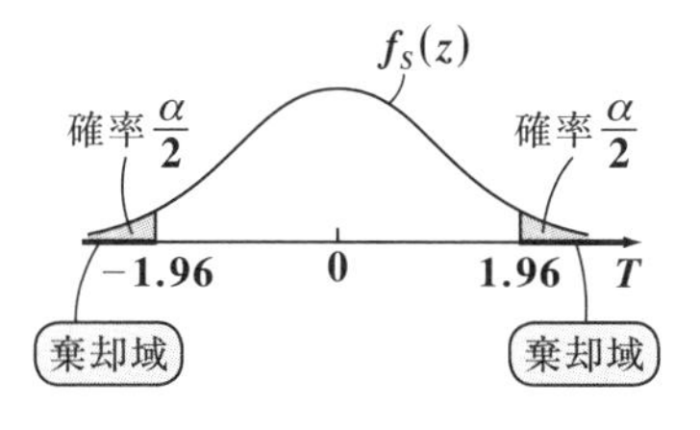

表1

仮説 H_0	$\mu=100$
対立仮説 H_1	$\mu\neq100$
有意水準 α	0.05
標本数 n	9
標本平均 $\overline{X}$	99.2
母分散 σ^2	1.96
検定統計量 T	$\frac{15}{7}(\overline{X}-100)$
$u\left(\frac{\alpha}{2}\right)$	1.96
棄却域 R	$t=-1.714$；R：-1.96，1.96 T
検定結果	仮説 H_0 は棄却されない。

よって，棄却域 R は，

$R(t<-1.96,\ 1.96<t)$ となる。

ここで，$\overline{X}=99.2$ より，T の実現値 t は，

$$T=t=\frac{15}{7}(99.2-100)=\frac{15}{7}\times(-0.8)=-\frac{12}{7}=-1.714$$ となる。

よって，実現値 $t=-1.714$ は，棄却域 R に入っていない。

∴「仮説 H_0：$\mu=100$」は棄却されない。……………………………(答)

(2) 仮説 $H_0 : \mu = 100$

(対立仮説 $H_1' : \mu < 100$) ← 片側(左側)検定

有意水準 $\alpha = 0.05\ (= 5\%)$

標本数 $n = 9$

検定統計量 $T = \dfrac{15}{7}(\overline{X} - 100)$

標準正規分布表より,

$$u(\alpha) = u(0.05)$$
$$= 1.645$$

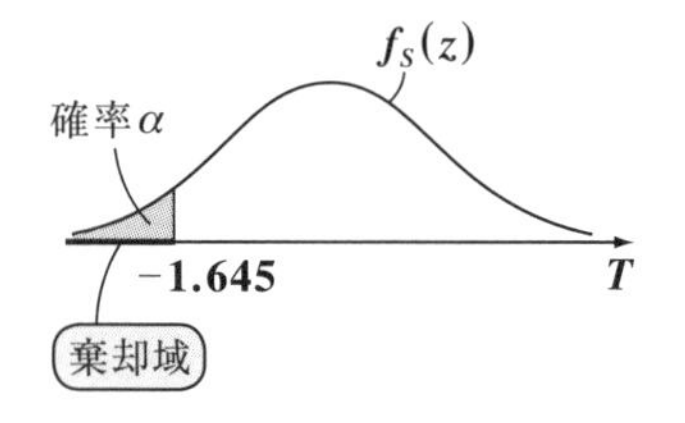

表 2

仮説 H_0	$\mu = 100$
対立仮説 H_1'	$\mu < 100$
有意水準 α	0.05
標本数 n	9
標本平均 $\overline{X}$	99.2
母分散 σ^2	1.96
検定統計量 T	$\dfrac{15}{7}(\overline{X} - 100)$
$u(\alpha)$	1.645
棄却域 R	$t = -1.714$, R, -1.645, T
検定結果	仮説 H_0 は棄却される。

よって,棄却域 R は,$R(t < -1.645)$ となる。

ここで,$\overline{X} = 99.2$ より,T の実現値 t は,

$$T = t = \frac{15}{7}(99.2 - 100) = \frac{15}{7} \times (-0.8) = -\frac{12}{7} = -1.714 \text{ となる。}$$

よって,実現値 $t = -1.714$ は,棄却域 R に入る。

∴「仮説 $H_0 : \mu = 100$」は棄却される。……………………………………(答)

母平均μの検定(σ^2：既知)(Ⅱ)

演習問題 81

CHECK 1　CHECK 2　CHECK 3

あるタブレットの充電時間が **2.50** 時間と表示されている。この表示に問題がないか調べるために，無作為に **25** 個の製品を選び出して，これらの充電時間を測定した結果，平均の充電時間は **2.57** 時間であった。この製品全体の充電時間は，正規分布 $N\left(\mu,\ \frac{1}{50}\right)$ に従うものとする。このとき，有意水準 $\alpha = 0.01$ として，

「仮説 H_0：この製品の平均の充電時間 $\mu = 2.5$ (時間) である。」を，

対立仮説 (1)「H_1：$\mu \neq 2.50$ である。」，および

(2)「$H_1{}'$：$\mu > 2.50$ である。」の **2** つの場合について検定せよ。

(必要とあれば，上の標準正規分布表を利用してもよい。)

標準正規分布表

$\alpha = \int_u^\infty f_s(z)dz$

u	α
2.58	0.005
2.33	0.01

ヒント！ 母分散 $\sigma^2 = \frac{1}{50}$ は既知なので，検定統計量 T を $T = \frac{\overline{X} - \mu_0}{\sqrt{\frac{\sigma^2}{n}}}$ とおけば，これは，標準正規分布 $N(0,\ 1)$ に従う。(1) は両側検定である。(2) では，メーカーは充電時間を短く表示したがるはずなので，対立仮説 $H_1{}'$ を，$\mu > 2.50$ として右側検定で調べることにした。

解答＆解説

$N\left(\mu,\ \frac{1}{50}\right)$ ($\frac{1}{50} = \sigma^2$) に従う母集団から，$n = 25$ 個を無作為に抽出して，標本 $X = X_1$，X_2，…，X_{25} としたとき，この標本平均 $\overline{X}$ は，$\overline{X} = \frac{1}{25}\sum_{k=1}^{25} X_k = 2.57$ (時間) であった。

標本平均 $\overline{X}$ は，正規分布 $N\left(\mu,\ \frac{1}{50 \times 25}\right)$ ($\frac{1}{50\times 25} = \frac{\sigma^2}{n}$) に従うので，この標準化変数 T を

検定統計量として，

$$T=\frac{\overline{X}-\mu_0}{\sqrt{\frac{\sigma^2}{n}}}=\frac{\overline{X}-2.50}{\sqrt{\frac{1}{25\times50}}}=\frac{\overline{X}-2.50}{\frac{1}{25\sqrt{2}}}=25\sqrt{2}(\overline{X}-2.50)$$

とおくと，T は，標準正規分布 $N(0,\ 1)$ に従う。

(1) 仮説 $H_0:\mu=2.50$

(対立仮説 $H_1:\mu\neq2.50$)
両側検定

有意水準 $\alpha=0.01\ (=1\%)$

標本数 $n=25$

検定統計量 $T=25\sqrt{2}(\overline{X}-2.50)$

標準正規分布表より，

$$u\left(\frac{\alpha}{2}\right)=u(0.005)$$
$$=2.58$$

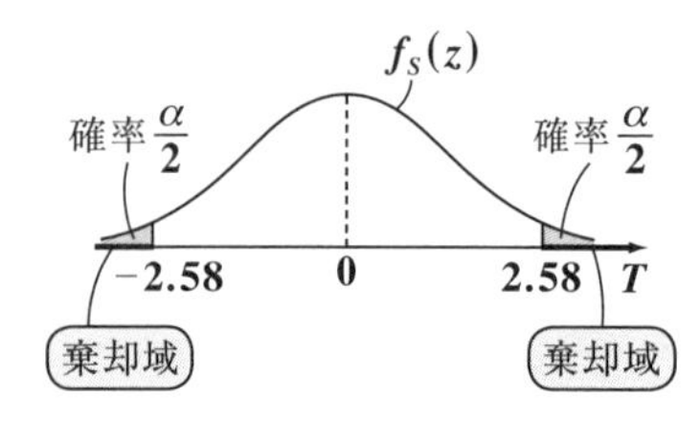

表1

仮説 H_0	$\mu=2.50$
対立仮説 H_1	$\mu\neq2.50$
有意水準 α	0.01
標本数 n	25
標本平均 $\overline{X}$	2.57
母分散 σ^2	$\frac{1}{50}$
検定統計量 T	$25\sqrt{2}(\overline{X}-2.50)$
$u\left(\frac{\alpha}{2}\right)$	2.58
棄却域 R	R　$t=2.475$　R −2.58　2.58　T
検定結果	仮説 H_0 は棄却されない。

よって，棄却域 R は，$R(t<-2.58,\ 2.58<t)$ となる。

ここで，$\overline{X}=2.57$ より，T の実現値 t は，

$T=t=25\sqrt{2}(2.57-2.50)=25\sqrt{2}\times0.07=2.475$ となる。

よって，実現値 $t=2.475$ は，棄却域 R に入っていない。

∴「仮説 $H_0:\mu=2.50$」は棄却されない。 ……………………………………(答)

(2) 仮説 H_0：$\mu = 2.50$

(対立仮説 $H_1{}'$：$\mu > 2.50$)

片側(右側)検定

有意水準 $\alpha = 0.01$ (= 1%)

標本数 $n = 25$

検定統計量 $T = 25\sqrt{2}(\overline{X} - 2.50)$

標準正規分布表より，

$u(\alpha) = u(0.01)$

$= 2.33$

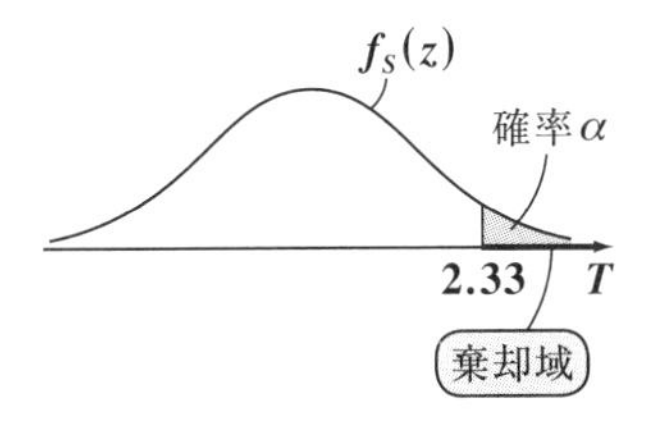

表 2

仮説 H_0	$\mu = 2.50$
対立仮説 $H_1{}'$	$\mu > 2.50$
有意水準 α	0.01
標本数 n	25
標本平均 $\overline{X}$	2.57
母分散 σ^2	$\frac{1}{50}$
検定統計量 T	$25\sqrt{2}(\overline{X} - 2.50)$
$u(\alpha)$	2.33
棄却域 R	$t = 2.475$ R 2.33 T
検定結果	仮説 H_0 は棄却される。

よって，棄却域 R は，$R(2.33 < t)$ となる。

ここで，$\overline{X} = 2.57$ より，T の実現値 t は，

$T = t = 25\sqrt{2}(2.57 - 2.50) = 25\sqrt{2} \times 0.07 = 2.475$ となる。

よって，実現値 $t = 2.475$ は，棄却域 R に入る。

∴「仮説 H_0：$\mu = 2.50$」は棄却される。 ……………………………………(答)

母平均μの検定(σ^2：未知)(Ⅰ)

演習問題 82　CHECK 1　CHECK 2　CHECK 3

ある缶詰の内容量が **79.5g** と表示されている。この表示に問題がないか調べるために，無作為に **10** 個を標本として抽出し，内容量 **(g)** を測定した結果を次に示す。

自由度 $n=9$ の t 分布表

$\alpha=\int_u^\infty t_n(u)du$

n ＼ α	0.025	0.05
9	2.262	1.833

78，81，77，77，76，81，79，79，78，80

このすべての缶詰の内容量を母集団とし，これが正規分布 $N(\mu,\ \sigma^2)$ (σ^2：未知)に従うものとする。このとき，有意水準 $\alpha=0.05$ として，「仮説 $H_0：\mu=79.5$」を，

対立仮説 **(1)** $H_1：\mu\neq 79.5$，および **(2)** $H_1'：\mu<79.5$ の **2** つの場合について検定せよ。(必要とあれば，上の t 分布表を利用してもよい。)

ヒント！ 母分散 σ^2 は未知なので，検定統計量 T を $T=\dfrac{\overline{X}-\mu_0}{\sqrt{\dfrac{S^2}{n}}}$ とおくと，T は自由度 **9** の t 分布に従う。**(1)** は両側検定であり，**(2)** は片側(左側)検定なんだね。

解答＆解説

10 個の標本データを，

$X=X_1,\ X_2,\ X_3,\ \cdots,\ X_{10}$

$\quad =78,\ 81,\ 77,\ \cdots,\ 80$

とおいて，標本平均 $\overline{X}$ と標本分散 S^2 を，表から求めると，

$$\overline{X}=\frac{1}{10}\sum_{k=1}^{10}X_k=\frac{786}{10}=78.6$$

$$S^2=\frac{1}{9}\sum_{k=1}^{10}(X_k-\overline{X})^2=\frac{26.4}{9}$$

$$=\frac{264}{90}=\frac{44}{15}$$

である。

表 1

データ No.	データ X	偏差 $X_k-\overline{X}$	偏差平方 $(X_k-\overline{X})^2$
1	78	−0.6	0.36
2	81	2.4	5.76
3	77	−1.6	2.56
4	77	−1.6	2.56
5	76	−2.6	6.76
6	81	2.4	5.76
7	79	0.4	0.16
8	79	0.4	0.16
9	78	−0.6	0.36
10	80	1.4	1.96
合計	786	0	26.4

(1) 仮説 H_0 : $\mu = 79.5$

($対立仮説 H_1$: $\mu \neq 79.5$) ← 両側検定

有意水準 $\alpha = 0.05\ (= 5\%)$

標本数 $n = 10$

標本平均 $\overline{X} = 78.6$

標本分散 $S^2 = \dfrac{44}{15}$

σ^2 は未知より，検定統計量 T は，

$$T = \frac{\overline{X} - \mu_0}{\sqrt{\dfrac{S^2}{n}}} = \frac{\overline{X} - 79.5}{\sqrt{\dfrac{44}{15 \times 10}}}$$

$$= \sqrt{\frac{150}{44}}\,(\overline{X} - 79.5)$$

$$= \frac{5\sqrt{66}}{22}(\overline{X} - 79.5) \text{ となる。}$$

表2

仮説 H_0	$\mu = 79.5$
対立仮説 H_1	$\mu \neq 79.5$
有意水準 α	0.05
標本数 n	10
標本平均 $\overline{X}$	78.6
標本分散 S^2	$\dfrac{44}{15}$
検定統計量 T	$\dfrac{5\sqrt{66}}{22}(\overline{X} - 79.5)$
$u_9\left(\dfrac{\alpha}{2}\right)$	2.262
棄却域 R	$t = -1.662$; -2.262 　 2.262 T
検定結果	仮説 H_0 は棄却されない。

そして，この T は，自由度 $n = 9$ $(= 10 - 1)$ の t 分布に従う。よって，P182 の t 分布表より，

$$u_9\left(\frac{\alpha}{2}\right) = u_9(0.025) = 2.262$$

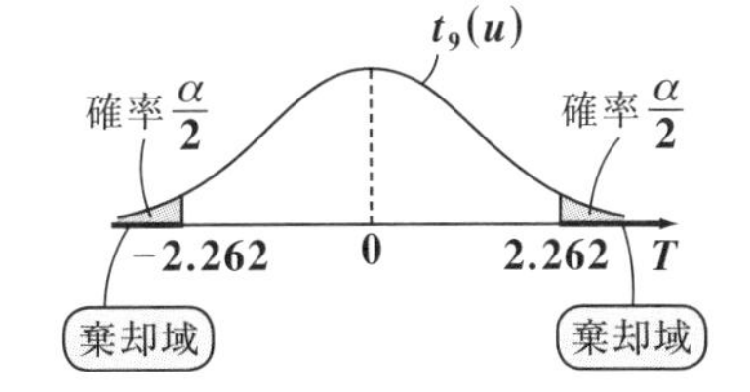

よって，両側検定の棄却域 R は，

$R(t < -2.262,\ 2.262 < t)$ となる。

ここで，$\overline{X} = 78.6$ より，T の実現値 t は，

$$t = \frac{5\sqrt{66}}{22}(78.6 - 79.5) = \frac{5\sqrt{66}}{22} \times (-0.9) = -1.662 \text{ となる。}$$

よって，実現値 $t = -1.662$ は，棄却域 R に入っていない。

∴「仮説 H_0 : $\mu = 79.5$」は棄却されない。 ……………………………………(答)

(2) 仮説 $H_0 : \mu = 79.5$

(対立仮説 $H_1' : \mu < 79.5$) ← 片側(左側)検定

有意水準 $\alpha = 0.05 \ (= 5\%)$

標本数 $n = 10$

標本平均 $\overline{X} = 78.6$

標本分散 $S^2 = \dfrac{44}{15}$

σ^2 は未知より，検定統計量 T は，

$$T = \frac{\overline{X} - \mu_0}{\sqrt{\dfrac{S^2}{n}}} = \frac{\overline{X} - 79.5}{\sqrt{\dfrac{44}{15 \times 10}}}$$

$= \dfrac{5\sqrt{66}}{22}(\overline{X} - 79.5)$ となる。

表 3

仮説 H_0	$\mu = 79.5$
対立仮説 H_1'	$\mu < 79.5$
有意水準 α	0.05
標本数 n	10
標本平均 $\overline{X}$	78.6
標本分散 S^2	$\dfrac{44}{15}$
検定統計量 T	$\dfrac{5\sqrt{66}}{22}(\overline{X} - 79.5)$
$u_9(\alpha)$	1.833
棄却域 R	R, -1.833, $t = -1.662$, T
検定結果	仮説 H_0 は棄却されない。

そして，この T は，自由度 9 $(= 10 - 1)$ の t 分布に従う。よって，P182 の t 分布表より，

$u_9(\alpha) = u_9(0.05) = 1.833$

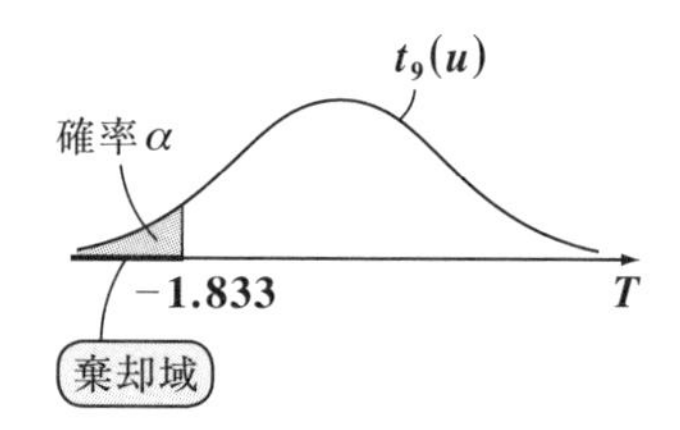

よって，片側 (左側) 検定の棄却域 R は，$R(t < -1.833)$ となる。

ここで，$\overline{X} = 78.6$ より，T の実現値 t は，

$t = \dfrac{5\sqrt{66}}{22}(78.6 - 79.5) = -1.662$ である。

よって，実現値 $t = -1.662$ は，棄却域 R に入っていない。

∴「仮説 $H_0 : \mu = 79.5$」は棄却されない。 ……………………………(答)

母平均 μ の検定 (σ^2：未知) (Ⅱ)

演習問題 83　CHECK 1　CHECK 2　CHECK 3

ある電子機器の充電時間が **3.35** 時間と表示されている。この表示に問題がないか調べるために，無作為に **11** 個を標本として抽出し，充電時間 (時間) を測定した結果を次に示す。

自由度 $n=10$ の t 分布表

$\alpha=\int_u^\infty t_n(u)du$

n ＼ α	0.005	0.01
10	3.169	2.764

3.4，3.8，4.0，3.4，3.7，3.2，3.5，3.6，3.3，4.1，3.6

このすべての機器の充電時間を母集団とし，これが正規分布 $N(\mu,\ \sigma^2)$ (σ^2：未知) に従うものとする。このとき，有意水準 $\alpha=0.01$ として，「仮説 H_0：$\mu=3.35$」を，

対立仮説 (1) H_1：$\mu \neq 3.35$，および (2) H_1'：$\mu>3.35$ の 2 つの場合について検定せよ。(必要とあれば，上の t 分布表を利用してもよい。)

ヒント！ 母分散 σ^2 は未知なので，この代わりに標本分散 S^2 を用いて，検定統計量 T を定義すればいい。(1) は両側検定，(2) は片側 (右側) 検定の問題なんだね。

解答＆解説

11 個の標本データを，

$X=X_1,\ X_2,\ X_3,\ \cdots,\ X_{11}$

$=3.4,\ 3.8,\ 4.0,\ \cdots,\ 3.6$

とおいて，標本平均 $\overline{X}$ と標本分散 S^2 を，表から求めると，

$$\overline{X}=\frac{1}{11}\sum_{k=1}^{11}X_k=\frac{39.6}{11}=3.6$$

$$S^2=\frac{1}{11-1}\sum_{k=1}^{11}(X_k-\overline{X})^2$$

$$=\frac{1}{10}\{(-0.2)^2+0.2^2+\cdots+0^2\}$$

$$=\frac{0.8}{10}=\frac{8}{100}=\frac{2}{25}$$

である。

表 1

データ No.	データ X	偏差 $X_k-\overline{X}$	偏差平方 $(X_k-\overline{X})^2$
1	3.4	−0.2	0.04
2	3.8	0.2	0.04
3	4.0	0.4	0.16
4	3.4	−0.2	0.04
5	3.7	0.1	0.01
6	3.2	−0.4	0.16
7	3.5	−0.1	0.01
8	3.6	0	0
9	3.3	−0.3	0.09
10	4.1	0.5	0.25
11	3.6	0	0
合計	39.6	0	0.8

(1) 仮説 $H_0 : \mu = 3.35$

(対立仮説 $H_1 : \mu \fallingdotseq 3.35$)

両側検定

有意水準 $\alpha = 0.01$ $(=1\%)$

標本数 $n = 11$

標本平均 $\overline{X} = 3.6$

標本分散 $S^2 = \dfrac{2}{25}$

σ^2 は未知より，検定統計量 T は，

$$T = \frac{\overline{X} - \mu_0}{\sqrt{\dfrac{S^2}{n}}} = \frac{\overline{X} - 3.35}{\sqrt{\dfrac{2}{25 \times 11}}}$$

$$= \frac{5\sqrt{22}}{2}(\overline{X} - 3.35) \text{ となる。}$$

表2

仮説 H_0	$\mu = 3.35$
対立仮説 H_1	$\mu \fallingdotseq 3.35$
有意水準 α	0.01
標本数 n	11
標本平均 $\overline{X}$	3.6
標本分散 S^2	$\dfrac{2}{25}$
検定統計量 T	$\dfrac{5\sqrt{22}}{2}(\overline{X} - 3.35)$
$u_{10}\left(\dfrac{\alpha}{2}\right)$	3.169
棄却域 R	$t = 2.932$; R: $T < -3.169$, $3.169 < T$
検定結果	仮説 H_0 は棄却されない。

そして，この T は，自由度 $10(=11-1)$ の t 分布に従う。よって，P185 の t 分布表より，

$$u_{10}\left(\frac{\alpha}{2}\right) = u_{10}(0.005) = 3.169$$

よって，両側検定の棄却域 R は，

$R(t < -3.169,\ 3.169 < t)$ となる。

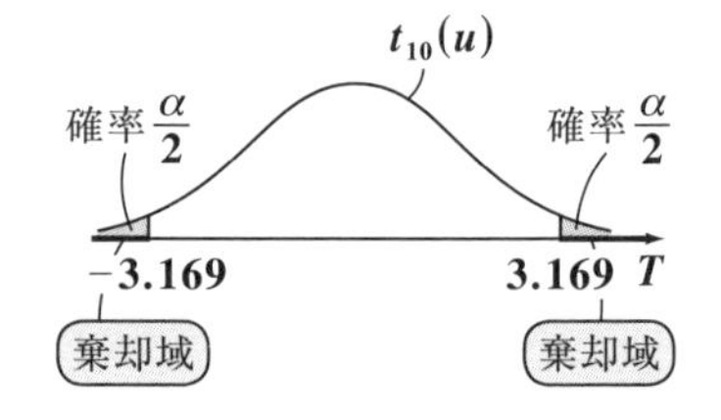

ここで，$\overline{X} = 3.6$ より，T の実現値 t は，

$$t = \frac{5\sqrt{22}}{2}(3.6 - 3.35) = 2.932$$

よって，実現値 $t = 2.932$ は，棄却域 R に入っていない。

∴「仮説 $H_0 : \mu = 3.35$」は棄却されない。 ……………………………(答)

(2) 仮説 $H_0 : \mu = 3.35$

(対立仮説 $H_1' : \mu > 3.35$)

片側(右側)検定

有意水準 $\alpha = 0.01\ (= 1\%)$

標本数 $n = 11$

標本平均 $\overline{X} = 3.6$

標本分散 $S^2 = \dfrac{2}{25}$

σ^2 は未知より，検定統計量 T は，

$T = \dfrac{5\sqrt{22}}{2}(\overline{X} - 3.35)$ となる。

そして，この T は，自由度 $10(= 11 - 1)$ の t 分布に従う。よって，P185 の t 分布表より，

$u_{10}(\alpha) = u_{10}(0.01) = 2.764$

よって，片側 (右側) 検定の棄却域 R は，$R(2.764 < t)$ となる。

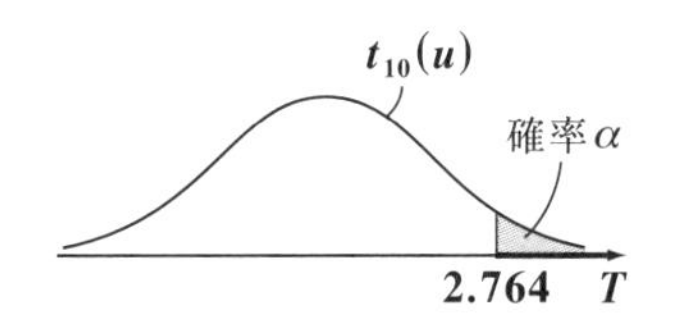

ここで，$\overline{X} = 3.6$ より，T の実現値 t は，

$$t = \frac{5\sqrt{22}}{2}(3.6 - 3.35) = 2.932$$

よって，実現値 $t = 2.932$ は，棄却域 R に入る。

∴「仮説 $H_0 : \mu = 3.35$」は棄却される。 ……………………………………(答)

表3

仮説 H_0	$\mu = 3.35$
対立仮説 H_1'	$\mu > 3.35$
有意水準 α	0.01
標本数 n	11
標本平均 $\overline{X}$	3.6
標本分散 S^2	$\dfrac{2}{25}$
検定統計量 T	$\dfrac{5\sqrt{22}}{2}(\overline{X} - 3.35)$
$u_{10}(\alpha)$	2.764
棄却域 R	$t = 2.932$ R 2.764 T
検定結果	仮説 H_0 は棄却される。

◆◆ 補充問題 (additional questions) 

補充問題 1	二項分布と正規分布	CHECK1	CHECK2	CHECK3

確率変数 X が，二項分布 $B(n,\ p)$ に従うとき，その平均 μ と分散 σ^2 は，$\mu = np,\ \sigma^2 = npq\ \ (q = 1 - p)$ である。ここで，n が十分大きな数であるとき，この二項分布に従う確率変数 X は，近似的に連続型の正規分布 $N(\mu,\ \sigma^2)$ に従うことが分かっている。

ここで，確率変数 X が二項分布 $B\left(2500,\ \dfrac{1}{5}\right)$ に従うとき，右の標準正規分布の確率分布表を利用して，次の各確率の近似値を求めよ。

標準正規分布表 $\alpha = \int_u^\infty f_s(z)dz$

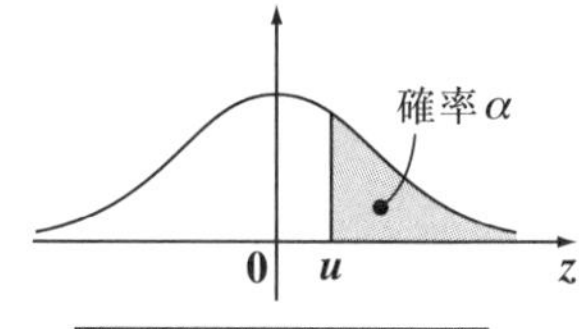

u	α
0.4	0.3446
0.5	0.3085
0.6	0.2743
0.7	0.2420
0.8	0.2119

(i) $P(508 \leqq X \leqq 514)$　(ii) $P(488 \leqq X)$　(iii) $P(490 \leqq X \leqq 516)$

ヒント！ $B(n,\ p) = B\left(2500,\ \dfrac{1}{5}\right)$ の平均 $\mu = np = 500$，分散 $\sigma^2 = npq = 400$ $(q = 1 - p)$ となる。よって，$n = 2500$ は十分に大きな数と考えられるので，この $B\left(2500,\ \dfrac{1}{5}\right)$ に従う確率変数 X は，近似的に正規分布 $N(\mu,\ \sigma^2) = N(500,\ 400)$ に従う。

解答＆解説

二項分布 $B(n,\ p) = B\left(2500,\ \dfrac{1}{5}\right)$ の平均 μ と σ^2 は，

$\mu = np = 2500 \times \dfrac{1}{5} = 500,\ \ \sigma^2 = npq = 2500 \times \dfrac{1}{5} \times \dfrac{4}{5} = 400\ \ (q = 1 - p)$

である。ここで，$n = 2500$ は十分に大きな数と考えられるので，この $B\left(2500,\ \dfrac{1}{5}\right)$ に従う確率変数 X は，近似的に正規分布 $N(\mu,\ \sigma^2) = N(500,\ 400)$ に従うものと考えてよい。ここで，X の標準化変数 Z を $Z = \dfrac{X - \mu}{\sigma} = \dfrac{X - 500}{20}$ で定義すると，Z は標準正規分布 $N(0,\ 1)$ に従う。これから，

各確率の近似値を求める。

(i) $508 \leqq X \leqq 514$ となる確率 $P(508 \leqq X \leqq 514)$ は,

$$\underbrace{\frac{508-500}{20}}_{0.4} \leqq \underbrace{\frac{X-500}{20}}_{Z} \leqq \underbrace{\frac{514-500}{20}}_{0.7}$$ より，標準正規分布表を用いて,

$$P(508 \leqq X \leqq 514) = P(0.4 \leqq Z \leqq 0.7)$$

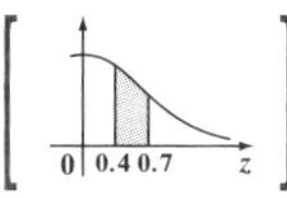

$$= P(Z \geqq 0.4) - P(Z \geqq 0.7) = 0.3446 - 0.2420 = 0.1026$$ である。 ……(答)

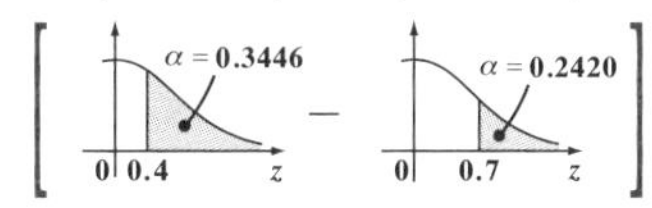

(ii) $488 \leqq X$ となる確率 $P(488 \leqq X)$ は,

$$\underbrace{\frac{488-500}{20}}_{-0.6} \leqq \underbrace{\frac{X-500}{20}}_{Z}$$ より，標準正規分布表を用いて,

$$P(488 \leqq X) = P(-0.6 \leqq Z) = 1 - P(Z \geqq 0.6)$$

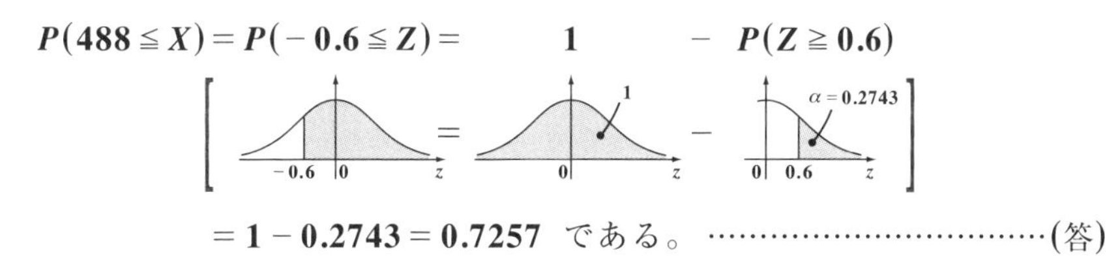

$$= 1 - 0.2743 = 0.7257$$ である。 ……………………………(答)

(iii) $490 \leqq X \leqq 516$ となる確率 $P(490 \leqq X \leqq 516)$ は,

$$\underbrace{\frac{490-500}{20}}_{-0.5} \leqq \underbrace{\frac{X-500}{20}}_{Z} \leqq \underbrace{\frac{516-500}{20}}_{0.8}$$ より，標準正規分布表を用いて,

$$P(490 \leqq X \leqq 516) = P(-0.5 \leqq Z \leqq 0.8)$$

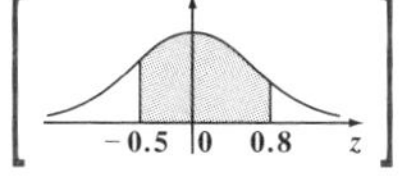

$$= 1 - P(Z \geqq 0.5) - P(Z \geqq 0.8)$$

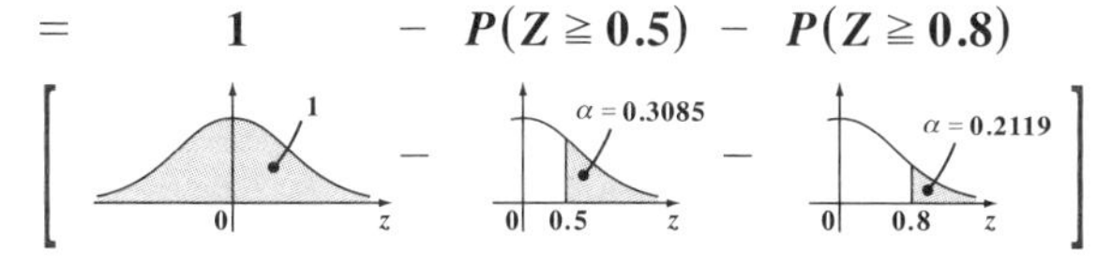

$$= 1 - 0.3085 - 0.2119 = 0.4796$$ である。 ……………………………(答)

補充問題 2	最小値の確率	CHECK 1	CHECK 2	CHECK 3

1 つのサイコロを **4** 回投げて出た **4** つの目について，次の確率を求めよ。

(1) 4 つの目がいずれも **3** 以上となる確率。

(2) 4 つの目の最小値が **3** となる確率。

ヒント！ **(1)** で，**4** つの目がいずれも **3** 以上すなわち **4** つの目の最小値が **3** 以上となる確率を q_3 とおき，さらに **(2)** で **4** つの目がいずれも **4** 以上，すなわち **4** つの目の最小値が **4** 以上となる確率を q_4 とおく。そして **4** つの目の最小値が **3** となる確率を P_3 とおくと $P_3 = q_3 - q_4$ となる。この確率計算のイメージとして右の玉ねぎの断面で考えると分かりやすいので，ボクはこの種の問題を"タマネギ型確率"と呼んでいる。演習問題 **14(P31)** の最大値の問題も同様に考えるといいんだね。

解答＆解説

(1) 4 つの目がいずれも **3** 以上となる確率を q_3 とおくと，

（3, 4, 5, 6 の目のいずれか）

$$q_3 = \left(\frac{4}{6}\right)^4 = \left(\frac{2}{3}\right)^4 = \frac{16}{81} \quad \cdots\cdots ①$$ となる。 ……………………………(答)

（4 つの目の最小値が 3 以上となる確率）

(2) 4 つの目がいずれも **4** 以上，すなわち **4** つの目の最小値が **4** 以上となる確率を q_4 とおくと，

（4, 5, 6 の目のいずれか）

$$q_4 = \left(\frac{3}{6}\right)^4 = \left(\frac{1}{2}\right)^4 = \frac{1}{16} \quad \cdots\cdots ②$$ となる。

以上より **4** つの目の最小値が **3** となる確率を P_3 とおくと，①，②より，

$$P_3 = \underset{\text{最小値が3以上}}{q_3} - \underset{\text{最小値が4以上}}{q_4} = \frac{16}{81} - \frac{1}{16} = \frac{16^2 - 1 \times 81}{81 \times 16} = \frac{175}{1296}$$ となる。 …………(答)

 Term・Index 

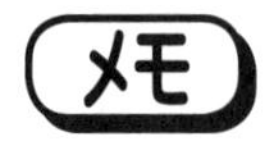
メモ

大学数学入門編
初めから解ける 演習
確率統計 キャンパス・ゼミ

著　者　馬場 敬之
発行者　馬場 敬之
発行所　マセマ出版社
〒 332-0023 埼玉県川口市飯塚 3-7-21-502
TEL 048-253-1734　FAX 048-253-1729
Email：info@mathema.jp
https://www.mathema.jp

編　集　七里 啓之
校閲・校正　高杉 豊　秋野 麻里子
制作協力　久池井 茂　印藤 治　久池井 努
野村 直美　野村 烈　滝本 修二
平城 俊介　真下 久志
間宮 栄二　町田 朱美
カバーデザイン　馬場 冬之
ロゴデザイン　馬場 利貞
印刷所　中央精版印刷株式会社

令和 6 年 1 月 22 日　初版発行

ISBN978-4-86615-326-1 C3041
落丁・乱丁本はお取りかえいたします。